工程导学

The Way to the Engineering

段力 编著

内容提要

《工程导学》是针对上海交大工科类专业大一学生开设“工程学导论”课程而编写的一门基础性教材。书中指出做工程先要有“工程人”素质，这是第一位的。书中阐述了工程人的基本素质和成为工程人的训练方式，让学生尽早接受和体验工程学的基本训练。与其他教材不同的是，本书采用体验式教与学的方式，不仅由老师在课堂上讲，还让学生积极参与其中，并通过班内组建团队、讲解工程项目，使得学生之间在互教互学工程实践中进行探讨和体验 IQ + EQ。通过参与感和责任感，调动学生的实践激情。让学生亲自体验工程学的结果比单纯的“传教授业”更为生动，也更具工程学教育的意义。全书共 7 章，另附整个教学的作业安排以及工程项目申报范例，使本课程更具可操作性。

图书在版编目(CIP)数据

工程导学/段力著. —上海：上海交通大学出版社，2018(2021 重印)
ISBN 978-7-313-20777-7

Ⅰ. ①工… Ⅱ. ①段… Ⅲ. ①工程技术—高等学校—教材 Ⅳ. ①TB

中国版本图书馆 CIP 数据核字(2019)第 242938 号

工程导学
GONGCHENG DAOXUE

著　　者：段　力
出版发行：上海交通大学出版社　　地　　址：上海市番禺路 951 号
邮政编码：200030　　电　　话：021-64071208
印　　制：上海万卷印刷股份有限公司　　经　　销：全国新华书店
开　　本：889 mm×1194 mm　1/16　　印　　张：15.5
字　　数：342 千字
版　　次：2019 年 12 月第 1 版　　印　　次：2021 年 2 月第 2 次印刷
书　　号：ISBN 978-7-313-20777-7
定　　价：49.99 元

再版序

《工程导学》意在“导引”，帮助大一学生完成**“从高中到大学”**的过渡。中国大学之前的教育多以“被安排”的应试教育为主，自主思考与责任感不足，实践能力、沟通与表达能力、团队意识不强。而工程学是一门**IQ+EQ**的学科，是一门集科学、技术、人文学于一体的行为艺术，以实际需求为导引、以工程目标为导向，将不同学科的知识点有机组合，实现“科技人文白日梦”。所以《工程导学》意在利用工程学导论课程，实现**“从学习知识到创造知识”**、从“学生到工作”的转变，培养多学科交叉的复合型创新人才。“导”只是一个开端，旨在引导大学本科一年级的学生，充分利用大学四年的时间完成以上的过渡。

这本书强调指出，大学不仅是为了传授知识，而且是为了培养能力。师者应鱼渔双授，学者当渔鱼双收。浙大校长竺可桢曾引用英国大文豪的话说，大学不仅要学会如何得到面包，而且要学会使面包更好吃。前者指的是鱼，后者指的是渔。**当前的大学教育，鱼有余而渔不足，**这是不行的。这本书结合工科平台的具体特点，使学生通过具体的操作来培养能力，通过工科大平台这个实际的媒介实现能力的培育。工科大平台是上海交通大学的一项教学创新，意在**打通机、电、船、材等工科学科**（专业范围覆盖了机械、动力、电子信息与电气工程、船舶海洋、建筑与土木、材料与化学、生命科学与生物医学、航空航天等学科与专业）分立的培养模式，培育未来的“以目标为导向”的交叉型复合型创新人才。《工程导学》意在提炼工程学的普适性原则和方法，**提炼工程学的精髓方法理论**，建立一套工程素质培养体系，帮助大一本科学生从”被安排”的应试教育为主过渡到大学乃至研究生状态的自主学习与自主探究为主。

工程学导论是上海交通大学工科大平台一门全新的普适性课程，这本《工程导学》可以作为工程学导论的辅助性教材。课程采用小班授课（约30人），便于老师和学生的互动和实践。课程选题可以结合授课老师本身的专业和可行性来决定，每一位授课老师的内容有共性也有其特殊性，对于课题的设定方式每位老师都需要做一些思考和考量。课程主体导向**由老师向学生转移**，学生作为主人翁，从项目的策划、分工、汇报、总结的全过程中增强参与感，体会作为工程人的责任。评价体系是态度，激情，参与感，实践能力+表达能力。很多场合，工程学的问题不是有“标准答案”的问题，答案或解法只有“更好”。由于主观上角度认知的差异，对结果也会有争论和讨论。所以评分标准可能不是“对与错”，而是可以“自圆其说”，课程重在工程方法和态度的培育，而不在于结论的对和错，这都是和大学以前其他课程追求标准答案的评价体系完全不同的。在大一开设《工导》，利用具体案例培育大一学生如何使用图书馆，如何使用校内网络资源选择自己的工程学实践课题，学习和践行 Office 和 Origin 软件并可以写出与画出符合工程规范的科学论文与曲线，这个“教与育”的过程对于下面三年的学习都有着不可或缺的意义。

感谢上海交大提供《工程学导论》的教学与实践平台，它是本书写作的**缘动机**；感谢编辑部的倪华老师、张勇老师和韩正之老师，他们是激励作者写作此书的**源动力**；感谢机动学院邵华老师、上海交通大学对《工导》由 0 到 1 的启动工作，万事开头难，很多人为此付出了很多心力。感谢高钧超、胡铭楷两位研究生尽心尽责的助教工作及张越同学的书籍整理工作。本书是 2015、2016、2017 年《工程学导论》(《工导》)课堂实践的提炼和升华，是三年《工导》学生课堂实践的一项结果，感谢三年来《工程学导论》班的主要参与同学：2015 年：成清清，苏靖超，张博，孟璐，简振雄等；2016 年：沈旭颖，楼梦旦，吴邦源等；2017 年：张越，温明瑾，陈雨阳，周婷，弭仕杰等。我们在此特别题名感谢这些《工导》课的学生，原因在于：是学生激励老师产生新的思路、新的灵感和新的想法，可以说没有这些学生，就没有这本书产生的缘起。《工导》课程对于每一位授课老师来讲，也会是一个灵感激发的过程。

工程学本身是一个过程，它**只有更好、没有最好**，它永远都在进步，这也是工程学的魅力所在。对《工程导学》这本书也一样，只有更好，没有最好，书中的拙见、缺陷、错误也一定很多，**恳请**读者批评指正。

序

本书是2015、2016、2017年“工程学导论”课程(简称“工导”)课堂实践的成果。编写本书的初衷意在提炼工程学的精髓、工程学的基本理念和方法,采用比较基础的选题、技巧、科目来践行工程学的实践过程。工导的“导”字,意在“导引”。例如本书就是三年“工导”课程学生课堂实践的一项结果,能够在这么短的学期(16周48学时)时间导引出《工程导学》这本书,其内容和结果虽然比较原始和粗糙,但是对于大一的本科生,是一项值得点赞的成就。本书的课堂实践也让学生体验到什么叫“从无到有”,什么叫“从不可能到可能”的工程学过程。相比于高中,对于本科生和研究生,体验“行胜于言　行胜于思”、体验“从我做起从现在做起”是高等学府的开门功课。

“工导”意在培养一个“工程师”。而本书提出了一个“工程人”(an engineering man)的概念。工程人不光指传统意义上的工程师,工程人的行为和规范覆盖了大部分现在产学研(生产、研究与研发)实践活动。“工导”课程设在工科类大学一年级,在交大也是一个创新,其意义在于改变大一学生之前的教育多以“被安排”的应试教育为主,自主思考与探索的激情、课程的参与度与责任感的体验不够,实践和团队意识不强。而工程学是一门IQ+EQ的学科,是一门应用、实践、团队性很强的行为和艺术,所以《工程导学》意在“导引”,帮助大一的学生从思想上由“高中态”过渡到“大学态”。上海交大鼓励本科生创新,例如PRP计划、大创、莙政项目等,都是本科生参与的工程学实践活动。“工导”课程设在大一这个时间点,利于学生进入这些体系,是合乎“天时”的,旨在唤起工程学的激情,通过知识、通过实践,体会和理解工程学的内涵和过程,感受工程学如何利用人类主观能动性改变世界(change the world)的力量,激发学生动脑创新、动手实践的热情。

这本《工程导学》可以作为工科院校大一本科的启发性教材,利用“工导”课程作为平台,让学生尽早体验工程学的精神、得到基本的工程学训练。“体验”是这门课和这本书的关键词。本书采用体验式教与学的方式,不光是老师在课堂上讲,还包含了班内组建团队,学生参与、讲解项目、学生之间互教互学,共同在工程实践中探讨和体验IQ+EQ。通过参与感与责任感,调动学生的实践激情——让学生亲身体验工程学比单纯的“传教授业”更为生动,也更具工程学教育的意义。三年的教学实践证明“工导”课程对于大一的学生,不仅对“从高中态到大学态的过渡”起到积极的作用,而本书对于“工导”课程的教学更具有可执行和可操作性。

《工程导学》定位为工科大平台大一必修课,建议采用小班授课(~30人),便于老师和学生的互动和实践。课程安排在本科第一年有些挑战性,因为大一学生还没有接触到本专业的专业课程，对工程性的操作可能会有些难度。课程选题可以结合授课老师本身的专业和可行性来决定，每一位授课老师的内容有共性也有其特殊性，对于课题的设定方式每位老师都需要做一些思考和考量。考核方式以平时成绩为主(～70%)，课堂作业主要是通过具体的实践项目培育学生的工程学“体验”，体验“失败”、体验“团队”、体验如何“将不可能变为可能”。本教材主体导向由老师向学生转移，学生作为主人翁，从项目的策划、分工、汇报、总结的全过程中增强参与感，体会作为工程人的责任。评价体系是态度、激情、参与感、实践能力＋表达能力。很多场合，工程学的问题不是有“标准答案”的问题，答案或解法只有“更好”。由于主观上角度认知的差异，对结果也会有争论和讨论。所以评分标准可能不是“对与错”，而是可以“自圆其说”。本教材重在工程方法和态度的培育，而不在于结论的对和错。这些对于学生和老师本身，都是有双赢效果的教与学过程。和以往的课程的操作方式不同，“终考”(《工程导学》大作业)在课程开始的初期就开始了，它包含培养大一学生如何利用图书馆、校内网络资源选择自己的工程学实践课题，学习和践行 OFFICE 和 Origin 软件写出或画出符合工程规范的科学论文与曲线，这些对于大一学生都是一些崭新的课题，需要有一个培育的过程。

感谢上海交大提供“工程学导论”课程的教学与实践平台，它是本书写作的缘动机；感谢编辑部的倪华老师、张勇老师和韩正之老师，他们是激励作者写作此书的源动力；感谢机动学院邵华老师、教务处付宇卓老师对《工程导学》由 0 到 1 的启动工作。万事开头难，他们为此付出了很多心力。感谢高钧超、胡铭楷两位研究生尽心尽责的助教工作及张越同学的书籍整理工作。感谢三年来“工程学导论”课程班同学的参与，他们分别是：

2015 年：成清清，苏靖超，张博，孟璐，刘驿松，简振雄，程元杰，李傲伟，李正宇，张师铨，刘兴阳，田昊，缪鋆楠，何涛，王昕宇，杨帆，林特，陈轶康；

2016年：沈旭颖，刘萌欣，楼梦旦，赵登伟，吴邦源，姜皓，郭力铭，朱甬麒，鲁勇杰，王涛，郭梦裕，王志俊，殷晨辉，杨舒博，周正，陈启恒，薛雪峰，邱乐山，孙堃介，李晨，王唯鉴，冯宇，张哲熙；

2017年：弭仕杰，叶辛，陈雨阳，曾荻翔，郭昕，李天奇，张佩，胡誉闻，江枕岳，孙雪涵，黄议达，蒋子航，鲁力，朱孟君，朱正奇，季迪威，张旭，刘雨巷，戴焱，刘嘉荣，赵睿洋，方紫曦，姚修远，高宇岑，张彦玲，龚圣博，尹钰炜，周婷，姚兰泓，张越，温明瑾，于仰博。

我们在此特别题名感谢各位学生，原因在于：是学生激励老师产生新的思路、新的灵感和新的想法，可以说没有这些学生，就没有这本书产生的缘起。"工导"课程对于每一位授课老师来讲，也会是一个灵感激发的过程。

工程学本身是一个过程，它只有更好、没有最好，它永远都在进步，这也是工程学的魅力所在。对《工程导学》这本书也一样，只有更好，没有最好，书中的拙见、缺陷、错误也一定很多，恳请读者批评指正。

作　者

2018年10月于交大

目　　录

第7章 树枝3：杂说 173

第 1 章

绪　论

1.1　工程学的树状结构

《工程导学》这本书重在一个“导”字，其本意在于导学，引导理工科系列的本科生学习成为一名合格的工程人。这儿用了一个新的词——工程人，不仅指工程师，也指科研人、创业者、研究生等。其共性在于：“工程人＝IQ＋EQ”，不仅需要学会做事，也要学会做人；不仅需要硬件，还需要软件。工程人的概念几乎涵盖了目前所有行业的职场人，一项成就不仅需要物质条件，而且需要团队的合作。

《工程导学》的重点不在于知识，而在于能力，在于提炼工程学的精髓理念和普适方法以应用于工程学的各个领域。本书采用比较基础和典型的案例，通过体验式、浸入式的“教与学”践行这些理念与方法，引导工科平台的学生成为一名成功的工程人。

我们把工程学形象地比作一棵树（如图 1－1 所示）。这棵树形象生动地勾画了工程学的基本框架：工程学是一门主观与客观结合的学问，里面不光有做事（IQ），也包含了如何做人（EQ），是人文学与科学技术的有机结合，所以这棵树的主干是工程人的 IQ＋EQ，树的根包含了工程人的价值观、习惯及态度等。树的三个主要枝干是：① 工程学 2、3、4[①]（代表工程学的基本目的有 2 个、方法有 3 项，步骤有 4 步）；② 工程学的领域（分为过去、当代、未来）；③ 工程学杂说（中庸、团队、职场）。树上还有三只鸟，分别是科学、技术、艺术（science，technology，art），它们都与工程学（engineering）有着密切的联系。

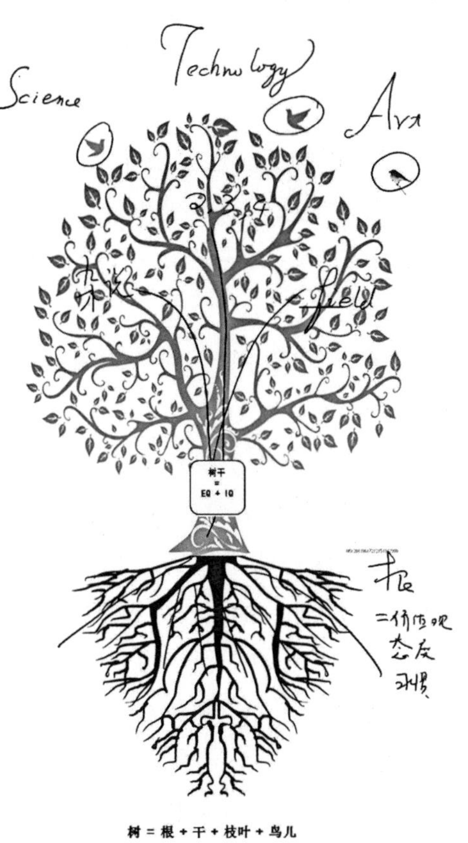

图 1－1　工程树

① 2、3、4 的含意详见本书第 1 章 1.1.3 小节内容。

1.1.1 树根

工程学里的“工程”，是人做出来的，工程人首先是一个人，然后才是做工程的人。工程树的树根相当于工程人的内在功力，简称“内功”。它包含了工程人的价值观与素质。他们像埋在地下的树根，也像高楼下面的地基，它们虽然不可见，但是不能说不重要，它们比可见的更重要。树根决定了树的维度和品质。这些内在品质的组分，是天赋、是经历、是周遭环境的一些偶然的组合。

1.1.2 树的主干

工程学是一门EQ和IQ相结合的学科，它不仅需要“知识就是力量”，而且需要“团结就是力量”；不仅需要过硬的个人本领，而且需要团队的协作。IQ的本意是智商，是对智力程度的一种测定方法，便于管理者进行定量管理，而在这里，IQ的外延已经延伸到知识掌控的方式，比如背的原则、可以遗忘的原则，知识树、整体性学习，逻辑思维与推理，大脑操作原理与积极休息，知识、灵感与智慧，专心与努力的真正含义等内容。情商EQ则包括做好自己与团队合作两大部分，即如何增加自己的正能量来坚持初心、妥善管理自己的情绪与自我激励，如何做一个阳光的自己；在与别人相处时，如何认知他人的情绪、如何培育同理心、善于从不同的角度看问题，学习正确的交流与沟通方式与人际关系的管理等。

1.1.3 树的三个主要枝干

第一个枝干就是工程学的方法论，包含工程学的目的（product or problem），工程学的方法（input→process→output），和工程学实施的过程（propose, practice, report, present），简称为工程学的2、3、4。

第二个枝干是工程学的领域。我们把工程学分类为：过去的工程学，现在的工程学和未来的工程学。

（1）过去的工程学是在自然科学还没有产生之前就发生的。比如中国的万里长城、古埃及的金字塔、罗马大教堂等。这些都是伟大的人类工程。

（2）现在的工程学是基于科学的应用。比如中国的高速铁路，是基于人类最伟大的发展之一，即电的科学与应用，佐之以机械等各学科而产生的工程学。

（3）未来的工程学将以交叉学科、革命性的科学发现及突破（引力波、无线、全息……），挖掘人类社会新的应用点（阿里巴巴、共享单车、微信平台……）为思路，利用自然力满足人类的需要，用智慧掌控物质世界。

第三个枝干我们称它为工程学杂说。这个“杂说”有点像历史学中的轶史、小说，如《三国演义》《水浒传》不是用来叙述历史的，但是体现了历史和人文的“内在缘由”。比如工程学里中庸原则、个人与团队、职场能力（如简历、面试、职场规则）、专利与知识产权、思维组合方式5W1H、头脑风暴、二八原则，等等。

1.1.4 树上的三只鸟

这里说的三只鸟分别是指科学(science)、技术(technology)和艺术(art)。鸟是树的播种者,工程学发源于科学、技术和艺术,工程学是它们的组合。

(1) 科学在物质世界的应用,造就了现在的工程学,比如现在的IT产业就是量子力学和固体物理等学科演绎的杰作。

(2) 工程学与科学技术。在科学之前工程学就存在了,这就是上面所指的过去的工程学。比如中国的万里长城,朱棣时代构建的北京城,早于哥伦布几百年的航海工程"郑和下西洋",以及埃及的金字塔,等等。

(3) 一项漂亮的工程也是一件艺术品,里边有一种艺术的美。比如说iPhone就是一件工程化的艺术品,在形象上它有一种"禅"的美:简约而大气;从技术的层面看,iPhone是一个繁杂的系统工程,是微处理器、射频、触屏技术、GPS技术、互联网技术等多项高科技的有机组合。

"科技人文白日梦",在未来的工程学当中,它们的组合和交叉将更为明显。

1.2 本书教学要求

1.2.1 教学内容

《工程导学》包含以下三大类别的内容讲解和课堂实践。

1. 基本的工程学方法论——工程学的2、3、4

(1) 工程学的2个目的(product or problem)。

(2) 工程学的3个方法(input->process->output)。

(3) 工程学的4个步骤(propose, practice, report, present)。

2. 工程学思维方式(mindset)的培养

(1) 5W1H(what, why, how, who, when, where)。

(2) 中庸的理念,平衡与优化。

(3) 二八定律,头脑风暴(brainstorming)。

3. 工程人能力的培养

(1) 个人能力:态度(attitude)与激情(passion)。

(2) 表达能力:简历(resume)与PPT表达、科技论文与科技曲线及规范。

(3) 团队能力(teamwork):如何做好team leader和team member的角色。

1.2.2 教材特点

《工程导学》注重学生能力的培养,而不是关注知识点的教育,它的重点在于教育当中的"育"字①。本书的主旨在于学生参与和学生体验:体验失败,进而培育找方法不找借口的良好

① 详见本书第7章"中庸"讲述的教和育的关系。

习惯；体验无奈和等待，然后培育耐心及其利用等待的过程积攒能量，厚积而薄发。本教材有如下几个具体特点：

(1) 互动性。老师与学生互动性强，交流机会丰富。班级的学生组成团队，团队的内部、团队团队之间对有机合作，共同完成项目，也极大提高了课堂的互动性。

(2) 主动性。课堂的主导由老师向学生转移，让学生体验作为主人公的责任感，在项目策划、分工、汇报、总结的全过程中增强参与感，体会工程人的责任。

(3) 评价体系综合性(是态度、激情、参与感、实践能力和表达能力的综合)。教材中课堂作业的比例远大于期末考试的比例。课堂作业主要是通过具体的实践项目培养学生对工程学的“体验”，考察学生对工程学方法的掌握和应用程度。

(4) 挑战性。老师的参与成分很大，投入的精力也要多些，需要应对课堂上发生的很多变数，对老师比较有挑战性。工程学的问题不是有“标准答案”的问题，会有一些争论和不同角度的认知。和大多数体验式教学一样，很多场合要应对“突发状况”，如团队里的同学没有到场导致责任链条断开而无法继续，电脑和链接临时故障等。需要有灵活和备用的“plan B”。课程的这种操作方式虽然难度偏大，但对于学生和老师本身都很“刺激”，是一个具有双赢效果的教与学的过程。

1.2.3 读者和受众

本书适用于工科院校大一本科生及其授课的相关老师(基本的工程学内容、概念和方法论)，也适合工程学业内人士作为参考读物。本书作为大一“工程学导论”课程的辅助教材，课程采用小班授课(少于30人)，授课老师最好具有一定的科研经验。“工程学导论”课程的教与学对于老师和学生都具有一定的挑战性，原因之一在于大一学生还没有接触到本专业的专业课程，对工程性的操作可能会有些难度；原因之二在于授课老师需要基于自己所在的科研领域和科研经验构思课程内容，为此需要一定的科研经验。

1.3 实践方式

《工程导学》的习题和实践方式没有一定的规格，但是需要精心勾画一下，主要是平衡目标值的意义性和可操作性，即必要性和可行性。题目无趣，则激情不足；题目有趣，但没有可行性也达不到效果。本书的撰写就是一个工程学课程实践的目标值，是三年的“工程学导论”课程实践的结晶，是老师和班级同学共同努力的成果。这个课题本身具有活力和可执行性：即了解各个领域工程学、了解它们的方式和方法，以共同作者的方式参与编写一本关于工程学的书籍；在可执行性方面，让学生身体力行到图书馆找书，学会如何找对关键词并且利用网络搜寻进行学术调研和寻找学术亮点；走访校内相关院所，通过多种可操作性的工具和渠道采集和整理各种工程学术信息。这些也是大一本科学生在大学未来的岁月里需要掌握的学习科研方法。本书的附录部分有一些课程践行的体例，如运用图书馆资源和网络资源寻找工程学的关键词、如何快速进入一个全新的领域、如何读和如何写科技论文、如何发现问题和提出可执行性的工程学院、如何构思实践的思路，可以用于“工程学导论”课程实践大作业的参考。

本书中叙述的操作方式结合当今网络教学（微信群）和传统教育（传统的板书）的特点，可以让“工程学导论”课程的实践氛围变得更有活力。下面的一些小经验仅供参考。

1.3.1　课堂相识

1. 合影与签名

在“工程学导论”的第一堂课时，老师和学生有一个合影（图1-2），然后在合影上写上老师和学生的名字，“工导”班的大一同学来自各个院系和不同的专业，班级的形成也是随机的，所以第一堂课是第一次见面，在合影上签名便于老师与学生，学生与学生能在短时间内互相认识，记住名字及其对应的模样（见图1-2）。

图1-2　2017年工程班的同学合影与签名

2. 利用PPT介绍自己

课堂的第一个作业就是让学生用5W1H写大学4年的计划，并用PPT呈现给大家。这个作业的意义在于引导大学一年级学生安排规划自己大学四年的人生轨迹，思考和分享对大学四年的期望和执行方法。在课程操作过程当中，每个人都有五分钟到十分钟的时间来呈现自己的PPT，利用这个机会，大家可以互相认识，也可以借鉴其他同学的学习方法，对自己起到启迪的作用。这些过程都便于将来的相互沟通，便于课堂互动，同时也建立了友谊。

3. 利用微信平台

课程借助微信平台，第一堂课就建立一个微信群，把这个签了名字的照片传到群里。利用微信群，也便于老师与学生、学生与学生之间能及时地交流沟通。

1.3.2 课堂小卡片

每堂课的开始，老师给每个人发一张卡片（可以用市面上买得到的读书卡片），要求学生在卡片上写上名字、学号、专业，写上当天的日期、课程的内容。每堂开课的时候把卡片发下去，每堂结束的时候再把卡片收上来。这个卡片可以作为点名的工具，也便于老师根据专业和学科的特点、根据项目的特点进行整理分类，如图 1-3 所示。

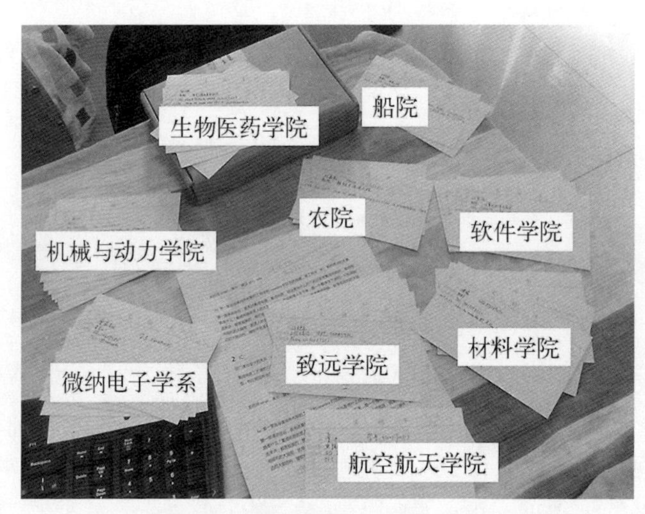

图 1-3　卡片按照专业进行归类

在以后的每一堂课的开始，把这个卡片发到相应的学生手中，这个互动的过程便于老师和学生之间的相互认识。老师在黑板上写下本堂课三个小时要讲解和实践的课程内容，然后，让同学按当天的日期、课程的内容用一两行抄在卡片上。这样在学期结束后就写满了一整张卡片，如图 1-4 所示。这一张卡片可以作为这学期课程的总结，让学生了解这学期我们都学了些什么，也会让学生自动把本学期的轨迹简要地走一遍，看看自己在这 16 周走过的路，对课程所学的内容做一个简单的复习。课程结束之后，这张卡片作为纪念品由每位学生自己保留。

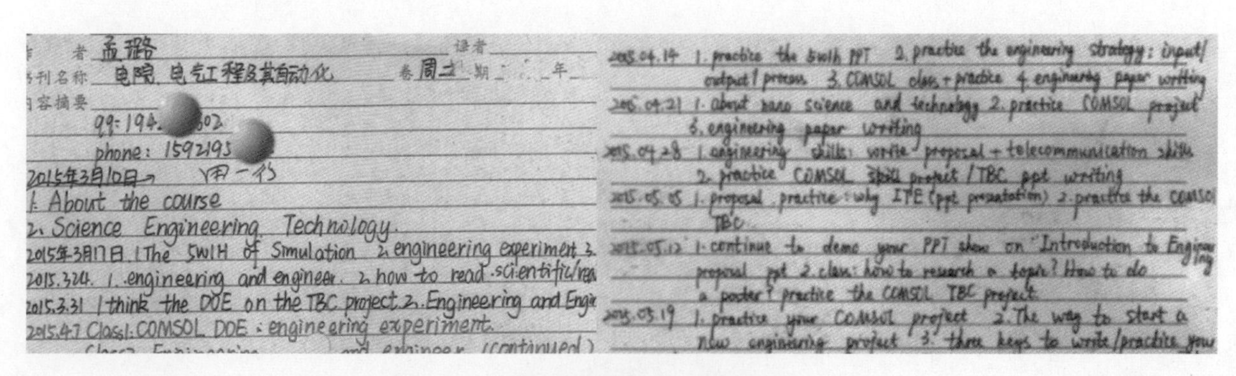

图 1-4　2015 年工程班学生使用的记录卡片

1.3.3 考核方式和考试

《工程导学》的考核以平时的成绩为主，占总分的70%，远大于期末考试的比例。课堂作业主要是通过具体的实践项目培养学生对工程学的“体验”，考察学生对工程学方法的掌握和应用程度；评价体系是态度、激情，参与感，实践能力和表达能力。平时的作业和练习可以根据每个老师的擅长和学生的特点进行安排，每一年度“工程学导论”课程的考核课堂安排可以多样化，对于授课老师而言，是一项集挑战性与趣味性的工作，本书附录列举了一些近年来“工程学导论”课程实践的一些课例。

学期末可以有一个复习性的开卷考试。考试目的不在于难倒学生，而在于让每个学生了解掌握工程学的基本点，掌握的越多、越系统、越全面越好，对考试结果的评价是找出更好、而不是判断对与错（角度不同，结果不同）。考试可以是完全开卷的，如2016届的《工程导学》考题（请见附录），每个考生的题目跟自己选择的工程学领域相关，所以答卷是各自写自己的，不存在抄袭的问题，只求表达出你自己认为最好的，最正确的答案即可。

1.3.4 调研卷

对于整个课堂实践和收获，应该在期末做一个简单的调研，希望学生提出对本课的一些看法和建议，便于以后的教学，也利于将来课程的改进。本书的附录中展示了一个调研表的凡例仅供参考，可以根据具体的情况添加更多的内容，来充实《工程导学》的教育实践。从第一次“工程学导论”课程的调研结果可以看到，大部分的学生都是希望老师从未来工程人的角度来讲解这门课程，而不是遵循课本讲解知识。大部分学生的倾向性还是希望在未来大学的四年里，从大学生尽早地过渡到工程人，完成从学习知识到创造知识的一个转变。

总之，这门课的实践方式多种多样，很活、有很多新意和创意，师生的互动很多、新奇和挑战并存，因为工程学的问题往往不是有“标准答案”的问题，会有一些争论和讨论。由于是体验式教学，会有“不可预期的状况”发生。比如在PPT的演示过程中，音像的播放课堂电脑不相匹配，团队里的学生因故没有到位等问题，所以预先要尽量准备充分，并且准备好“plan B”。回想起来这三年的“工程学导论”课程的教学实践，虽然老师和学生都比较辛苦，但对于学生和老师本身都是值得的，是有双赢效果的教与学的过程。由此形成了该课程的辅教材《工程导学》。

1.4 本书的架构

本书的组织结构就是一个树状的结构（见图1-5），这棵树的主要枝干，一个是工程学的方法论和工程学的步骤与操作细则，简称为工程学的2、3、4，代表了工程学的目的、方法和步骤，指的是工程学的目的有两大类product或是problem，也就是工程学的2P，工程问题的基本模型是IPO（Input→Process→Output），简称为工程学的3，工程学的操作细则有4个大的步骤(proposal、practice、report、present),即立项、执行、汇报与沟通、结果呈现(论文与展示会),它们构成本书的第 4 和第 5 章。另外一个大的枝干本书(第 6 章)系统地概述了工程学的领域。工程学的领域繁多,本书把它们分为过去、现在和未来进行讲述。过去的工程学是在科学产生之前的工程学,比如农业水利工程;现在的工程学是基于科学理论的延伸和应用,比如微电子工程;而未来的工程学是基于多学科的交叉和再组合。此外,这棵树还有一个枝干是工程人杂谈,指的是和工程人相关的普适性原则方法。比如 5W1H、中庸原则、二八定则、简历面试与职场规则等。这棵树上还有三只鸟:一只是科学,一只是技术,一只是人文,代表了工程学的播种者。这是工程学是科学技术和人文的有机组合——科技人文白日梦。

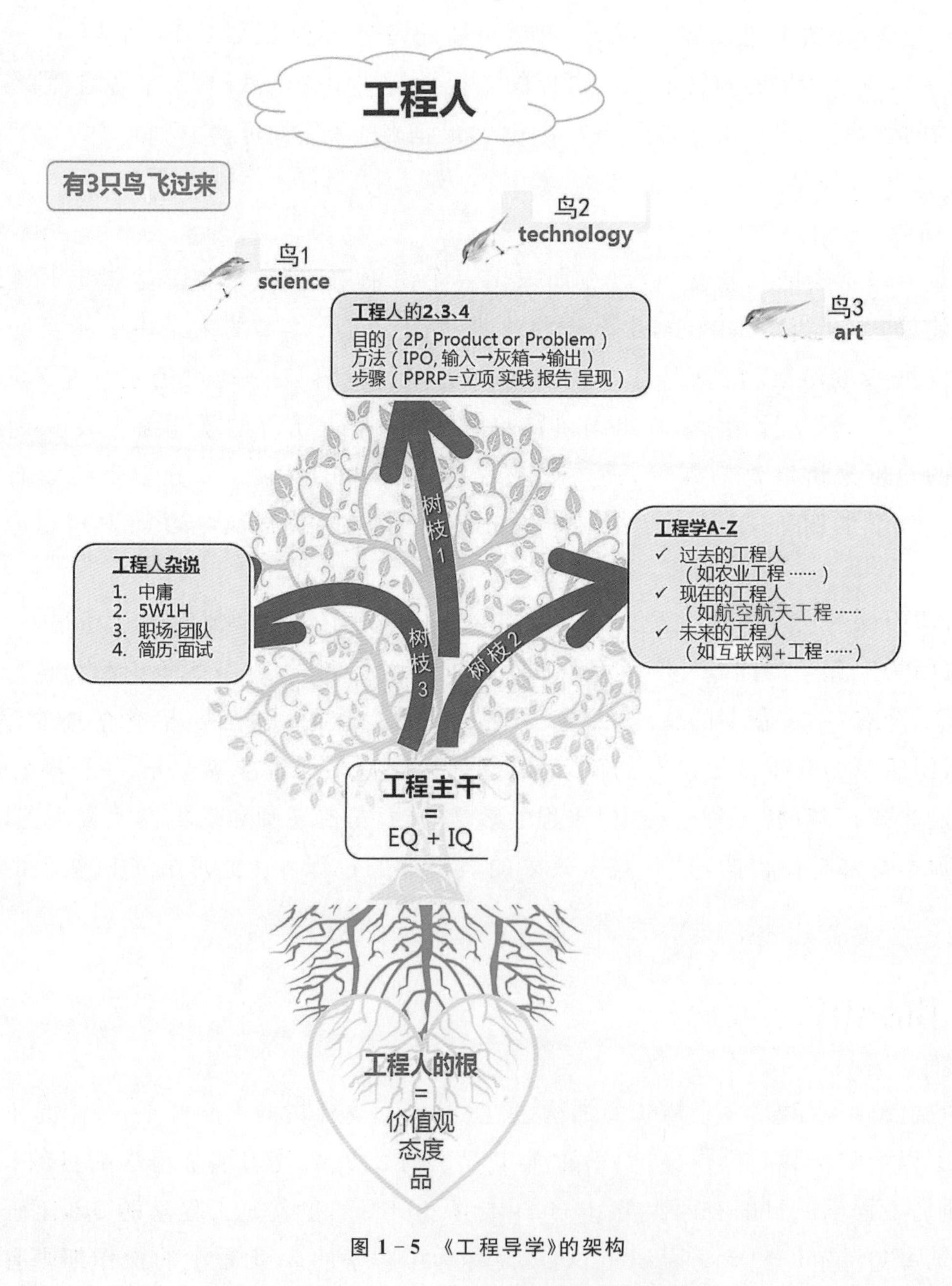

图 1-5 《工程导学》的架构

练习与思考题

1-1　了解自己和介绍自己。参照第6章第二节介绍的5W1H的方法，了解一下你自己(to know who you are)，用PPT的方式(自选模版)写出你的5W1H，对大学四年做一个整体的规划，如何充分利用大学四年宝贵的时光？具体要求参见附录的说明。写好PPT之后，在全班讲解，练习讲解能力也让大家认识自己。

1-2　分组的练习是每个学生去图书馆去找一本自己喜欢领域的工程书(比如微电子学)，读一下这本书，在班上讲解一下，谈一下自己对于这个学科的感想。比较和关联两个或多个人的共同点，将他们分成一组，由此分成团队的小组。

1-3　选题的练习。在组内各学科领域当中进行交叉，练习找出一个新点子，形成一个新的课题。

1-4　给自己写一封信(用手写的方式)并用信封封好，内容自选，比如自己大学四年的梦想和期望值等，信的开封日期是你大学毕业那一天(哪一年的7月份的某一天)。

1-5　试着答一下调研问卷(参阅附录)，并留存试题的答卷。在学期结束的时候，再答一次问卷，看一看答题结果的区别。

第 2 章

树根：工程人的价值观

树的根，是埋在树底下的，是看不见、是无形的，但也是根本的、最有力量的。一棵树的根是如此，工程人的根也是如此。这个根是内在的，会决定长出的树是什么样子的、会长得有多高大、结出的果实是什么样子的。

如果把工程学看成一棵树的话，这棵树的“根”就是工程人。和其他所有的行业人一样，工程人首先要做人，是写好这个“人”字，即写好人字的一撇和一捺（见图 2－1）。这个人字的一撇是做好自己，一捺是合同别人。

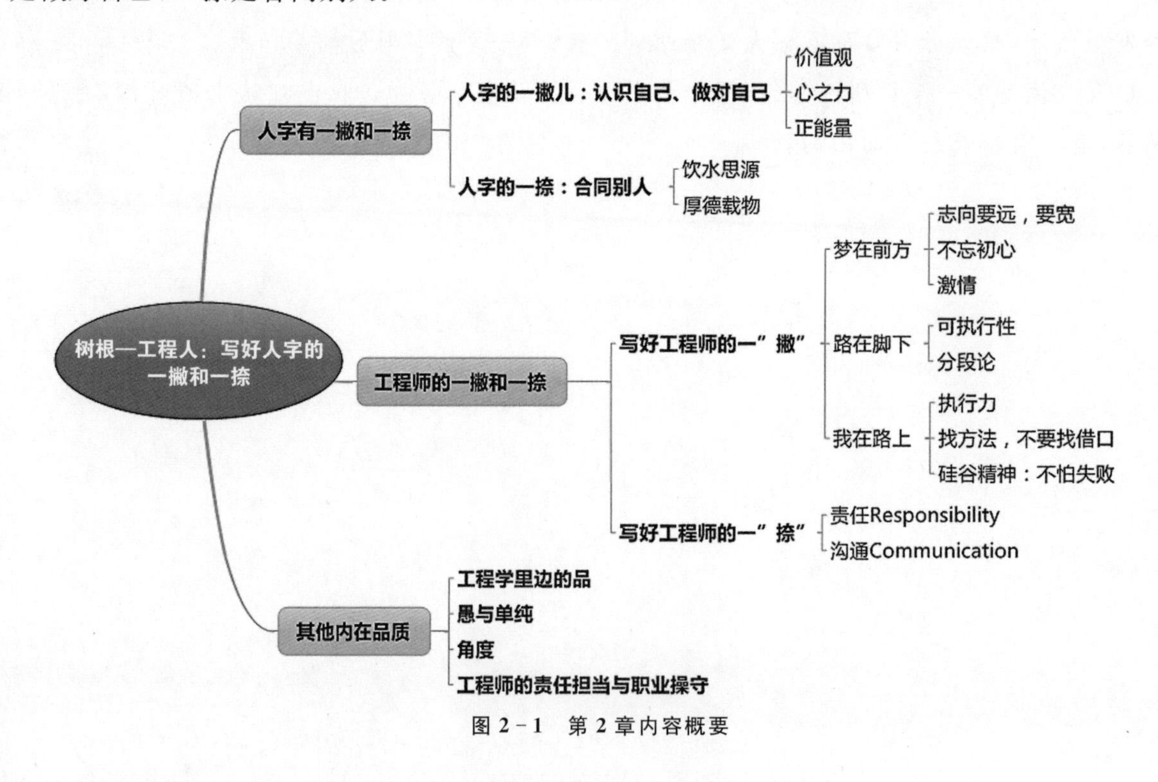

图 2－1　第 2 章内容概要

2.1　人字有一撇和一捺

汉字的“人”字，写得很“干净”。比较世界各种文字，汉字的“人”字只有两个笔画：一个撇加一个捺。从象形上看，它的上边是一，底下是二；头顶天为“一”，脚踏着地为“二”。有人说，上海交通大学的思源门（校门之一）就像一个立体的人字，不无道理（见图 2－2）。

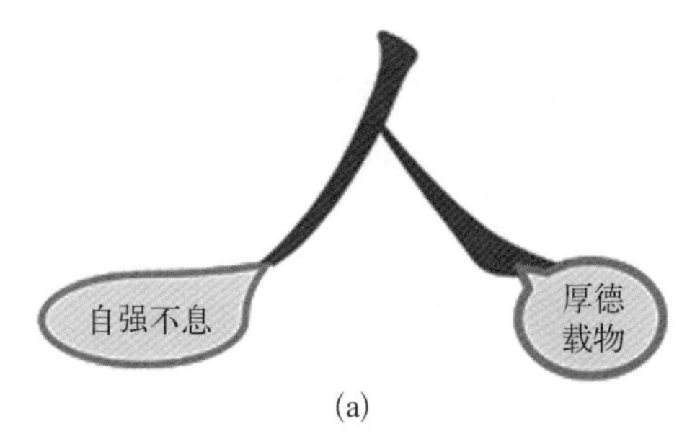

(a)

(b)

图 2－2　人字的含义及交大思源门

(a) 人字的一撇和一捺　(b) 思源门像一个立体的人字

(1) 人字的撇，即为“自强不息做自己”。所谓自己，不是指车、房，不是指物质的自己，而是代表价值观、世界观，对世界的基本理解和看法，有这么一句话，“人不为己，天诛地灭”，这句话听起来像贬义，其实不是，这个“己”，指的就是“做自己”。

(2) 人字的捺，即在对待别人时，要“厚德载物”。就如孔子“仁义礼智信”里“仁”字的含义。仁字的构成，是人字旁加二，是两个人，对待别人要仁义、仁慈与诚信。从为人的角度上看，就是做人要“厚道”。

一个工程人首先要做一个合格的人。其次，工程人的一撇，包涵梦想与激情(passion)、志存高远和脚踏实地，从我做起从现在做起、找方法不找借口的好习惯；工程人的一捺，代表团队精神，代表个体与系统之间的互动和关联。

2.1.1　人字的一撇：认识自己、做对自己

人字的“撇”代表着做好自己，正心修身，齐家治国，然后平天下。写好人的一撇是根本，它是价值观、心之力和正能量。

1. 价值观

有人把价值观、人生观、世界观称为三观，是关于人生与世界的看法和认知。生命是永恒

的，还是短暂的？世界是物质还是精神的，还是中庸的？把人的时空体系组合成图 2－3，这个分类方法对于树立人的价值观有一定的参考作用。

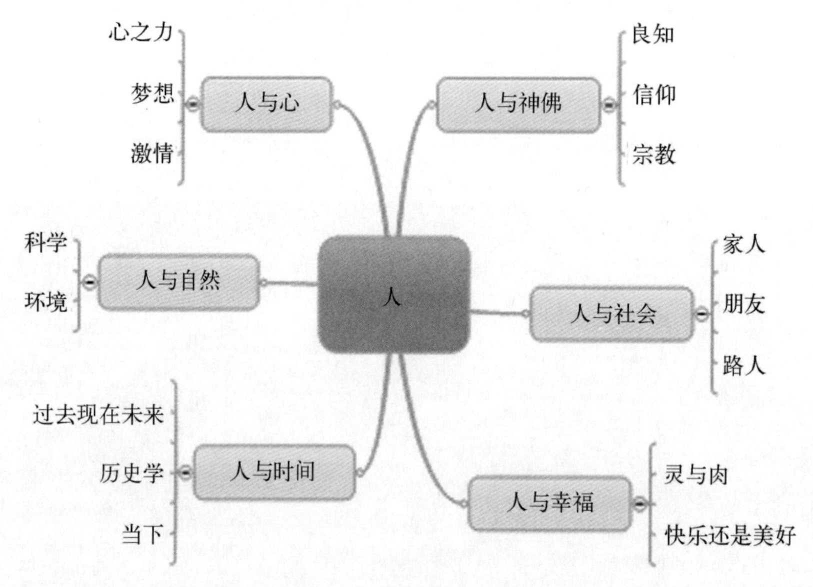

图 2－3　人的时空关系图

如图 2－3 所示，人的时空关系有七个：

① 人本，指的是：人是什么，人生的目的，健康、智慧、爱、身心灵等；

② 人与人，指的是：文明、男女、政治、战争与和平、原谅、夫妻相处之道等；

③ 人与自然，指的是：科学、发明、宇宙、能量等；

④ 人与时间，指的是：进化论、轮回、历史等；

⑤ 人与外星，指的是：外星人、ET、人类的航天梦等；

⑥ 人与神，指的是：宗教、信仰、祈祷、精神生活、智慧人生等；

⑦ 人与幸福，指的是：快乐、幸福、满足、平静、富有、疾病灾祸等。

下面主要谈两点：一是做一个完整的人；二是做人与做事的关系。

(1) 做一个完整的人。人是精神与物质两栖的动物，人有内在和外在。

完整的人＝身体＋情感世界＋精神与灵性。

其中，身体的部分指健康、物质世界与衣食住行；情感世界是爱人、家庭、集体、团队和朋友；精神与灵性指的是心灵修行、修身与正心。

身心灵健康的幸福生活＝生理、情感满足的幸福感＋社会的层面自我实现的幸福感＋精神(spirituality)与自我超越。无独有偶，马斯洛画过一个金字塔三角形[①]，描述的是人的需要层次理论，和我们讲的身心灵有如图 2－4 所示的一个对应关系。

① 百度：美国心理学家 Abrahan Maslow，1943。

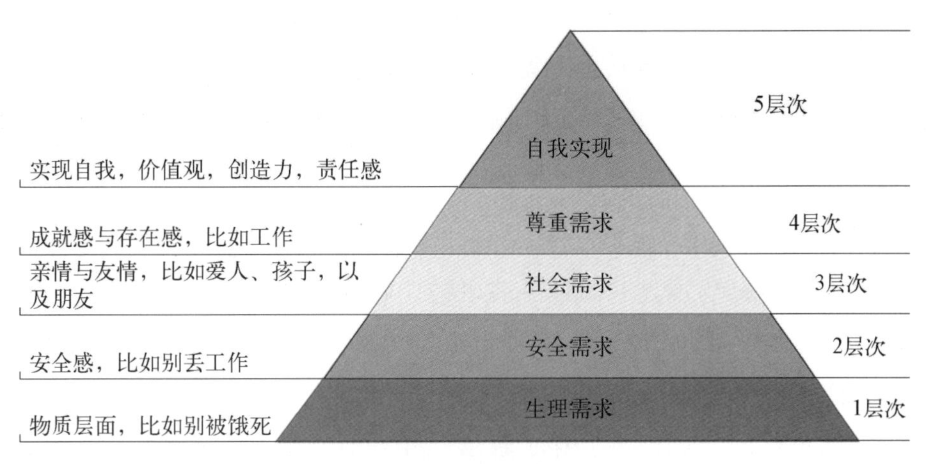

图 2－4　马斯洛需求层次

马斯洛把它画成三角形，体现了人的需要的次序和比重，基本生存和安全感是基础，是地球上大部分人要面临的问题。基本生存就是衣食住行，也就是生活这两个字里的“生”。人的态度和世界观不同，生存也就有了不同的标准，所以生存不光决定于物质条件，而且与主观世界有关。即使租的房里没什么家具，也一样可以生活得很开心，因为你的内心满足，生活的质量不一定比住豪宅差，这就是开悟之美。金字塔的顶端“实现自我”是一个奢侈品，能够有资格到这个层次的人数比例很小。

(2) 做人与做事的关系。通过两则故事，来说明人和世界的关系。

故事 2－1　拿破仑·希尔讲过的故事：如果一个人做对了，世界就对了

有个牧师在星期六的早晨绞尽脑汁准备布道的内容，而他的小儿子却缠着他不放。头痛的牧师在顺手翻开的杂志中找到一张世界地图，便灵机一动把它撕成小片说：“你把它拼起来，我就给你两毛五分钱。”打发了孩子的牧师得意了不到 10 分钟，就听到胜利的欢呼声。他闻声出来，惊愕地看到在客厅的地板上拼在一起的地图赫然醒目。“你是怎么拼的？”儿子说：“很简单呀！这张地图的背面有一个人的图画。我先把人拼出来，然后翻过来就好了。我想，假如人拼得对，地图也一定该拼得对。”

一个人的心就是一个世界，所有人的世界叫“大千世界”。人与世界的关系就是：“假如一个人做的是对的，那么他的世界也是对的。”

故事 2－2　大靴子法门

好久以前，在印度有一位非常仁慈善良的好国王。这位国王非常爱他的子民，以爱心、同情心和体贴心来治理国家。

我们都知道，远古时期，人们还没有鞋子穿，所以他们的脚常被石头及芒刺给弄伤，有时还会流血并感染。国王看到这种情形，很痛心，就命令军队去找那些死去动物，用其皮革覆盖在所有的道路上，这样人民走在路上时就不会受伤流血了。

那时有一位有智慧的老臣就对国王说，他有一个更好的点子：在所有土地上覆盖皮革并不方便，而且花很多时间及金钱，倒不如在每个人民的脚底垫上皮革，这样人们就可以自由走动了。

这个故事听起来很好笑，不过它象征一些事情。就好像希望全世界平等、和平、繁荣、友善和关爱，不过这是需要时间的。就像路，不管我们如何覆盖，石头与芒刺还是会再掉下来，所以较好的方式是我们只要照顾好自己的脚就好了。

建立我们自己的"内功"，就像脚上穿了鞋子一样。即使路上充满芒刺与石头，我们还是可以昂首阔步，而且觉得很安全。

2. 心之力

笔者曾经看到过一篇《心之力》[①]的文章，感觉写得很有气魄。

美籍学者希克斯所著的《吸引力法则》[②]其中也讲了"心想事成"的道理，推荐给大家阅读。该书讲述如何以正面思维法吸引财富、成功与幸运。作者在书中利用财富作为热点词来说明心的力量、意志的运用。心的力量可以吸引成功、吸引健康、吸引快乐。比如正能量与负能量的差异。

(1) 财富的负能量"版本"。我想要房子、车子，可我买不起；我赚的钱比以前多，可依然是月光族，现在似乎寸步难行。

请注意，这个"版本"首先是一种消极的状态，当你开始讲述负面性的版本，吸引力法则会助你从过去甚至将来寻找例证形成雪崩式负能量，不仅影响你现在的情绪，也会吸引和带来你这些负面的人、物和事。这个旧版本就是常说的"找借口而不找方法"，它会变成一种直觉的第一反应，一种习惯。在大学毕业生和研究生的面试和实习过程当中，面试官会通过具体的例证，很容易判断出你是不是有这样一个负面习惯，所以面试和实习对于聘用才那么重要。

(2) 财富的正能量"版本"。有意识地讲述令你愉快的积极的东西，讲述快乐的自己，注意力在方法上，从现在、从可执行的点滴做起，用分解任务的方式，对积累财富做出行动。

这个"版本"比你负面的思维要有效率得多，会吸引更多的正面资源流向你、注入你。讲述新"版本"没有定法，唯一的重要标准是对你有效、适合你、让你远离负能量。

不要把吸引力法则误解为唯心主义或是迷信。"吸引力法则"注重的不是结果而是过程，是"无为而无不为"。吸引力法则并不会对当前的生活做出回应，只会根据你的思考发出的振

① 搜狗百科(2018-11-14)，https://baike.sogou.com/v66618925.htm? from Tile=心动。

② [美] 埃斯特·希克斯、杰瑞·希克斯. 吸引力法则：心想事成的秘密：The law of attraction: how to make it work for you[M]. 邹东译. 北京：光明日报出版社，2015. 埃斯特·希克斯，杰瑞·希克斯. 吸引力法则=THE LAW OF ATTEACTION[M]. 邹东译. 北京：中国城市出版社，2012.

动作出回应，当你从渴望出发形成你财富的新版本，你的思考频率将会改变，吸引点同样会改变。退一万步讲，正面思维至少不会造成什么损失，如果继续复述现在的无奈生活，除了负能量也不会带来什么。思考和讲述你的理想生活，你会以现在的生活为跳板，跃向你的理想。

做工程学的人也要有心的力量，也应该具有一颗宏大的心，如 NASA（美国航天航空总署）的序言所讲的，人类的航天梦、NASA 的三个理想[①]：

一是宇宙的深处有什么？

二是我们怎样才能到那儿？

三是在这个探索中怎样让我们的生活更美好。

工程学的愿景也是如此：**发现、达到、体验美好**。

3. 正能量

能量，是看不见的东西，不过我们都知道正、负能量的存在。两个人刚吵完架的屋子，会让客人感到刚刚紧张的气氛。健康、积极、乐观的人给团队带有正能量，给你带来那种快乐向上的感觉，让你觉得工作是一件很值得、很舒服、很有趣的事情。人进步的最好方法，也是接近那些充满正能量的人；而更美好的是成为这样一个充满正能量的人，去改变、去吸引更多需要这种力量的人。

一个人的正能量像是一个银行，只是这里面的财富不是物质的钱，而是一种精神的钱，是一种更宝贵的财富。通过阅读和聆听正能量人讲过的话、写过的书，比如像马云、李嘉诚、颜宁、孙婧妍、杨元宁……可以从他们那边得到正能量，他们就是一个正能量库。需要说明的是，正能量要取自本人，即传记最好来自本人，尤其是他们失败的经验，而不是他们辉煌的成就。很多名人的传记都是别人写的，已经有了作者的加工，能量已经不一定很纯净了，所以选读传记时要留意作者，最好读正能量人的自传或视频，这样可以把握整个的场景，而不会断章取义。

修身就是增加自己的正能量。“阳光满心路”（见图 2－5），阳光满了，黑暗就没了藏身之地。这里的“阳光”就是正能量，正能量将你的心塞满了，负能量就没了位置。“心路”代表过程，前行的路上内心被源源不断的阳光充实，不被阴霾困扰，不忘初心的前行。正能量不是一劳永逸的，需要我们每天进行补充。

正能量和优美的语言可以增加我们的正能量，对我们的心理和行为产生正面影响。比如这篇充满正能量的例文：《从今天开始的每一天》能抄一抄、读一读、念一念，会对自己的身心产生微妙的影响，这其中的某段话，可能会对你的影响更深入，同学们可以有选择性地复习。

① 龚钴尔. 别逗了，美国宇航局.（A Brief History Of NASA）[M]. 北京：科学出版社，2012.

图 2 - 5　增 加 正 能 量

正能量例文①

从今天开始的每一天

从今天开始的每一天
我已经改变成为一个全新的人
我充满了灵性和爱
我的全身充满了力量和喜悦
我更加爱自己和周围的一切了

从今天开始的每一天
我的身体都进入了自我疗愈和复原的状态
我的每一个细胞都充满了活力
我越来越健康和美好。

从今天开始的每一天
我都在接纳全部的自己和别人
并且释放自己内心的不安和恐惧
我变得越来越平安和幸福

从今天开始的每一天
我和周围的人们相处和谐
我的脾气越来越好
我的笑容越来越多

从今天开始的每一天
我都会接受到宇宙的丰盛
我的金钱也越来越丰足
我的生活越来越美好和幸福

从今天开始的每一天
我的内心充满了安详和慈悲
我用柔和的语言和周围的人们说话
我的精力充沛,神清气爽
我越来越爱自己
也越来越爱我的家人

从今天开始的每一天
我会把一切都安排得井井有条
我的家里充满了欢声笑语
我的家是一个和乐幸福的家庭
我们享受着富足的生活以及快乐的日子

从今天开始的每一天
我都会拥有正念
并且在有了想法之后立即行动毫不拖延

从今天开始的每一天

① 散文网:https://www.sanwen.net/subject/379486/

续　文

我遇到的一切困难和障碍都会自然消退 只要我对它们心怀敬意并且从不抗拒 它们很快就会变成我的顺缘 从今天开始的每一天 我的家庭会甜甜蜜蜜 我会拥有最适合我的伴侣 我的伴侣也会珍惜并且深爱着我 从今天开始的每一天 我将沉浸在无限美好的恩泽里 即使我遇到了任何挫折 我知道它也是爱的表达 它将会很快过去 从今天开始的每一天 我恢复了童心	我开始对周围的一切感兴趣 我喜欢和大自然在一起 聆听它们的声音 我的身体越来越健康 我的头脑越来越敏锐 我身体的每一个细胞都会充满了生命力 从今天开始的每一天 我浑身充满了美好的能量 奇迹和爱都会一直伴随着我 从今天开始的每一天 我知道我已经成为了爱的使者 我用最美好的温暖的语言传递内心的爱 我用最真诚的祝愿 让周围的一切都变得闪闪发光。

(1) 远离负能量。人是有磁场和气场的，因此人与人是有相吸或相斥感应的。有的人你一见就喜欢，就想亲近，而有的人则相反，这就是能量的不平衡，就有了磁场和气场的能量交换。正能量被负能量的人过度吸走，就会被传染成负能量。很多场合，远离这样的环境和人可能是迫不得已，但又是一种明智的选择。负能量人的特点是贪图享乐，总是找借口而不是找方法。对此，哈佛大学有 11 个判断正负能量原则，具体如表 1-1。

表 1-1　哈佛 11 个判断原则

序号	负　能　量	正　能　量
(1)	害怕改变	欢迎新的机会到来
(2)	觉得没必要称赞他人所做的事	往往会看到并赞赏他人的好
(3)	说话总在讲着自己	会想到去了解对方的心情
(4)	往往觉得世界应该围着他打转	会伸出手扶他人一把
(5)	总将错误怪到他人身上	懂得为自己的失败负起责任
(6)	就算知错也不愿道歉	会在任何造成他人不便的时候先说声抱歉
(7)	只会想着个人利益	会试着不去伤害到他人的感受
(8)	讨厌被批评	欢迎有建设性的讨论
(9)	想看到其他人失败	希望看到其他人成功
(10)	认为自己什么都懂	总想学习新事物
(11)	遇到任何事都先退缩，告诉自己不行	会想办法改变，让自己活得更好

负面和正面之间的差别，在“一念天堂，一念地狱”的抉择中，我们要做的首先是要“自觉”，自觉地觉察负能量而不要陷进去，然后是理智与行动。远离负能量，因为负能量会在不知不觉中偷走你的梦想，使你渐渐颓废。

(2) 自强不息。“自强不息”四个字取自清华的校训：“自强不息，厚德载物”。

清华的校训是取自易经里的两个“卦”:“乾与坤,乾为天,为自强不息;坤为地,为厚德载物。”意为像天一样阳刚、像大地一样宽厚。在此以孟子的一段话,来解释“自强不息”的含义。

孟子云:故天将降大任于斯人也,必先苦其心志,劳其筋骨,饿其体肤,空乏其身,行拂乱其所为,所以动心忍性,增益其所不能。

这段文字很美,体会它的意义可能需要个人的体验和经历,它就是一个自强不息的体验过程。

比如说“苦其心志”,可能只有经历过失恋的人才会有所体验;只有在追求理想的过程中经历过很多失败的人才会有所体悟。“劳其筋骨”要亲历过军训,在夏日炎炎里行军,才会有所体验。“饿其体肤”,90后的人已经很难体会到什么叫“饥饿”,这个体验是在20世纪初期,家里面没有吃的东西,为五斗米折腰的时候才会有所体验。“行拂乱其所为”,比如有人故意与你捣乱,在你前面设置障碍,阻碍你想要达成的目标。只有通过这些磨炼才会“动你的心”,给你造成震撼,给你造成非常深刻的印象,然后才能“忍你的性”,才能让你的性情变得更坚强,所以叫“动心忍性”。

孟子的这段话含义很深、也很美,希望这段话能伴随你一生的成长,跟随着你一起长大,最终让你理解下面的话:

然后知生于忧患,而死于安乐也。

2.1.2 人字的一捺:合同别人

合同别人就是融洽地与人相处,这里讲两点:一是要懂得感恩;二是做人要厚道即厚德载物。

1. 饮水思源

饮水思源,就是感恩的意思。古代的时候挖一口井很不容易,“饮水思源”提醒后人吃水不忘挖井人。感恩的意义在于:一个好人、一个懂得报恩的人,你给他做的每一件小事,他都会加倍地还给你,如果从表面化的功利角度理解,这就是“饮水思源”的好处了。其实,饮水思源作为交大的校训,内在的含义要多出好多。交大的校友江泽民学长在其后面加了一句,“思源致远”。懂得感恩的意义不在于别人,而在于滋养自己的“内功”,会让你走的长远,这里边的内在含义比较深远,有些“道可道、非常道”了,这是需要用人生去体验的。当你能够体悟“思源致远”的含义之后,你的人生会更加美好。

合同别人首先是要懂得感谢,而感恩会让你的人缘走得更深远。有了志同道合的团队,才可以成就一番事业。

2. 厚德载物

厚德载物就是“做人要厚道”,厚德载物是易经里的“坤”卦,代表大地母亲,宽厚与宽容,讲的是和别人相处的基本态度。

(1) 同理心(empathy)。也就是体会他人的辛酸与不易,从而增加对感恩的理解,用感恩的心态回报社会。下面通过一则故事来体悟什么叫同理心。

故事2-3　给母亲洗手[①]

一名成绩优秀的美女青年去申请一个大公司的经理职位。她通过了第一级的面试，最后由董事长亲自面试，做最后的决定。董事长从该女青年的履历上发现，该女青年成绩一贯优秀，从中学到大学研究生学习期间从来没有间断过学习。

董事长："你在学校里拿到奖学金吗?"

美女青年："没有。"

董事长："是你的父亲为您付学费吗?"

美女青年："我父亲在我一岁时就去世了，是我的母亲给我付学费。"

董事长："那你的母亲是在那家公司高就？该青年回答，我的母亲是给人洗衣服的。"

董事长要求该青年把手伸给他看，该青年把一双洁白的手伸给董事长看。

董事长："你帮你母亲洗过衣服吗?"

美女青年："从来没有，我妈总是要我多读书，再说，母亲洗衣服比我快得多。"

董事长说"我有个要求，你今天回家，给你母亲洗一次双手，明天上午你再来见我。"

美女青年觉得自己录取的可能性很大，回到家后高高兴兴地要给母亲洗手，母亲受宠若惊地把手伸给孩子。她给母亲洗着手，渐渐地，眼泪掉下来了，因为她第一次发现，她母亲的双手都是老茧，有个伤口在碰到水时还疼得发抖。该青年第一次体会到，母亲就是每天用这双有伤口的手洗衣为她付学费，母亲的这双手就是她今天毕业的代价。该青年给母亲洗完手后，一声不响地把母亲剩下要洗的衣服都洗了。当天晚上，母亲和孩子聊了很久很久。

第二天早上，该青年去见董事长。董事长望着该青年红肿的眼睛，问道，可以告诉我你昨天回家做了些什么吗？该青年回答说，我给母亲洗完手之后，我帮母亲把剩下的衣服都洗了。董事长说，请你告诉我你的感受。

该青年说：

第一，我懂得了感恩，没有我母亲，就没有我的今天。

第二，我懂得了要去和母亲一起劳动，才会知道母亲的辛苦。

第三，我体悟到了家庭亲情的可贵。

董事长说，我就是要录取一个会感恩，会体会别人辛苦，不是把金钱当作人生第一目标的人来当经理。你被录取了。这位青年后来果真工作努力，并深得职工拥护，她属下的员工也都努力工作，整个公司业绩大幅成长。

同理心必须通过体验获得！在这个故事中，对于同理心的体验就是：董事长让这位青年回

① 文中加下画线的文字，体现了面试时的一些细微情节。

家为她的母亲洗手，从她母亲的角度去体验一下，母亲洗衣服到底是怎么回事儿？体验一下母亲付出的这种辛劳。通过亲自的体验体会到母亲的这一份辛苦之后，然后正确地表达她自己的这份善良与体会，这就是同理心！这样才会打动董事长的心。事实的结果也证实董事长在选择人才时的判断是正确的。

(2) 做人要厚道。做人要厚道的同义词是难得糊涂，慧而不用，揣着明白装糊涂。它的意义是在没有必要的前提下不揭短，从而营造一种和谐的团队能量场。下边讲一个曹操烧信书的故事。

故事 2-4　曹操焚烧书信

东汉建安五年，曹操与袁绍在官渡展开激战。两军实力相差悬殊，袁军数倍于曹军，曹操部将大多认为袁军不可战胜。但曹操最终以少胜多，大败袁军。在清点战利品时，曹操的一名心腹发现了许多书信。这名心腹拆开其中一封，看了几眼，立刻脸色大变。他把所有书信收齐封好，然后去向曹操汇报："主公，这些都是袁绍与人来往的密函！"曹操接过信件，拆开看过几封后，对心腹说："你去把这些信都烧了吧。""烧掉？主公，您不该照着书信把这些叛徒全部抓起来吗？"心腹惊疑道。曹操摇摇头："当初，袁绍兵力远胜于我，连我自己都觉得不能自保，更何况是他们。与袁绍勾结只是他们不得已的选择啊。"

原来，这些信件都是在许都的官员和曹操军中的部将写给袁绍的，其中不乏示好投诚之语。曹操命人当众把信件全部焚烧。那些私通袁绍的部将，原本惊慌不定，见曹操此举，惭愧不已，同时也愈加感激，军中士气更盛。曹操趁势进击，冀州各郡纷纷献城投降。曹操实力大为增强，为此后统一北方奠定了基础。

当然后人也有理解为曹操这是为了笼络人心，如果从正面理解，这是曹操的厚德载物，至少是处于策略上的考虑。厚德载物贯穿在每个人整个做人的细节当中。例如团队之间的沟通过程，包含了很多厚德载物的细节，是一种非常细微的交往方式。和上级领导的交流，即要主动又要不过分(不能过了很长时间，过了几个礼拜都不和上级领导主动进行联络，也不能经常周末打电话到上级领导家，为了一件不那么重要的事情)；沟通的次序和方式(可以先用短信或是微信进行约定，利用电子邮件进行预先细节交流与准备，然后再用电话与约会的方式见面聊，避免唐突的骚扰和不便)；还有就是要观察上级领导的工作与生活规律(如果他是一个工作狂，那么你沟通的频度也可以适当加快，对自己沟通的场合和时间做相应的调整)。这些所有的细致，体现了一种为他人着想的、厚道的功底，这些细腻的过程的积累，成就了我们所谓的"人缘"。

2.2　工程人的一撇和一捺

一个工程人除了写好人字的一撇一捺，还需要写好工程人的一撇和一捺。

2.2.1　写好工程人的一“撇”

“梦在前方，路在脚下，我在路上。”这个就是工程人做好自我的准则和最佳状态。梦想是一盏航标灯，梦在前方引导前行的方向；路在脚下，代表可执行性与可操作性；我在路上，代表行动力，代表活在当下。

1. 梦在前方

在习主席的倡导下，“中国梦”已经成为一个热词。梦想就是理想，“梦想”就是不忘初心；梦想是航标灯，有了梦，才有了前行的方向。比如“我的梦想是考上交大”，但是交大不一定是梦想的终极点。这个梦想的意义在于有了这个目标，才有了一系列的行动，才有了激情。华为手机有一段英文广告歌词①，谈到梦想时是这样唱的：

When the dream comes alive you become unstoppable.

Chase the sun, take the shot and find the beautiful.

这首歌词把“梦想”两个字的意义描述得很贴切，它讲的是当你的梦“活起来”之后，你的激情将一往无前，那份喜悦心情是追着太阳跑、眼中尽是美好，看什么都觉得好看、都想拍个照片留下来。它没有把梦想说成一个达成的结果，梦想重点在于体验，是一种想要“活”起来的感受。

梦想也是提前的事实。大家都熟知的科幻小说《海底二万里》里面具体描绘了潜水艇的各项细节，而儒勒凡尔纳在写出此书的 20 年之后，潜水艇才问诸于世。

梦想也是一个阶段性的目标，比如考上了交大后又怎样呢，还是需要后续的梦想，需要设立下一座航标灯。

（1）寻梦的过程。这里边所说的梦想，指的是青年与成年人的梦想，而不是指“孩子们看着天上的星星，想到天上摘星星的梦想”。成年人的梦想包含了“可行性”在里边。心理学家告诉我们，如果理想和自己可以达到的能力差得太远，这个理想就会变成空想，也不会产生出足够的激情和动力。这就是前面那个歌词里面唱到的“When the dream comes alive”，也就是说当梦想变得活起来了，你才会变成不可阻挡、一往无前(you become unstoppable)。所以要实现一个理想，要寻找一个梦想，必须要充分考虑可行性。这就要考虑个人的擅长和特点，要先认识自己。有一个老师讲了这么一个故事。

故事 2－5　擅长和特点

有一个 10 岁的小学生看到一幢大楼，他会马上考虑大楼是如何建造的，塔吊又是怎么一节一节接起来的，那么高的大楼外墙的玻璃是如何安装的。这个孩子有工程师的思维，他的梦想可能是工程学。

另一个孩子看到一幢大楼会想工程师真伟大，当他见到这么高的高楼，这么雄伟的高

---

① 腾讯视频：华为短片 *Dream It Possible*。

楼,他会想到一些诗句来抒发内心的感受,这个孩子的梦想可能是文学家。

如果一个孩子看到一幢大楼会问这样的问题:为什么会这么高?怎么撑得住?那这个孩子可能梦想成为一个科学家。

喜欢工程学的人就是那些关心“HOW”的人。这个HOW字,包含了“如何把它做出来”和“怎样使用和利用它”两种含义。

(2)梦想和教育的关系。美国前总统奥巴马曾经讲过这样一段话①:

每个人都有自己的长处,每个人都能做出自己的贡献,负责任的人生就是发现自己的能力所在,从而找到自己的梦想。教育的目的就是提供找到梦想的机会:你或许能成为一名出色的作家,但你可能要在完成那篇作文后,才会发现自己的才华;你或许能成为一名创新者或发明家,但你可能要在完成科学课程的实验后才会发现自己的才华;你或许能成为一名市长或最高法院的大法官,但你可能要在参加学生会的工作或辩论队后才会发现自己的才华。你想当医生教师或警官吗?你想当护士、建筑师、律师或军人吗?不论你的梦想是什么,你必须通过教育这个流程才能找到它,你必须通过实践进行探索,然后再为之努力、为之学习,才能够实现你的梦想。同时,你的理想必须符合未来的社会需要,与国家与民族联系在一起。这样的理想才有生命力,才有成长的土壤。

关于梦想下面讲两点:志存高远和不忘初心。

一是志向要远要宽。大家通过下面的故事体会一下“志向指的是什么”。

故事2-6　为什么要上学

“爸爸,我为什么要上学呢?”上学不久的儿子问爸爸。

爸爸说:儿子,你知道吧?一棵小树苗长1年的话,只能用来做篱笆,或当柴烧。长10年的话可以做檩条。长20年的话用处就大了,可以盖房子,可以做家具,还可以做玩具……一个小孩子如果不上学,他7岁的时候就可以放羊了,长大了能放一大群羊,可是他除了放羊,其他的事情基本干不了。如果上6年小学,毕业了,在农村他可以用新的技术来种地,在城里可以去打工,做保安,也可以当个小商贩,小学的知识就够用了。如果上9年,初中毕业后,他就可以学习一些机械的操作了。如果上12年,高中毕业后,他就可以学习很多机械的修理技术了。如果大学毕业,他就可以设计高楼,铁路桥梁。如果他硕士博士毕业,他就可能发明出许多我们原来没有的东西。知道了吗?

儿子:知道了。

爸爸问:那放羊、种地、当保安,丢人不?

儿子:丢人。

爸爸说:儿子,不丢人。他们不偷不抢,凭本事赚钱,养活自己的家,一点也不丢人。

① 2018年9月2日奥巴马的演讲《开学第一课》:我们为什么要上学。

不是说不上学，或上学少就没用。就像一年的小树一样，有用，但用处不如大树多。对社会的贡献少，他们赚的钱就少。读书多，花的钱也多，用的时间也多，但是贡献大。

儿子：我明白了。

都说诗言志，下面有两首诗词，大家可以体会一下“胸怀和志向”，从工程人的角度体会一下什么叫志存高远，什么是豪气万丈，以及这两者之间的区别。

念奴娇·追思焦裕禄[①]

魂飞万里，盼归来，此水此山此地。百姓谁不爱好官？把泪焦桐成雨。生也沙丘，死也沙丘，父老生死系。暮雪朝霜，毋改英雄意气！

依然月明如昔，思君夜夜，肝胆长如洗。路漫漫其修远矣，两袖清风来去。为官一任，造福一方，遂了平生意。绿我涓滴，会它千顷澄碧。

——习近平 1990.7.15

将进酒·君不见

君不见，黄河之水天上来，奔流到海不复回。
君不见，高堂明镜悲白发，朝如青丝暮成雪。
人生得意须尽欢，莫使金樽空对月。
天生我材必有用，千金散尽还复来。
烹羊宰牛且为乐，会须一饮三百杯。
岑夫子，丹丘生，将进酒，杯莫停。
与君歌一曲，请君为我倾耳听。
钟鼓馔玉不足贵，但愿长醉不复醒。
古来圣贤皆寂寞，惟有饮者留其名。
陈王昔时宴平乐，斗酒十千恣欢谑。
主人何为言少钱，径须沽取对君酌。
五花马，千金裘，呼儿将出换美酒，与尔同销万古愁。

～李白

二是不忘初心——坚持的方法。在找到梦想之后，在确定了行动目标之后，下一步就是要坚持、要不忘初心。“愚公移山”，讲的就是一个“坚持”的故事。[②]

---

① 《念奴娇·追思焦裕禄》是时任中共福州市委书记习近平于1990年7月15日所作的一首词，最先发表在1990年7月16日的《福州晚报》上。上阕“追思”，以记叙为主，写焦裕禄的功绩，百姓对他的爱戴、缅怀，诗人对他的评价。下阕明志，以抒情为主，写焦裕禄精神对诗人的影响，表达执政为民、造福百姓、恩泽万众的理想和宏愿。

② 《毛泽东选集》第三卷愚公移山 http://www.mzdbl.cn/maoxuan/maoxuan3/3-26.html.

故事2-7 愚公移山

中国古代有个寓言,叫做"愚公移山"。说的是古代有一位老人,住在华北,名叫北山愚公。他的家门南面有两座大山挡住他家的出路,一座叫做太行山,一座叫做王屋山。愚公下决心率领他的儿子们要用锄头挖去这两座大山。有个老头子名叫智叟的看了发笑,说是你们这样干未免太愚蠢了,你们父子数人要挖掉这样两座大山是完全不可能的。愚公回答说:我死了以后有我的儿子,儿子死了,又有孙子,子子孙孙是没有穷尽的。这两座山虽然很高,却是不会再增高了,挖一点就会少一点,为什么挖不平呢?愚公批驳了智叟的错误思想,毫不动摇,每天挖山不止。这件事感动了上帝,他就派了两个神仙下凡,把两座山背走了。

山是谁移走的呢?是天公?还是愚公?还是两者之和。答案应该是愚公+天公。愚公就是我们每一个人的心。一个"愚"字,代表一个单纯,代表"轴"、代表"执着",代表"一颗赤子之心"。把梦想当成一种感恩和接纳,当梦想在你心头的时候,接受他而不要拒绝他。把梦想当成行动的方向,而不是行动的目的——不要把心思放在梦想能否实现,不要经常给自己一个疑问,"这个理想可以实现吗?"单纯地一直往前走,不要往两边看,才能得到天公的惠顾。有恒为成功之本,是跨越中外古今、亘古不变的成功密钥。这里的所谓成功,不是成名成家,也无关乎名与利,它是一种人生自我的成就——坚持的意义在于坚持本身,在改变自己、提升自己的路上坚持到底,就已经成功了。

坚持就是我们现在经常提起的热词"不忘初心"。讲到这个初心,我们不禁首先要问自己:这个心在哪儿啊?心在英文叫 Heart,中西合璧的微妙之处在于,不论英文还是中文,它都不是指心脏,不忘初心的"心"就是梦想和理想。要做到不忘初心需要一种"内功",那就是坚持!

坚持是一种品质、一种内功,它可以来自先天,也可以通过后天训练获得。坚持的过程中都会遇到一个或几个"瓶颈",在这些节点上很容易放弃"坚持",突破这些瓶颈,就很爽。美国有一部电影《终极礼物》①,其中有一段对"瓶颈"的描述:

Any process worth going through will get tougher before it gets easier.

也就是说任何一个值得被追寻的过程(这里边强调的是"过程",而不是目标),在走过了一段之后就会觉得它非常难,难道让你放弃,这个时候你得坚持住,一旦过了这个瓶颈就觉得天地变宽了,有一种渐入佳境、柳暗花明又一村的感觉,就进入了"蓦然回首,那人就在灯火阑珊处"的境界②。坚持多少时间才能达到成功呢?这就是所谓的"10 000 小时法则③",即如果一个人的技能要达到世界水准,他(她)的练习时间通常需要超过 10 000 小时。10 000 小时是个什么概念呢,粗略估算一下,10 000 小时=3 612 842 天,也就是 3 年(如果每天 8 小时),或者 6 年(每

---

① 电影片段:《终极礼物》,也有译名《超级礼物》(*The ultimate gift*)[EB/OL]. http://km2000.us/myshoots/learning.flv.故事讲的是一个亿万富翁留给他孙子一笔巨额遗产的过程。

② 王国维说过,做学问有三重境界:第一重:昨夜西风凋碧树,独上高楼,望尽天涯路。第二重:衣带渐宽终不悔,为伊消得人憔悴。第三重:众里寻他千百度,蓦然回首,那人却在,灯火阑珊处。

③ 一万小时定律是马尔科姆·格拉德韦尔 2009 年的作品《异类:一本成功的成功学著作》中提出的一条定律。

天4小时)，或者12年(每天2小时)。这个法则应验在我们熟知的很多著名人士身上，比如郎朗回答女生的提问时说[1]：……就是凡事，都得重复到一定的量；又比如比尔·盖茨，他几乎把自己的青少年时光都用在了计算机程序开发上，他从1968年上七年级开始，到大二退学创办微软公司，这期间盖茨持续编程有7年时间，远远超过10 000小时。有人问起对于创业者来说，什么最重要？很多人都会不假思索地回答，“不要放弃”。西汉的《战国策》中有一句“行百里者半九十”，意思是说一百里路的目标走了九十里路才算是一半。比喻做事越接近成功越艰难。[2] 就像冰在超过0℃之后就化成了水，水在超过100℃之后就变成了水蒸气，物理变化中往往存在这样的临界点，达到临界点之后，其前后物质的状态和性质会发生质的变化，就会产生新的物质。再坚持一分钟，达到了临界点，就可以得到完全不同的结果。做一件事情，只有持之以恒地坚持下去，才能从中产生对事物的深刻理解和认识，获得与众不同的感悟和洞察。这是一个人成长中不可或缺的重要过程。没有这样的积累，即便机会到了你的面前，也很难能把握住。所以，平庸与卓越之间的差别，不光在于天赋，而在于长期的坚持，以及持续的投入。

(3) 坚持的训练方法。训练坚持的方法在此荐引大家读一读《富兰克林自传》中关于训练坚持的方法[3]。

> ……自传不仅仅能教人自学，它并且能教人如何成为一个智者。即使最明智的人，在看到了另一个智者一举一动的详细报道以后，也能获得智慧，改进自己的进度……就在这时前后，我想出了一个达到完美品德的大胆而费力的计划。我希望我一生中在任何时候能够不犯任何错误，我要克服所有缺点，不管它们由天生的爱好，或是习惯，或是交友不善所引起的。因为我知道，或是自以为知道何者为善，何者为恶，我想我或许可以做到只做好事不做坏事的地步。但是不久我发现了我想做的工作比我想象的要困难得多。正当我聚精会神地在克服某一缺点时，出乎我意料以外地另外一个缺点却冒出来了。习惯利用了一时的疏忽，理智有时候又不是癖好的敌手。后来我终于断定，光是抽象地相信完善的品德是于我们有利的，还不足以防止过失的发生。坏的习惯必须打破，好的习惯必须加以培养，然后我们才能希望我们的举止能够坚定不移始终如一地正确。为了达到这个目标，因此我想出了下面的一个方法。
>
> 富兰克林在自传中提出了十三种德行。
>
> 第一，节制。食不过饱；饮酒不醉。
>
> 第二，沉默寡言。言必于人于己有益；避免无益的聊天。
>
> 第三，生活秩序。每一样东西应有一定的安放的地方；每件日常事务当有一定的时间。
>
> 第四，决心。当做必做；决心要做的事应坚持不懈。

---

① 视频：《开讲了》重复10 000小时定律，郎朗回答女生的提问 http://www.tudou.com/programs/view/uEiyoG4-SWQ/.

② 《汉语大词典》(第3卷892页)，上海辞书出版社，1986年第4298页。

③ 富兰克林. 富兰克林自传[M]. 唐长孺译. 国际文化出版公司，2005.

第五，俭朴。用钱必须于人于己有益，换言之，切戒浪费。

第六，勤勉。不浪费时间；每时每刻做些有用的事，戒掉一切不必要的行动。

第七，诚恳。不欺骗人；思想要纯洁公正；说话也要如此。

第八，公正。不做不利于人的事，不要忘记履行对人有益而又是你应尽的义务。

第九，中庸适度。避免极端；人若给你应得处罚，你当容忍之。

第十，清洁。身体、衣服和住所力求清洁。

第十一，镇静。勿因小事或普通的不可避免的事故而惊慌失措。

第十二，贞节。除了为了健康或生育后代起见，不常举行房事，切戒房事过度。

第十三，谦虚。仿效耶稣和苏格拉底。[①]

表格格式：

节制							
食不过饱，饮不过量							
	一	二	三	四	五	六	七
节制							
缄默	*	*		*		*	
秩序	* *	*	*		*	*	*
决心			*			*	
节俭		*			*		
勤勉			*				
真诚							
正义							
中庸							
清洁							
平静							
贞节							
谦逊							

图 2-6　富兰克林的每日自省表格

训练坚持的方法有三种，具体如下。

方法一：坚持表格

富兰克林想了一个非常好的坚持的办法。他利用图2-6的表格，来每日提醒自己，修正自己的德行。“我做了一本小册子，每一美德分配到一页。每一页用红墨水画成七行，一星期的每一天占一行，每一行上注明代表礼拜几的一个字母。我用红线把这些直行画成十三条横格，在每一条横格的头上注明每一美德的第一个字母。在这横格的适当直行中，我可以记上一个小小的黑点，代表在检查当天该项美德时所发现的过失。”

富兰克林认为德性的养成要抓重点、集中力量、各个击破。“……既然我的目的是在养成这一切美德的习惯，我认为最好还是不要立刻全面地去尝试，以致分散注意力，最好还是在一个时期内集中精力对付其中的一个。当我掌握了那个美德以后，接着就开始注意另外一个，这样下去，直等到我做到了十三条为止。我决定给予每一项美德一个星期的严格注意，如此轮流替换。这样，在第一星期中，我密切预防关于节制的任何极细微的过失。其他的美德让它们像平时一样，只是每晚记下有关的过失。这样，假如在第一个星期中，我能使写着‘节制’的第一行里没有黑点，我就以为这一美德已经加强了，它的相反方面已经削弱了，其程度也许足以使我扩大我的注意力到下面的一项，争取在下一周内在两行中都没有黑点。这样下去直到最后一项，我可以在十三个星期内完成整个过程，我希望能快慰地在我的表格上看到我在品德上的进步，在逐步地清除了横行中的黑点之后，直到末了，在几个循环之后，在十三个星期的逐日检查以后，我会愉快地看到一本干净的簿子了……”

方法二：利用日记训练“坚持”

记日记有几大好处：其一，它是一种学习的方法。日记不光是为了记录今天、记录行动的

---

① 同前③。

轨迹也便于对未来行动外推和导引；其二，它是一种自省的方法，可以利用日记提醒自己每天要注意的关键点；其三，可以训练“坚持的精神”，培养坚持的功力和好习惯。图 2-7 是一个记日记的凡例，方法是：首先在一页的顶部写上日期（沿用年月日的顺序规则，比如 20160516 的排序方式）和星期几；原则是每天占一页，如果没有写满，其余的地方暂不填充，第二天从新的一页开始，在周末的时候做一个小结，记完一本之后做一个总复习，在关键的页上用贴纸做个记号，便于未来查询。

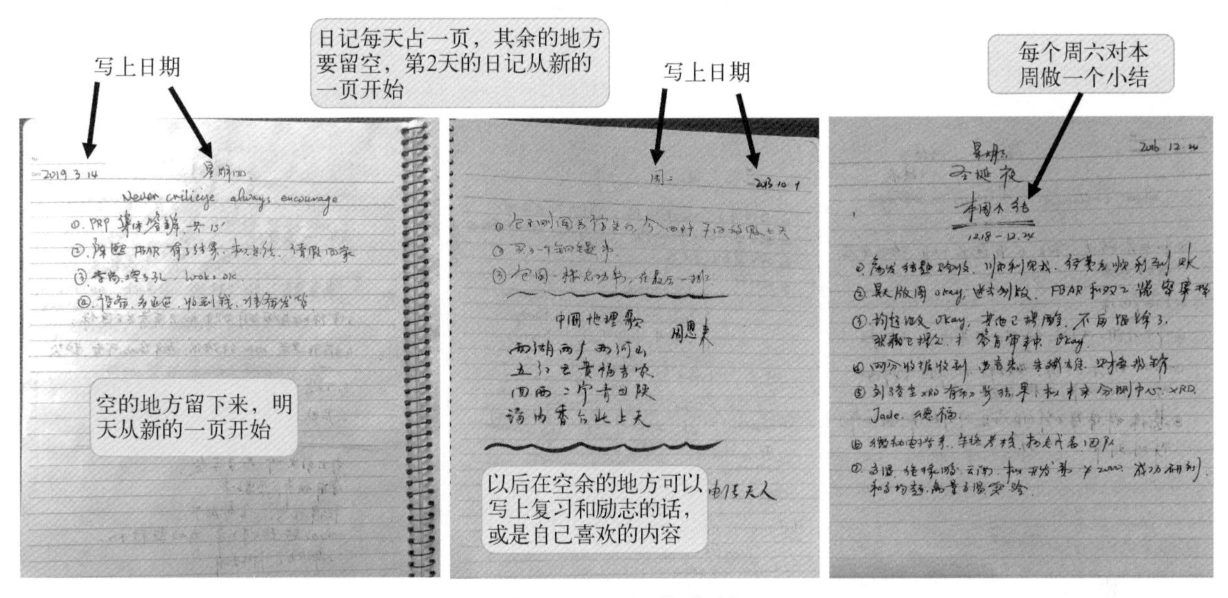

图 2-7　日记的范例

方法三：激励，借力打力

一是利用文字、物和事提醒自己。重复性的读一些不忘初心的激励故事，一些词句来补充自己“坚持”的正能量。比如 Franklin 从艾迪逊的“凯朵”中引用下面这几行作为这本小册子的题句[①]：

这儿我要坚持到底。

若是上苍有灵（整个宇宙和宇宙间的一切都在大声叫喊证明上帝的存在），上帝必然喜悦美好的德行；而上帝所喜悦的人必然幸运。

以下这个不忘初心的正能量故事（很像是我国古代勾践的卧薪尝胆的故事）。

故事 2-8　每天看一眼

古代的时候，有一个牧羊人，因为他的才华，被皇帝任命为总理大臣。他的工作很优秀，所以有很多人嫉妒他，就想找他一些毛病，然后陷害他。他们注意到这个大臣，每天总

① 富兰克林. 富兰克林自传[M]. 唐长孺译. 北京：国际文化出版公司，2005：22.

是偷偷摸摸的看一样东西：他有一个秘密的箱子，箱子里面有什么东西，他每天都会打开这个箱子，看看箱子里面的东西，然后再把箱子偷偷摸摸的藏起来。然后他们就跟皇帝去告发这个大臣这个行动。

当然皇帝就很好奇，所以有一天就当着百官的面问这个大臣这个问题，希望大臣公开这个的秘密。你们猜：这个箱子里边有什么？结果大家就惊奇的发现，这个箱子里边是一件牧羊人的衣服，就是这个大臣以前做牧羊人的时候穿的旧衣服。大家非常好奇这个结果，然后皇帝就问他，你为什么放这个东西在那个秘密的地方，去哪里都带着，然后晚上默默的一个人看，害得大家都怀疑你，为什么？

这位总理大臣很坦然地说，因为他现在地位很高嘛，大家都宠着他、都赞叹他，然后很多人都利用他、要贿赂他，国王也很宠爱他。他不要被这个情况诱惑，他怕他会跌倒，所以每天都看那个旧的衣服，要保护他自己的道德、那个清廉的心。他怕他是人啊，一定也许会弄错，所以天天要提醒自己，晚上看一眼才睡觉，这样他才能够保持自己清廉的风度，坚守他的道德，坚守他的戒律，以及他的修行的精神。皇帝和那些文武百官听了以后很佩服他。

我们也是一样啊，生活比较舒服，或是升官，或是生意更好，或是忽然间碰到一个漂亮的女人，或是很心仪的男人，然后我们认为，我们了不起呀，都被那个情况诱惑，被情况“鼓励”，使得自己沉迷在这些物质的成功里面而忘记了初心！

这一段故事的重点在于“每天都要看一眼，晚上睡觉之前都要看一眼来提醒自己”。每一天都反省一下！这也是一种坚守“不忘初心”的方法。

二是找一个伴儿互相激励、互相鼓励，这是一个互相的、双赢的过程，而不只是单方受益。每个人都有“信心的冬天”，顺利的时候，我们可以说是春天或是夏天。想放弃的时候，感觉到没意思、心里很苦闷却不晓得为什么，这就是“信心的冬天”来了。我们在“冬天”的时候，很容易被简单地混淆、退心或是被人骗，感觉到很闷，不进步又不想继续，或是会有很多不合意、不顺利的情形，有个伴儿的话，可以“补一补”，然后我们就可以继续下去一直到“春天”的到来。志同道合，结伴相行，长久相和。

三是体育运动。体育运动也是训练坚持的一个好方法。比如爬山，爬泰山的可能会有这样的体会：爬到十八盘的时候，觉得自己不行了，要累死了，要放弃了。然而，只要你前行、坚持，再坚持一会儿，就达到顶了；再待上一夜，明早就看到日出了。这是一种人生极限超越的体验，体验几次以后，就成了经验，就成了信念，可以帮助我们以后的人生通关。

(4) 激情。在激情(passion)的驱动下才会产生不懈的坚持，然后才有所谓的成功。关于激情，乔布斯有句话讲得很好，他说①

People say you have to have a lot of passion for what you're doing, and it's totally true and the reason is, because it's so hard, that if you don't, any rational person would

① 百度搜寻视频：Steve Jobs and Bill Gates Together in 2007 at D5。

give up. It's really hard and you have to do it over a sustained period of time. So if you don't love it, if you're not having fun doing it, if you don't really love it, you're going to give up. And that's what happens to most people, actually. If you look at the ones that ended up being successful (in the eyes of society), often times it's the ones who are successful loved what they did, so they could persevere when it got really tough. And the ones that didn't love it, quit. Because they're sane, right? Who would put up with this stuff if you don't love it? So it's a lot of hard work and it's a lot of worrying constantly. If you don't love it, your'e going to fail. So you gotta love it, you gotta have passion, and I think that's the high order bit.

—Steve Jobs

这段文字的大概意思是，人们常常强调做事情需要有激情，其原因在于完成事业的过程是如此艰辛，并且需要你必须坚持很长的时间。所以，如果你不喜欢它，如果你没有乐趣做它，如果你不真的爱它，在做的过程当中你就会选择放弃。如果你看看那些最终成功的人，都是在他们遇到最困难的时候可以坚持下去。而那些不是真正喜欢的人会选择退出。这是非常符合逻辑的：如果你不喜欢的话，为什么还要容忍下去呢？工作这么辛苦，过程这样艰辛，前进的道路上充满了挣扎和忧虑，如果你不是真正喜欢，最终还是要放弃要失败的。所以，你必须爱它，你必须有激情。

激情有两种，一个是目的导向，一个是素质。这两种激情，一种是IQ型的，一种是EQ型的；一种决定了事业上的成功，另一种决定了人生质量。其共性是，这两种激情都提供了长时间的、持续努力的力量，后者也许可以伴随你的一生。第一种的激情比如比尔·盖茨，他基于对计算机软件的passion，甚至放弃了哈佛大学读书毕业的机会，而专心他的软件事业，最终获得了巨大的成功，为世界文明进程做出巨大贡献的同时，也获得了巨大的财富，他的激情给他带来了事业上的成功。后者比如李嘉诚，对于读书有巨大的兴趣(passion)，本来的志向是像他父亲一样，成为一名教师，但是由于父亲过早地去世，作为长子，必须承担家庭责任，于是从饭馆里面的跑堂生做起，通过观察学习，慢慢开始自己做生意，最后成为一个非常有儒家风范的成功生意人。说他有儒家风范，指的是李嘉诚本意是想成为一个教师，最后却阴差阳错成为一个生意人。李嘉诚非常喜欢读书，但是因为家里没有钱，不仅上不起大学，也读不起书，他想了个办法，花钱去买旧书读，读完了一本，再把旧书当掉买新的书读，因为来之不易，读的时候也会非常专心，因为这本书不会总在书架上放着，要尽量把它记牢，李嘉诚读书的passion在他事业成功之后还是在继续的，可以说读书是李嘉诚的一种激情。热爱读书和善于读书，这种激情在很多伟人身上都有。对于读书的热爱，注定了他们在人生的历练历程当中不仅有实践，还有思想和品味。这是一项素质性的激情和某一项具体的成功没有直接的因果关系，但决定了你人生的一种品质。

Passion也可以来自后天,也可以通过对自己职业技能的精通而得到。精通可以是持之以恒的专注、努力和不断练习的结果。如果passion来自先天,那么我们多少有些无奈;如果Passion可以是后天塑造的,那么,我们是自由的。北京大学教师代表史蛟在毕业讲话中说①(沈老师把激情也称为热情),其实是有一个第三方因素导致了成功和热情,史教授从乔布斯的"激情理论"切入,为同学们讲解了"精通""激情"和"成功"之间的因果关系。

故事2-9　激情

乔布斯端出的是当前一碗最流行的鸡汤,但是,激情理论需要一个前提,那就是它的天赋性,如果它不在那里,去发现热情才是当务之急。这个过程并不容易,我试着在谷歌搜索passion,返回的结果有七亿两千万条之多,所以同学们不必担忧,找不到热情或激情是个世界性难题。在北美和英国的调查中,只有不到4%的大学生声称自己具有某种职业相关的热情。

但是有个事实不容忽视,就是成功人士往往确实对自己的事业抱有莫大的热情。这又如何解释?相关性并不意味着因果。是热情导致了成功,还是成功导致了热情?这其中会不会有反向因果问题?想要与各位同学分享的是MIT的计算机博士Carl Newport的答案。他认为,这是一个遗漏变量问题。其实是有一个第三方因素同时导致了成功和热情。这个第三方因素是什么呢?是精通,你对自己职业技能的精通。你达到大师级的水准,就会有信心和成就感,成功和热情也就随之而来。如何达到精通?如切如磋、如琢如磨、臻于至善。古往今来,答案从来没有变,精通是持之以恒的专注、努力和不断练习的结果。

"天赋热情论"说我们的热爱是命中注定,我们只能够接受安排、追随热情。但是如果热情是后天塑造的,那么,我们是自由的。我们可以根据自己的价值观,去选择对我们有意义的工作,然后日复一日地保持专注和努力。也许这听起来很单调,缺乏天赋热情论的浪漫感。但是,专注和努力的能力是可以培养的,你的命运掌握在自己的手中!你的命运掌握在自己的手中,这才是终极的自由。

2. 路在脚下

光有理想是不够的,必须要有具体的行动,也就是所谓的"路在脚下"。举个通俗的例子:我要从上海到北京去看天安门,这就是你的"梦在前方";我要请假、拿到钱、上网买一张高铁的票,这就是你的"路在脚下";我现在就上网买一张明天上午9点G2的高铁车票,这就是"我在路上"。这只是一个简单的比喻,这些动作听起来很普通,不过操作起来乃至实现,只有做起来才会对"路在脚下"有所体验。只有"路在脚下",梦才能活起来,激情才会出来。作为工程系列的大学本科生,更要训练自己不要问假大空的问题,不要设立假大空的目标,不管社会环境怎

① 2018年6月2日北京大学汇丰商学院毕业典礼教师代表史蛟教授致辞。

样影响我们，我们要造就自己的思维习惯，让自己的梦想有操作性、有可执行性，让梦想“活”起来。这里我们做一个“路在脚下”的练习。

2015年的暑假，在上海交通大学的校报上，张杰校长给交大的学生留了几句话（见图2-8），建议学生回家做几件事。第一件事，就是给父母亲做一顿饭，以表达饮水思源之恩，体会一下交大“饮水思源”的校训。可是鉴于篇幅的限制，他没有讲具体怎么做？面对缺乏可操作性和可执行性的这个建议，这个饭可以做大，也可以做小；可以真做，也可以糊弄。小做：家长可以把所有的东西准备好，包括菜切好、调料调好，让学生下一个锅，把调味料放进去，然后端上桌就可以了。不过要是这种方式的话，学生对感恩的体会，对饮水思源的体会就少了很多，也应该不是校长的本意。

学子迎来期盼已久的长假，做哪些事最有意义？

寒假里你不得不做的十件事

动。

寒假里，试着去读不同风格的好书，与持不同观点的伟人对话，让自己成为有思想、有风格、有态度、有个性的青年学子。埋下个人发展的种子，为新学年、新征程蓄积能量！

3 做一次饭，感恩父母的关爱

怎么规划晚餐的菜谱，让饭菜既可口又富含营养？怎

图2-8 2015年暑期上海交通大学校报上登载的张杰校长给学生的暑期建议

作为一个课堂作业的练习，要同学构思一下这顿饭的可执行性和可操作性：这顿饭要怎么才能做出来？图2-9是两个同学作业的例子（注意：这里面的关键词是：可操作性、可执行性）。我们利用这两个例子，突出讲一下什么叫工程学的可执行性。第一份作业突出的是做饭的“战略”，相比较而言，第二份作业的可操作性和可执行性要强多了。

（1）不怕失败。从以上这两份作业也略微可以看出来，可操作性强、可执行性的方案可能出错误的概率也多；可操作性弱的方案出错概率少，但只有战略意义、实用意义欠佳。这也是工程学实践过程当中倡导的硅谷精神，就是“不要惧怕失败”，甚至要去“拥抱失败”，要克服这个心理障碍。硅谷成功的经验之一就是“不要惧怕失败”。在领导的评价体系之中，不光要看重有多少失败，很重要的一点，要看有没有参与意识，或者是看“失败”在整个“参与”里边所占的比例。但凡做事情就有失败的概率，不做事情就永远也不会有失败。但是一个工程人就必须要有这份担当。

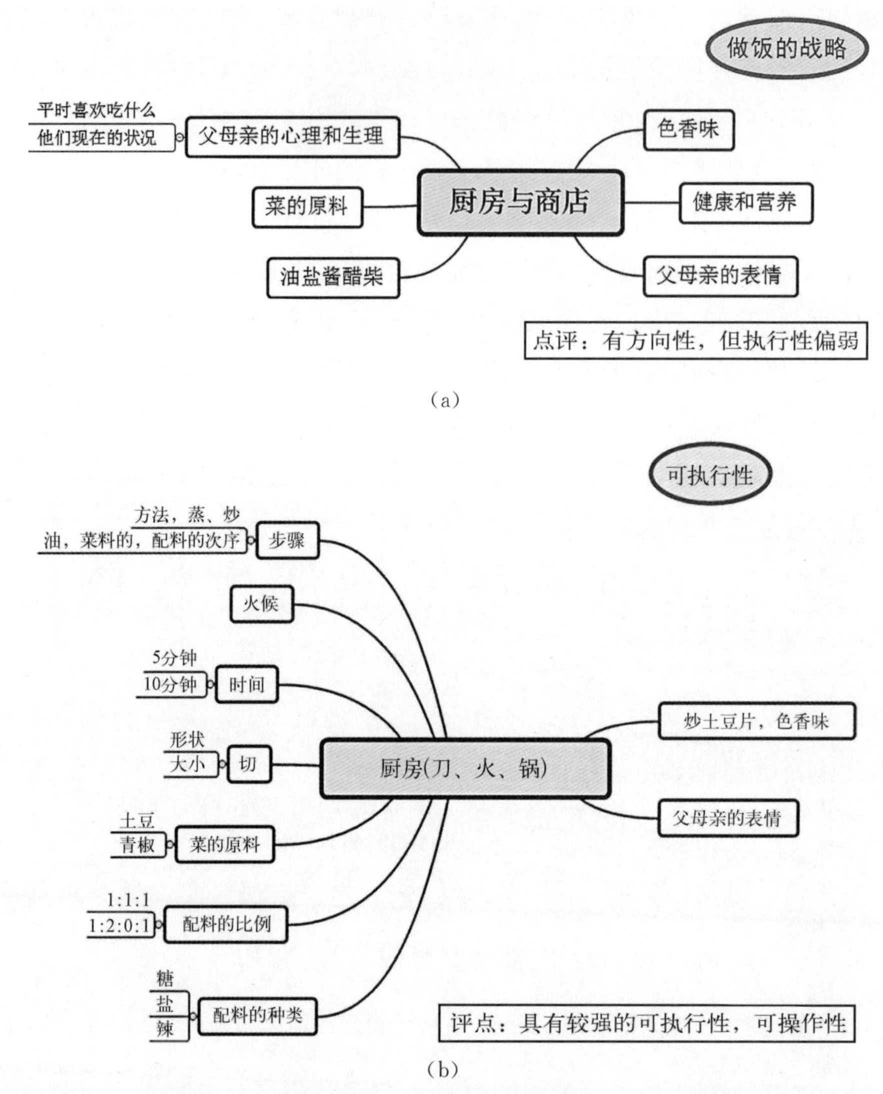

图 2-9 课堂作业：怎样在暑期回家给父母做一顿饭——学生的两种作业例子

(a) 做饭的战略 (b) 做饭的可执行性

点评：(a) 有方向性，但执行性偏弱；(b) 具有可执行性，可操作性。

相对而言环境和政策的设定方式也很重要，如果评价的体制是以出错多少来评判，那么最好的方法就是什么事情也不做。所以对待无所作为，必须要有一定的惩戒措施。这一点，硅谷精神值得借鉴，硅谷的创新精神也大大地改写了美国传统的职场思维方式。

(2) 分段论，即分段实现一个大目标。为什么很多孩子都没能成为他们父母所希望的龙，不可忽视的一点恐怕就是给孩子所定的目标太大了，就像大山一样把孩子吓倒了、压垮了：非要孩子们的每门功课，每次考试都拿 100 不可，90 分都不可以；非要考上清华、北大、交大不可。如果孩子们现在的功课成绩和这个目标差得太远，他就会失去热情，从而产生很大的心理障碍影响眼前的学习。如果分段给孩子制定目标，这个学期 75 分，下个学期 80 分，相信每个孩子都能轻轻松松地完成目标，这个过程就叫分段论。

在很多时候，当我们在面对比较长的、比较难的任务时，我们会产生犹豫，我们会推迟我们的开始时间，这个时候我们主要的障碍是心理障碍。因为我们觉得这个很难，我们就说等一下再做，所以就有“明日复明日，明日何其多”，结果我们等了一辈子都没有做。其实，处理这种心理问题的方式就是把这个问题分阶段、分层次，分成一个一个的小目标，最后集腋成裘，完成整个大目标，就是说要实现“路在脚下，我在路上”的状态。比如说高考这件事，我们经常会听到我现在这个成绩怎么可以考上交大，似乎一点可能性都没有。然后我们以此做借口，反正我也考不上，我们就无所作为。其实你可以从一个点一个点开始做，比如本书在后面介绍的错题原理的实施方案（参考本书第 6 章“二八定律的应用：高三高考的错题原理”），先重点解决一类错题，彻底了解关联的知识点，一直到不出错为止。对高考而言，这一类错题的解决可能会让你高考的分数提升 10 分到 15 分。其实比较一下前十名的高校和后十名的高校的差别，可能就在这 10 分到 15 分之间，拿华东师范大学和上海交通大学历年的分数统计来比较，看到高考的平均录取分数相差在 15 分左右。实施错题原理就是要给学生一种成就感，也就是说，完成一种错题的攻关，就提高了几分，就有一种成就感，学习的热情也增加了，学习的投入也增多了，完成了几道错题的攻关，就提升了十几分，最终也就完成了从二本到一本的提升。

为什么在我们周围总有一些人做事半途而废，其中的原因大概不是因为难度大，而是觉得目标离得太远，因此往往才做了个开头，就感到力不从心。如果你的目标是一个企业家，那么不妨把企业家这个目标分解成若干个小目标：一般职员、销售员、部门负责人、部门经理，然后一个目标一个目标地去实现，这样成功的把握就会很大。

分段论也称为任务分解法（WBS，work breakdown structure），就是把一个任务分解成若干项工作，形成完整的、可量化的步骤，再把一项项工作细分到每一天的日常生活中。把复杂抽象的任务分解细化为具体的，可执行、可操作的事项，然后依次各个击破，最后完成整个的目标。给每一个分解后的任务步骤规定具体的完成时间。因为比较大型的任务往往周期较长，通常无法及时收到反馈和激励，不容易坚持下去。所以，必须设置较短的周期及阶段性目标，让自己在执行的过程中能够看到成果，每做一件事、每过一天都有接近目标的成就感，才会坚持下去。

分段论或任务分解法也培养一种好习惯，找方法，不要找借口。对“无法完成”的任务不要说“我做不到”，要对自己说“我能做什么”。职场的一个很重要的能力，不是任劳任怨，而是要学会管理领导，管理领导的含义，不是对他发号施令，而是学会用科学的方式方法恰当地与领导沟通，不要简单粗暴地告诉他，这项任务我完成不了，而是列出完成方案，告诉领导，凭借一己之力，这项工作无法达到，需要和其他资源协同才能完成，并且要提出你的解决方案供他参考。另外建议你不要完全退出任务，而是用谦虚积极的态度告诉领导，你有能力并且希望承担这项任务中的某一个部分。

3. 我在路上

这里讲的是执行力。行胜于言，是清华的校风。校风和校训互为表里，校训主内，主要谈的是学校的思想；校风主外，重在行胜于言，也就是“从我做起，从现在做起”，注重了时空的具体性，将行动集中在当下、集中在眼前。与前面的路在脚下相比，执行力的目标更为具体。所谓执行力，指的就是在规定的时间内完成规定的任务，如果没有完成，要及时地有一个汇报、解释，及应对的措施。

我们发现社会上有很多行动、很多现象，就是回答得很好，他说我来做、我一定完成。但是经过几件事情之后，看到的是他就是说说，他就是口头答应，他并没有完成，并且对于没有完成的结果也没有进行汇报和解释。这其中有几个原因，第一就是领导出题的漏洞：只是告诉他要做，却没有告诉他要提交的时间，这是领导的责任；第二就是有非常明确的目标和任务，但是他没有完成，并且最糟糕的是，他也不会汇报事情的进展，也不解释没有完成的原因。所谓的没有执行力，指的就是这一条。如果有这样素质的员工，领导就很难做了，这个团队的效率也就很低了。解决这个问题的思路，首先是做一个称职的领导，分派的任务要明确清晰，并且有量化的指标，还有就是员工自身的执行力和行动力。通常在企业或一个机构中，领导对于员工和下属的执行力的判断不会只是一次形成的，不过在十次的过程当中，发现有比如 5 次以上看不到执行力的话，那这个人基本就是执行力不及格。很多企业在招聘一个人进来之前，通常有一个面试，面试之后还有一个实习期，指的就是在一个月至半年的实习期之内，通过几件事例，就可以观察出这个人的执行力。如果执行力不及格，可以免于录用，以免将来裁员和解雇的麻烦。

缺乏行动力主要有三个原因：① 对于一个新的目标存在一个心理障碍，觉得太难，达不到目标，就会想往后拖一拖、再拖一拖；② 怕失败、怕丢脸；③ 可操作性。对于这些障碍，可以有以下方法来应对。

一是营造一个正确的氛围，鼓励“硅谷精神”：不怕失败，怕不参与。建立鼓励参与的机制，而不是把重点都放在追究“失败”方面。借此就可以鼓励一个团队形成一个行胜于言的环境。

二是(用)前面讲的分段论。

三是(形成)可执行性。如答卷中利用选择题来增加可执行性。如果语文考卷都是作文题，那么可执行性的难度就会变的大大增加。可执行性的指标是，(要)具体、(要)量化、(要)细节。

四是可操作性。可以从下面一段讲话当中有所体会(这是奥巴马在一次中小学生的开学典礼上讲话[①]，讲到身为学生应该尽的责任)：

> 或许你能写出优美的文字，甚至有一天能让那些文字出现在书籍和报刊上，但假如不在英语课上经常练习写作，你不会发现自己有这样的天赋。
>
> 或许你能成为一个发明家、创造家，甚至设计出像今天的 iPhone 一样流行的产品，或研制出新的药物与疫苗，但假如不在自然科学课程上做上几次实验，你不会知道自己有这样的天赋。
>
> 或许你能成为一名议员或最高法院法官，但假如你不去加入什么学生会或参加几次辩论赛，你也不会发现自己有这样的才能。

① 百度上搜寻：开学第一课：奥巴马谈我们为什么要上学。

(1) 找方法不要找借口。即“不为失败找借口，只为成功找方法”，方法总比借口多。执行力里面有一个关键词就是“态度”，这个态度就是找方法不要找借口。如果一个人想尽力把事情做好，他的态度是积极的，他是会想办法的，而不是到处找借口。这是对待问题的基本态度和方式。

积极而不要消极，找方法不要找借口。这里讲的是一个基本的态度而不是对待一个具体的问题。这里举一个例子。杨元宁是王永庆的外孙女，也是哈佛的高才生，从小的内功培养非常好，是一个“找方法不找借口”的典范。比如有记者问杨元宁[①]：“你人生遇过最大的困难是什么？”她认真地想了想(实在想不出来)回答：“没有。(遇事)我一定尽力完成。”这个例子的关键点在于杨元宁的第一反应，她还要花时间想一下，即便如此也找不出借口来。“找方法，找不出借口”是成功人士直觉的第一反应。我们观察很多人，会很容易把这两种人划分开，对于是否录用、是否合适成为同事可以迅速作出甄别。找借口这个毛病多与成长经历有关，一旦形成习惯，是不太容易改正过来的。

关于方法还是借口，英文有两个对应的词，叫做 active thinking 和 defensive thinking，是主动的还是被动的。active thinking 是主动积极的思考方式，冲着目标而去，义无反顾、一往无前的找方法，没有时间去找借口的行为和做法。这种人生充满了激情，而不是充满无聊。defensive thinking 倾向于一种自我保护，源自对自我的不自信。它是一种负能量的思维方式，因为总是缺乏一种安全感。它呈现的现象是，你可以什么都不做，但是不要犯错误，是一种找借口、不去找方法的做法。

管理大师余世维曾经说过：生活中只有两种行动，要么是努力地表现，要么就是不停地辩解。这正是成功者和失败者的不同写照。失败者永远在找借口，成功者永远在找方法。借口只属于弱者，强者不需要任何借口，他们是在踏踏实实地做事中成长的。什么是人才？人才就是当遇到问题和困难的时候，他们总是能够主动去找方法解决，而不是找借口回避责任，找理由为失败辩解。什么样的员工在领导的心中最有分量呢？在职场中，什么样的员工最能脱颖而出呢？当然是那些能够积极找方法解决问题和困难、可以独当一面的员工。

下面分享一个“找方法，不要找借口”的故事。

故事 2-10　保证完成任务

在美国有位退伍军人，他在战场上负了伤，当他回到地方的时候，年龄也比较大，再加上负伤，成了一个残疾的退伍军人。所以找工作变得非常不容易，很多单位都拒绝了他，而每一次他都迈着坚定的步伐，继续寻找可能的机会。

这一次，他来到了美国最大的一家木材公司去求职，他通过几道关卡，终于找到了这个公司的总裁，他非常坚定地对这位总裁说：“总裁，我作为一名退伍军人，郑重地向您承诺，我会完成您交给我的任何任务，请您给我一次机会。”

总裁一看他的年龄，一看他这个样子，像开玩笑似的，真的就给了他一份工作。那是

① 杨元宁：请用百度搜寻。

一份什么样的工作呢？总裁跟他说："我这个周末要出去办一点事情，我的妹妹在犹他州结婚，我要去参加她的婚礼。麻烦你帮我买一件礼物。这个礼物是在一个礼品店里，非常漂亮的橱窗里面有一只蓝色的花瓶。"他描述了之后，就把那个写有地址的卡片交给了那位退伍军人。那个退伍军人接到任务后，郑重地向他的总裁承诺："我保证完成任务！"

这位退伍军人看到卡片的后边，有总裁所乘坐的火车车厢和座位，因为总裁跟他说，把这个花瓶买到之后，送到他所在的车厢就可以了。于是这个退伍军人立即行动，他走了很长时间才找到那个地址。当找到地址的时候，他的大脑一片空白，因为这个地址上面根本没有总裁描述的那家商店，也没有那个漂亮的橱窗，更没有那只蓝色的花瓶。

如果是你，你会怎么做呢？会向总裁这样说："对不起，你给我的那个地址是错的。所以我没有办法拿到那只蓝色的花瓶。但是，这位退伍军人没有这样去想，因为他向总裁承诺过：保证完成任务。所以第一时间想到给总裁打电话确认，但是总裁的电话已经打不通了。因为在北美周末的时候，总裁是不允许别人打扰他的，通常总裁的手机是不接电话的。怎么办？时间一分一秒地过去，这位退伍军人结合地图然后通过扫街的方法，在距离这个地址五条街的地方，终于看到了总裁所描述的那家店，远远地望去，就是那个漂亮的橱窗，他已经看到了那只蓝色的花瓶。他非常欣喜，但他飞奔过去，一看门已经上锁，这家商店已经提前关门。

如果是你，你会怎么办？你会说：对不起总裁，因你给我的地址是错的，我好不容易找到，但人家已经关门。但是，这位退伍军人没有这样去想，因为他向总裁承诺过：保证完成任务。这位军人结合黄页和地址，终于找到这家店经理的电话。当他打过去电话之后说要买那只蓝色的花瓶。对方说：我在度假，不营业。"然后就把电话撂下了。

如果是你，你会怎么办？你会说对不起总裁，人家不营业，我买不到。你会找出一大堆的理由说明自己没有办法完成这个任务。但是，这位退伍军人没有这样去想，因为他向总裁承诺过：保证完成任务。他在想，即使我付出惨重的代价，也要拿到那只蓝色的花瓶。他想砸破橱窗拿到那只蓝色的花瓶，于是这位退伍军人转身去寻找工具。等他好不容易找到工具回来的时候，正好从远方来了一位警察，全副武装，那个警察来到了橱窗面前，站在那里居然一动不动。然后这个退伍军人静心地等待，等了好久，那个警察丝毫没有走的意思。

这个时候，这位退伍军人意识到什么，他再一次拨通该店经理的电话，他第一句话说，我以自己的性命和一个军人的名誉担保，我一定要拿到那只蓝色的花瓶，因为我承诺过，这关系到一个军人的荣誉和性命，请您帮帮我。那个人不再挂他的电话，一直在听他讲。他讲述在战场上是如何负伤的故事，因为在战场上承诺战友，一定挽救战友的生命，一定要把战友背出战场，为此他身负重伤，留下残疾。那个经理被他感动了，终于决定愿意派一个人，给他打开商店的门，把这个蓝色的花瓶卖给了他。退伍军人拿到了蓝色的花瓶，他非常开心。但这个时候一看时间，总裁的火车已经开了。

如果是你，你会怎么办？你会找出一堆的理由向总裁解释：你给我的地址是错的，我好不容易找到，人家已经关门。我遭遇挫折、经历磨难，终于拿到了这只蓝色的花瓶，但你的火车已经开了。但是，这位退伍军人没有这么想，因为他向总裁承诺过：保证完成任务。这位退伍军人给他过去的战友打电话，他想租用一架私人飞机，因为在北美有很多人拥有私人飞机，他终于找到了一位愿意把私人飞机租借给他的人，然后他乘驾飞机追赶总裁乘坐的火车的下一站，当他气喘吁吁跑进站台的时候，总裁的火车正好缓缓地驶进站台。照总裁告诉他的车厢号，走到老板的车厢，看到老板正安静地坐在那里，他把蓝色的花瓶小心翼翼地放到桌子上。然后跟总裁说："总裁，这就是你要的蓝色的花瓶，给您妹妹带好，祝您旅途愉快。"然后转身就下车了。

一周后，上班的第一天，总裁把这个退伍军人叫到自己的办公室。跟他说："谢谢你帮我买的礼物，我妹妹非常喜欢。你完成了任务，我向你表示感谢。"其实，公司这几年，一直在选一位经理人，想把他选派到远东地区担任总裁，这是公司最重要的一个部门，但之前我们在挑选经理人的过程当中，始终不能够如愿以偿。后来，顾问公司给我们出了一个蓝色花瓶测试选择经理人的办法。在选择经理人的过程当中，大多数人都没有完成任务，因为我们给的地址是假的，我们让店经理提前关门，我们让他只能够接两次电话，在过去的测试中只有一个人完成了任务，是因为他把橱窗的玻璃砸碎拿到了那只蓝色花瓶，我们觉得跟我们公司的道德规范不符，没有被录用。所以在后来的测试当中，我们特意雇了一位全副武装的警察守在那里。但是所有这些，都没有阻碍你完成任务的决心。你出色地完成了任务，现在我代表董事会正式任命你为本公司远东地区的总裁……

(2) 硅谷精神：不怕失败。硅谷精神主要有两个：我们工作不是为了"钱"＋我们不怕"失败"。"不是为了钱"的主要意思是"钱"只是一个工具，过度地看重"钱"会限制我们的眼光和境界，人也会变得狭小，钱只是成功的一个衍生物；"不怕失败"讲的是"行胜于言"，有意思的人生在于实践，而不要在意于结果。

失败只是一种结果，很多时候也是别人和社会界定的，很多时候因为这个"怕"，限制了我们人生的乐趣，所以要"不怕失败"。在硅谷，创业失败从来不是一件丢人的事情，因为只有勇于冒险的人才可能失败，而不敢创业就永远不会有成功，这是硅谷独特的文化。波士顿(美国的东海岸)也聚集了麻省理工、哈佛等全球最出色的大学，拥有着实力雄厚的银行财团。但波士顿却只是科研中心，没有成为硅谷这样的创业中心。美国东海岸的人偏于保守，人们通常跳槽不多，害怕事业失败，也不太敢辞职创业①。

"硅谷精神"对我们的一生都有用，它可以融入我们本科生活工作学习的每一个细节。比如课堂主动发言(不怕犯错)，比如通过一些公益活动免费为弱势群体服务，比如规避和纠正社团里的功利思想和沽名钓誉的行为和方向，等等。在选择专业方向和创业方向方面，避免不接地气的大而空洞的课题和方向，着重具体的、点滴的、基本的社会需求。事情具体到点子上，就有了可操作性，但是犯错误的机会也会增加。然而作为工程人，应该勇于创新、勇于冒险、不怕

① 大卫卡普兰的《硅谷之光》提及的硅谷两大原则，"我们不为赚钱"和"我们容忍犯错"。那里，允许梦想、鼓励创新、宽容失败、激发企业家精神。因此，与其说这本书呈现的是硅谷的过去，不如说是硅谷的气质。

失败、不怕犯错。

2.2.2 写好工程人的一“捺”

责任感与团队合作是工程人的一“捺”：不同组员的分工最终决定整体的效果，而责任感是成功的保证。工程学是一个团队的整体行为，作为一个合格的工程人，要处理好团队、上下级的关系，个人与团队、团体的有效沟通、互相配合与协同才能够取得更好的效果，也唯有如此，才可创作出伟大的工程作品。

1. 责任(responsibility)

责任一词，英文写为“responsibility”，其意思很直白，就是 response＋ability，也就是反应、回应的能力。这种“回应”听起来很普通，比如说中国人常问的：“你吃了吗?”你可以说“吃过了”，也可以说“还没”，但是不应该没有反应。所以回应是一个基本的礼节。在军事战役中，美国大片中经常会听到这样一句，“Roger that，over”(收到，了解，通话结束)，没有听到回应就说明这个人不在了，会影响整个战役指挥的进程。对于工程行为而言，没有回应，对方就不知如何应对；不回应不仅没有礼貌，在工程人的责任链中，会导致整台“机器”无法前行。但是在职场和很多专业场合，我们发现很多人是“没有反应”的，就像电话的另一边，没有任何声响，你也不知道是他听到了没反应，还是他没听到。在军事战役中，这种态度几乎是灾难性的，因为一个瞬间就可能丢掉一个战役。“反应”的能力和一个人的紧张程度也有关，反映了一个人的应急反应能力，一个负责任的高手，可以在非常忙碌的情况下也不会忽略回应的能力。

responsibility 是一种能力和本能。上海交通大学每年迎新生的时候都有一个条幅“选择交大，就选择了责任”。交大的校风就是“责任与担当”，这句话讲得太好了！上海交大作为工科名牌院校，有培育学生树立“责任”观念的义务和职责。工程学的项目多为团队合作与集成，工程人是团队的一分子，每个人都是链条里的一个链子，每个工程人都要对你的上家和下家负责，如果在你这里责任链断掉的话，整个链条就接不上，整个机器也无法运行，这是工程人对团队的责任。而工程学面对的群体和用户是社会大众，这是工程人的社会责任，它的受众面更广，所以工程人要具备很强的责任意识。

培养责任感的方法有以下两种。

(1) 利用军训、利用军事化的强制性的手段训练责任习惯，比如就“学军”来说[①]，这里边的

---

① “德智体美”，其实这个“美”字实际上是德智体相结合的表面化。那么这个“德”，指的是什么呢？这个德不是抽象的，要通过体验式的教育来得到。这个德不是可以“教”出来的，它是“育”出来的，这个“育”必须通过载体来实现，比如可以通过“学军”，也可以通过某一项课程的教学实践，包括这门《工程导论》。专业教学是德育的载体，“工程学导论”课程表面上看像是工程专业课，但其内涵与主线则是利用工程学为载体，进行德育的“育”的培育。所以，高校里边的“德育”，不全是思政老师的事，也不是光凭借着政治理论课可以通过说教获得的。专业课程的教学也应该同时是思想教育的载体，让学生从各种活生生的体验当中悟出做人做事的道理。21 世纪的教育理念已经和以往的不同，一味地靠传递知识是不可能教好学生的。教育的重心必须转到能力建设上来。这就是中国古代所说的“授人以渔”的问题。教育的效果不是看老师在课堂上“灌”了多少内容，而是看这门课结束以后学生真正学会了什么？《工程导学》在课堂教学上按“教一、做二、考三”来逐步提高难度就是一种提高学生能力的方法，而不是“教三、做二、考一”的教学。

“学军”，就是培养纪律意识，培养反应的能力。在军队中，“反应”是一种基本能力，也是强制性的一种训练。这种意识，除了家教之外，军训大概是最有效的方式了。军训与体罚，体罚对于教育的作用也颇有争论。日本小学让小孩子光着脚在雪地上跑和玩耍作为耐力的训练，家长就在外面看着。从政策的层面，这种教育方式在我们国家就会有争议，最后多以“多一事不如少一事”而告终；而从个人教育的层面，可以根据具体的情况灵活操作，比如哈佛女孩刘亦婷①，他的父亲为了训练她的意志力进行握冰训练，一块冰握了 15 分钟、钻心的痛，这个算不算体罚？一个人儿时的素质教育对于将来的人生素质有着深远的影响，也关系到一个民族将来的希望，是一个值得思考的问题。

(2) 要靠坚持。如果责任感没有成为习惯，要矫正这个坏习惯就需要坚持的力量(关于坚持的能力培养，见前一章节)。可以采用富兰克林的每日提醒的表格来三省吾身，从而修正自己的不良习惯，养成良好的职业习惯。培养责任心和有反应的能力，应该从小就开始，越大越不容易养成这样的好习惯。

2. 沟通(communication)

讲一个故事来说明沟通指的是什么？什么是真正很有效的沟通？

故事 2－11　张三请吃饭

张三请赵四、王五、李七吃个饭，赵四、王五先到了，李七还没来，张三道：“该来的还没来”。赵四一想，“言外之意我是那个不该来的”，于是走了。张三见状，曰：“不该走的，怎么又走了？”王五一想，“言外之意我是那个该走的了”，于是也走了。张三于是想不明白，他们怎么都走了？

这就是典型的沟通上的问题，这里面的深意是：如果讲话方张三能留意讲话方式，如果听话的几方多些耐心，琢磨一下，也许可以避开误解。沟通是一种体验行为，它是一种非常细微的交流方式，这些所有的细致，最后汇集成了一种印象，这个印象则左右了将来合作的模式和深度。沟通是一门实践的功课，虽然这门功课有很多书籍和教程(可以参阅，余世维的《有效沟通》，柳青的《有效沟通技巧》，刘捷的《高效沟通》)，要学会沟通的本领必须要通过实践。

沟通的目的在于共享信息和建立人际关系。正是因为有了沟通，才使得信息得以传递，从而让我们知道很远的地方的消息。另一方面，通过沟通交流，把人们相互连结在一起。沟通有助于减少由于相互的想法与价值观的差异而产生的误解，增进感情，及时沟通是解决问题唯一行之有效的办法。沟通的四个重大要素有价值观、角色、心情与动机。沟通的方式常常有以下几种：

一是面对面：包括会议，和一对一的面谈；

二是邮政：包括邮寄、快递、传真；

① 请参见图书《哈佛女孩刘亦婷》。

三是电子通信：包括电话、短信、微信和电邮(电邮原则是：一信一题，一信一事，每段都应改行使文面清晰，一封信长短最多两屏幕)；

四是其他：公告、托人转达、联络书等。

多利用短信与微信，约定之后再访问，对频繁的上下级和同事之间，一般要每周沟通一次，周末节假日的时候尽量不要打扰，除非是紧急的和特殊的情况。

在团队运作当中，沟通中需要着意避免的问题有以下几点：

一是缺乏主动性(你不来找我，我也不会去找你)；

二是总是在抱怨与找借口，很少带着对策来；

三是说不清重点(找不出关键问题)，观点比较极端和片面。

关于沟通的频度问题，要掌握中庸的原则：不能完全缺乏主动性，领导不问就不说，工作的完成情况也不和领导讲，这样做，你的领导会很累；也不能过于频繁地去骚扰领导，周末和假日都不放过。掌握这个尺度是因人而异，要根据具体的情况，细致的观察，才能做好到位的应对。

关于沟通细节、怎么沟通和沟通的作用，请参照第4章中的4.3。

2.3 其他内在品质

2.3.1 工程学里边的品

一位女生用奔驰和三菱汽车的商标形象化地表达了减肥的重要意义(如图2-10)。这两个商标的样子差不多，但是一个胖一个瘦，对应的一个价格和质量都要差出好多。这位女生想要表明减了肥就变成了大奔的商标，“品”就高出了很多。当然，这是个笑谈，作为“品”的开场白。

图2-10 品的形象

“品”是一种可以表现在外边的内在品质，也就是我们常说的，就是觉得他好，但是说不出是哪好。因为好、因为有品，所以会受到好评。所以“品”是不可言状的，最好用故事、用比喻的方式，来解释品的含义。现在讲两个故事：一是美国一个小学的故事；二是孔子借伞。

故事2-12 美国小学的故事

美国某地某年下大雪，学校要求所有学生到校，但有家长反对。学校说这是为了那些家贫无暖气的孩子，他们到了学校至少有暖气、有热汤。有家长说，那就让那些家贫的孩子去学校好了，为什么要全体？学校说：这样做，是为了维护他们的自尊心。

这个学校的行为就是一种“品”，这个品叫“厚德载物”。

故事 2-13　孔子借伞

孔子有天外出，天要下雨，可是他没有雨伞，有人建议说：子夏有，跟子夏借。孔子一听就说：不可以，子夏这个人比较吝啬，我借的话，他不给我，别人会觉得他不尊重师长；给我，他肯定要心疼。

尺有所短，寸有所长，和人交往，要知道别人的短处和长处，对于短处要避免"揭到伤疤"。

下面讲一下工程学中的"品"，主要有这样几项：禅与工程学的简明，愚与单纯（Stay hungry, Stay foolish），角度认知和中庸，竞争中的品（竞争的真正含义）；最后讲一下不好的品是什么。

1. 禅与工程学的简明

图 2-11　禅与简明

（1）禅的英文是 Zen，它的意境是简单、是空。在没有 iPhone（见图 2-11）之前，手机都是有按键的，一开始是十个数字，然后增加到 26 个英文字母以便于发短信，既难看又复杂又不便于使用。Steve Jobs 学过禅学，禅的概念在于简单，在于"无"。于是在 iPhone 的设计上，发明了只有一个 HOME 键的 iPhone。这种设计不仅美观，而且优点很多，在手掌的地盘给出了一个很满意的大屏幕和手按空间，很有禅的味道。这种禅味，现在被其他厂家抄来抄去，都是一类的东西，Nokia 从此告别了手机市场，毕竟，iPhone 和传统的手机是两个量级的产品。

（2）工程学的"简明"。工程领域重要科研成果的表达应该是简明的。简明是工程的艺术。工程学的"简明"不是"简单"，这需要更深刻的智慧。把一个复杂的问题简明地表达是高水平，把简单的复杂化是"故弄玄虚"，比喻（Analogy）、图形化和曲线化是"简明"常用的手段，常说编审在看文章的时候首先是看标题和摘要，然后就是看曲线和图，从而得到迅速直观地判断，讲的就是这个道理。我们做学问做到"博士"，往往都变成了所谓的"专家"，与这个"博"字相去甚远。钱学森先生曾经说过，博士答辩的时候需要写两份论文，一本论文是给专家看的，一本论文是给外行看的，大学问家的水平就是文章既要有深度，也要让普通的外行看得懂。一个博士应该具备可以简明地提炼复杂问题的能力。能够简明地表达是"大师"的水平。

简明是工程人的一种内功，是和做人的方式密切相关的。比如简单生活有利于工程学的简明。简单生活和工程人简明有非常相似的地方，工程学的"简明"不是"简单"，简单生活也不是贫困生活，而是一种智慧和时髦。简单生活＝轻生活，即轻巧、轻松地生活。生活中不乏很多例子，如买房 vs. 租房、简单的食物 vs. 间接的深加工食物、开车 vs. 公共交通/共享单车/绿色出行。简单劳动也有利于简明，脑力的工作者要平衡以简单、重复的体力劳动，如洗碗和打扫房间专心的做一顿饭等，这些适当的体力工作对于脑力劳动是一种中庸式的平衡。

教学对于简明性的历练也有一定培育的作用,教学和科研是教师的双翼。很多忙于科研的人擅长专心做事,但是贫于表达,到了最后也会影响表达的简明性;长期搞科研的人员从事教学是很必要的,可以把长期紊乱的思路缕清,对下一步继续科研极有益处。长期不搞科研的教学会失去活力,不但会把活生生的内容教死,还会把原来"立体"的启示教成"平面"的教条。一个教师不脱离教学和科研,就是不脱离"第一线",那整个生活和工作就会变得踏实。要做一个合格的教授和科研工作者,教学和科研应该齐头并进。

2. 愚与单纯

(1) "愚""单纯"的例子有:愚公移山里边的愚公,金庸小说里面的郭靖和杨过,《阿甘正传》(*Forrest Gump*)里边的阿甘,《西游记》里边的唐僧。他们都有一股劲儿,一股坚持的精神,他们都很轴,认死理儿、一直往前走、不往两边看。讲的好听一点就是不忘初心,坚持理想。

单纯真的是有点天生,单纯是真正的大人物共有的内功,"长将勤补拙,勿以诡为能",成功人士共有的气质就是单纯与专一,这个成功,是人生的成功,不是名利的成功,虽然名利也可能随之而来。单纯很难用语言来表达和描述,像老子所讲,"道可道,非常道",它只用于体悟,而很难用词句代替体验。做人要单纯,心计太多不好。如果做不到,至少我们应该了解和知道谦卑。教育让我们复杂,而失去了单纯,衣服盖的太多,手脚都不灵便了。愚劲儿就是通常我们所说的"轴",说这个人比较轴。这是一种专注的能力,一种不忘初心的能力,坚持的能力。

(2) Stay hungry,Stay foolish

乔布斯 2005 年受斯坦福邀请给毕业生演讲,在演讲的最后,乔布斯将"Stay hungry,Stay foolish"这句话送给所有在场的听众。从此,"Stay hungry,Stay foolish"被当成乔布斯的名言广为流传[①]。Stay hungry,Stay foolish 有好几种翻译的方式:

其一:求知若饥,虚心若愚;
其二:保持饥饿,保持愚蠢;
其三:若饥若渴,大智若愚;
其四:保持渴望,保持傻气。

而恰恰是其二的翻译方式,是用最愚的方式保留了这句话的原味。这个翻译很土,简单、直接,但是具有可操作性、接地气,不虚华、浮夸、浮躁。"求知若饥,虚心若愚"等其他译法,文学色彩多了一些,但失去了"Stay hungry,Stay foolish"的深刻内涵。"Stay"这个词很关键!它代表了"主动的"意思,这一层意思,一定要翻译出来。Stay hungry,Stay foolish,就是要主动地蠢,主动地饿,因为这两种状态带了美好的幸福感。举个例子:在你饿的时候,窝头野菜都是香的,你会很感恩给你窝头的那个人;在饿的时候,香和感恩的感觉都出来了,美好的感觉也随之出来了,这就是主动地饿的禅意。很多家境很好的 80 后、90 后,因为没有"饿"过,也都没有过香和感恩的感觉和体验。因为没有对比,所以觉得生活很平庸、很乏味、很 boring。其实人呢

---

① Video: http://km2000.us/myshoots/2005StanfordJob.flv.

要见识过很多东西，经历过很多东西，吃过苦、享过福，你人生的张力就会很大很大，你的胸怀也会变宽，你会知道你的内心究竟想要什么。这样的话，一方面能够更好地去适应这个社会，另一方面呢，我们能更加快乐。

3. 角度认知

图 2－12，讲的就是角度的问题。在图 2－12 上我们看到，两个人从不同的角度，得到两个不同的结论，但实际上他们讲是同一件事情。图 2－12 比较形象，可以印在我们的脑海里，当我们就一个问题非常固执和较真的时候，回忆一下这张图所说明的问题，也许我们会从他人的角度思考，会理解为什么他会这么说，从而不会坚持自己的想法。现实生活中和工作中这样的例子有很多，由于存在角度与认知的差异，就要学会中庸地看问题与解决问题。中庸在本书的最后一章有更加详尽的介绍。

图 2－12　角度认知

4. 竞争中的品

如何进行竞争，也体现了工程学的品。竞争可以激发活力，竞争可以让双方互相拔高，在竞争和解决问题中体会生活、体会进步。研发和竞争是每个工程人不可避免的现实，也是促进自己成长的助推力。竞争也要讲“品”，竞争体现的是奥林匹克精神，而不是你死我活；竞争也要强调中庸原理，要给对方留有余地，让大家都有饭吃。举一个常见的例子，在超市里边各个菜农对同一种菜如何定价，不仅要考虑到用户和市场，也应该本着合作共赢的态度，大家商量着来，而不是恶性竞争，大家比谁的价钱低；这样的话，损害的是大家的利益，这样的工作也不会带来快乐。这就是竞争里边的中庸原则。

也有人把竞争的“品”升华到理论层次，即竞争伦理(competition ethics)。竞争目的是为了要赢，而赢的方式有两种：一种是自强，一种是挖别人的墙脚。自强是奥林匹克精神，挖墙脚是小人之行为，这就是品的含义。下面举两个例子，马云对竞争的评论，以及硅谷对竞争的解读。

(1) 马云谈竞争。企业如人，商场如战场，但是商场和战场的区别是：战场上只有敌人死了，你才能活；商场是敌人死了，你未必活。跟别人竞争的目的是为了增加自己的乐趣，跟别人竞争的目的是为了让自己更强盛，更好地面对未来。因为把别人给灭掉的时候，你未必快乐。竞争是为了让自己更好，让自己走得更远，为自己带来乐趣的。至于在别人的脚底下，放上一点沙子的这种恶性的竞争，格局不够大，眼光看得不够远，也让人瞧不起。你今天在人家的脚底下放一些小钉子的时候，我跟你说员工会看不起你，客户会看不起你。做商业一定要明白这个道理，和气生财，你活下来与“和气生财”才是最关键的。对手只是在你行进的过程中，偶尔擦枪走火，关键是你的目标，是你要做什么？而不是打败对手。如果把对手当成你的目标，那就是错了。

(2) 硅谷对竞争的解读。竞争文化是美国文化的一部分，在美国，竞争在许多方面都是被鼓励的。从经济的角度来讲，竞争不仅可以给消费者带来益处，而且对刺激整个国家的活力来讲也是有利的。另一方面，有一个对手对行业本身也是一个促进。竞争可以产生两种人，一种是优胜者，一种是失败者，然而竞争中的失败者可以从竞争中学到很多东西，从而成为更好的竞争者。美国的反垄断法，也就是对竞争的一种鼓励。下面举两个例子来解释：AMD与INTEL、微软公司Microsoft与美国的垄断法。

AMD和INTEL都是制造CPU的公司，不过英特尔（INTEL）是非常强势的，它在设计和技术制造方面都是领先的，尽管如此，在市场的份额上，它总是把10%留给AMD使其得以生存而不至于倒闭。这一来是由于美国的反垄断法，还有一个原因就是这个对手可以刺激他本身的成长。比如说，2007年，AMD率先推出了64位微处理器，虽然在这个之前英特尔也尝试过，但是没有成功。AMD设计的成功刺激了英特尔，所以在以后的微处理器的制造中也推出了64位的微处理机，到现在几乎所有的微处理器都已经是64位的。这就是利用竞争的机制促进自身成长的一个例子。对于垄断的公司而言，存在一个竞争对手是一件好事，可以刺激自身的发展。从政府管理的层面，往往需要至少两家从事同一个行业并行存在，而不是由一家垄断，这有利于国家事业的健康发展。

Microsoft与美国的垄断法。从1997年10月美国司法部指控微软垄断操作系统，到2000年11月微软和美国司法部达成妥协，延时三年的时间结束了这桩旷日持久的官司。指控的缘由是微软公司几乎占有了全部的计算机操作系统的市场份额，并且试图挤压Netscape浏览器意图形成对市场的支配力，以致无法与其竞争，造成市场竞争严重不足，美国反垄断问题专家玛丽·艾尔兰指出："如果操作系统和浏览器属于同一领域，比尔·盖茨可以高枕无忧。"想象一下如果微软公司厚道一些，容纳一个竞争对手的存在而保持对方的一定的市场份额，就像前面说的INTEL和AMD一样，那就可能免于这场官司。

5. 不好的品

有一种工程人，是专门寻找别人的缺点和毛病并进行炒作。这种人的意图和动机不在于解决问题，不在于提出有建设性的意见，他所提出的问题指向是人而不是对事，他们提供的是负能量，这就是不好的工程学的"品"。在一个团队当中，如果有的人闲下来无事可做，贪图安逸，就会滋生这种能量。马云曾说过，他要做一个危机感创造大师，意图就是在于让大家都忙起来，让每个人都有自己的事情要忙要做，就是怕闲下来把注意力放在寻找别人的缺点上面，公司应当鼓励做事情的人，而不希望这些人用负能量把注意力放在嚼舌头、找别人的缺点上。

坏的工程学的"品"就是用放大镜四处去找别人的毛病，并以此为业。

每个人身上都会存在不足之处，把它们加起来都会有一座山那么高。着重报道负面也会吸引人的眼球，因为它利用了人对负面印象更深的心理习惯。这两条加起来会"放大"缺点。放大缺点最坏的社会效果就是让大众忘了这个人曾经做了什么好事，忘了对他的感恩，忘了正能量。一个人的缺点也许是事实，但却是以偏概全，是以"负能量"为主的事实，是没有对世界正能量贡献的事实。用放大镜四处去看别人的毛病，这就是不好的品位。

需要指出的是，工程学里不好的"品"是对人而不是对事。在一个企业当中的质量监管部门就是挑毛病的部门，其工作就是专挑产品当中的不足和潜在的隐患，这是利用负面的信息来促进企业的健康成长，所以不是负能量，它和科学里的质疑精神是不矛盾的。

不好的"品"是厚德载物的反面。在此给大家讲一个清朝年间"百官行述"的故事。

故事 2－14　百官行述

清代康雍年间，有一个名叫任伯安的书吏，他所做的工作就是抄抄写写，在整个官僚体系中大概属于末流。可是因为他能够接触到一些机密文件，就趁机将一些官员的言行抄录下来，以便以后要挟百官之用，这本书取名《百官行述》。它不是记载人家的善政，而是专门记载别人的隐私和失误之处。后来雍正皇帝把这本《百官行述》当众烧毁，其中一个目的也许是警醒世人，不要干这种下品的事情。

以偏概全、以负能量为主，完全没有正能量的、建设性的建议，而仅仅是为了哗众取宠，或是出于一种个人的嗜好和兴趣，不是一个正人君子所为，也不是工程人做人的"品"。

2.3.2　工程人的责任担当与职业操守

工程人对错误的"零容忍"体现了工程人的责任重大。下面这个对比阐述了工程人的责任：一个科学家进行了 100 次实验，前 99 次都失败，最后一次成功了，那他是一个成功的科学家。但是对一个工程师来说，99 个工程都成功了，最后一次失败了，那他可能会因此进监狱。所以选择做工程人就选择了责任。林则徐说过，"苟利国家生死以，岂因祸福趋避之。"这个"苟"字有委屈的意思，也就是为了国家的利益、整体的利益要委曲求全，牺牲个人的名和利。工程人要超越荣与辱、功与过、是与非，要敢于承担责任要敢于承受可能带来的风险。

作为一个工程人，也要学会保护自己的理想。空姐在向乘客发出航空警告通知的时候是这样说的："要先保护好自己，再去保护孩子。"只有保护好自己的身体和能力，才有可能继续为人民服务。这里的关键点是，为人民服务的初心可不变，但方法是可以变通的。

有别于其他的职业，工程人这个行业着重的是责任和应用。这个"责任"决定了工程人的基本操守准则，工程人要为社会负责，对大众负责。这个责任感决定了工程人要以认真的、科学的态度来做好每一件工程。工程人必须要有以应用为导向的意识，必须注重用户体验；工程人的目的是造福人类，是转化和利用自然资源而为人类服务的一系列社会活动。21 世纪的工程学人应该向高效益和绿色环保的方向发展，利用自然力满足人类的需要，用智慧掌控物质世界。

选择工程师作为职业的工程人，在行业的方面需遵循以下的原则和规范。

1. 基本原则

（1）用知识与技能去增进全人类的福祉。

（2）正直无私，为公众、雇主和顾客提供忠诚的服务。

（3）致力于提高工程师的职业能力和职业声望。

（4）为他们各自专业所属的职业和技术团体提供力所能及的支持。

2. 基本规范

(1) 工程师要把公众的安全、健康和福利摆在他们的职业责任中最优先的位置。

(2) 工程师要在他们力所能及的范围内提供专业服务。

(3) 工程师发表的公开声明应真实、客观。

(4) 工程师应成为各自的雇主或客户专业方面忠实的代理人或被委托人,并应避免任何利益冲突。

(5) 工程师应依靠他们的卓越服务树立起专业声誉,而不应为此与他人进行不正当竞争。

(6) 工程师只加入行业内有声望的团体或组织。

2.4 本章小结

不管是做科学家还是做艺术家、做教师或是做医生、做中国人还是美国人,一个工程人首先是先要做好一个人,所谓"正心修身齐家治国平天下",这些是做任何一个职业的根本,所以把它们称为工程人的"根"。

而做一个人就是写好人字的一撇和一捺,这一撇就是"做对自己",这一捺就是"合同别人"。所谓"做对自己",就是树立好一个人的三观:人生观、世界观和价值观,它们是对这个世界的基本态度,正确的三观会构筑自己正能量的"库存":做一个正能量的人,并且用这个正能量去影响这个世界。本章节介绍了一些增加自己正能量的实用操作方法(比如经常复习、反省和正面自我暗示)。而合同别人,就是孔子所说的"仁"(两个人)字,处理好两人、多个人的关系,做人要厚道、要宽容,要懂得沟通和相处的心理技巧。

而做一个工程人,做好自己就是做到"梦在前方、路在脚下、我在路上"。如何找到自己的梦想和不忘初心?也就是坚持理想。本章节介绍了一些实用的不忘初心的方法,也就是恒心和坚持的方法,比如利用体育和记日记训练自己坚持的能力。而合同别人对于一个工程人就更加重要,做好一个工程需要依靠团队,要处理好个人和集体的关系,在一个团队当中处理人际关系,需要同理心与沟通本领,正确的态度,如交大的校风所说,"选择交大就选择了责任",要找方法不找借口,工程学的可执行性和可操作性。

本章介绍了工程人的一些"品",比如工程学的简明,单纯执着与愚公移山的精神,什么叫做 stay hungry, Stay foolish,竞争当中的品位,工程人如何保护自己的理想。

练习与思考题

2-1 硅谷精神指什么?谈一谈你对失败的看法,以及对"不作为也是犯错误"的看法。

2-2 举一个你熟知的厚德载物的例子,诠释一下难得糊涂与责任感的区别和关系。

2-3 诠释做人与做事之间的关系,并谈谈你对其的理解。

2-4　练习利用自省表格自我训练的方法。研究一下富兰克林的自省表格，画出适合自己的修身表格，坚持每一天检查一下执行结果，坚持两个礼拜，然后以作业的方式提交结果。

2-5　坚持能力的训练。按照本章介绍的方法记一个学期(16 周)的日记，重点在于每天都坚持，期末的时候对日记的考勤给自己打一个分数。

2-6　以工程学的角度，用挤牙膏的例子分析“从中间挤还是从底部挤”的利和弊(提示：经济性与操作的难易性，短期效应与长期效应，分段论原理)。

2-7　分段论的练习。回想你的高考经历，利用分段论的原理，设计一个提高分数(比如 10 分)的思路和步骤(提示：错题原理)。

2-8　可操作性的练习，以“人工智能”这个课题为例，探讨一下可操作性问题。参考百度总经理李彦宏最近的微信视频(在百度中搜寻此关键词“聚焦智博会李彦宏”，便可观看)。

第 3 章

主干：工程人＝智商＋情商

工程学是一门 IQ＋EQ 的学科，它不仅需要"知识就是力量"，而且需要"团结就是力量"；不仅需要"硬件"，而且需要"软件"；不仅需要过硬的个人本领，而且需要团队的协作。图 3－1 是本章的内容概要。

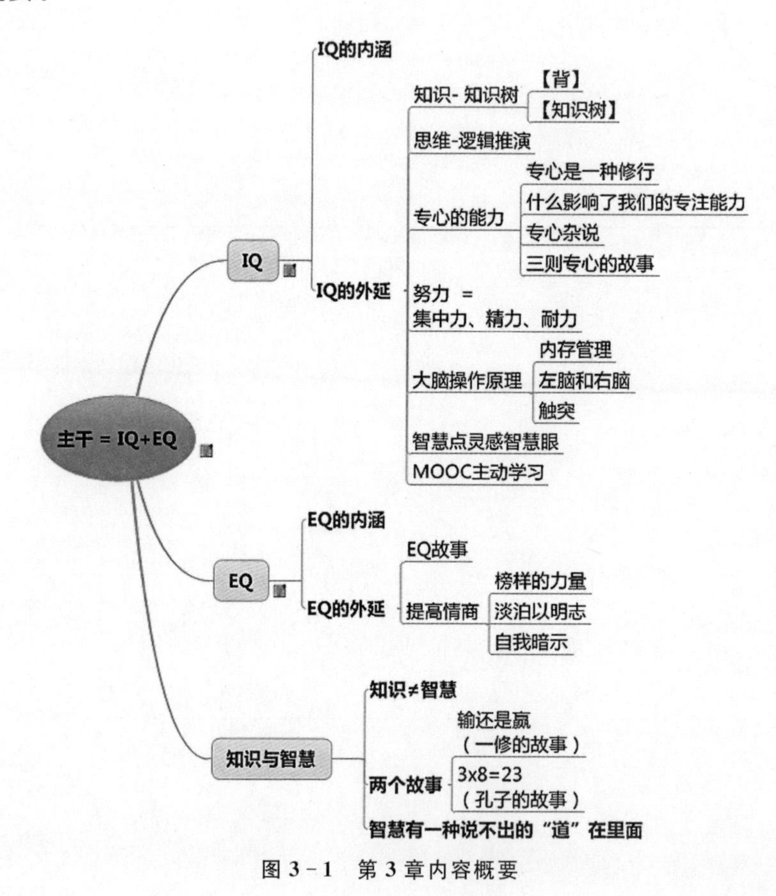

图 3－1　第 3 章内容概要

3.1　IQ

IQ(intelligent quotient)的本意很简单，它的直白翻译就是智力商数，简称智商。IQ 是德国心理学家施特恩在 1912 年提出的对智力的一个简单估算，至 21 世纪，IQ 引申的含义已经远远超出了它的原始含义。IQ 的外延包括如何获得知识、大脑操作原理等。IQ 的内容具体包括：

- 关于长期记忆和短期记忆，背的原则、可以遗忘的原则；
- 知识树与整体性学习；
- 逻辑思维与逻辑推理；
- 大脑操作原理、左脑和右脑；
- 智慧点灵感智慧眼；
- 专心·努力的真正含义；
- 慕课及网络教学 MOOC。

3.1.1 IQ的内涵

IQ即智商的计算公式

IQ＝MA（心理年龄）/CA（生理年龄）×100

其中生理年龄指的是儿童出生后的实际年龄，智力年龄或心理年龄是根据智力测量测出的年龄，智商表示人的聪明程度，智商越高表示越聪明。通常人们对智力水平的评定标准见表3－1。

表3－1 IQ评定标准

IQ分值	评定结果
140以上	天才
120～139	最优秀
100～119	优秀
90～99	常才
80～89	次正常
70～79	临界正常
60～69	轻度智力落后
50～59	愚鲁
20～49	痴鲁
19以下	白痴

智商评定标准是一个初步的、简单的智力测验，适用于初步的筛选和判断。IQ和年龄有关并且予以加权处理，当年龄达到一定数额时就未必合理了。简单的IQ智力测验适用于级别较低的工作的求职者，如职员、流水线操作工、计算机制表操作员、低级工头和监工等，对筛选级别较高的工作的求职者不太适用。IQ评定标准也不能测试智慧、人生经历、个人品质等参数。

图3－2是IQ测试的两个例子[①]，在有限的时间内答一系列的选择题，然后根据年龄加以

① IQ测试的例子 http://www.tuyitu.com/iqtext/http://it.21cn.com/zhuanti/iq/

权重并评分。这类测试有一套国际标准，即史丹福智力量表，Stanford-Binet Intelligence Scales①。

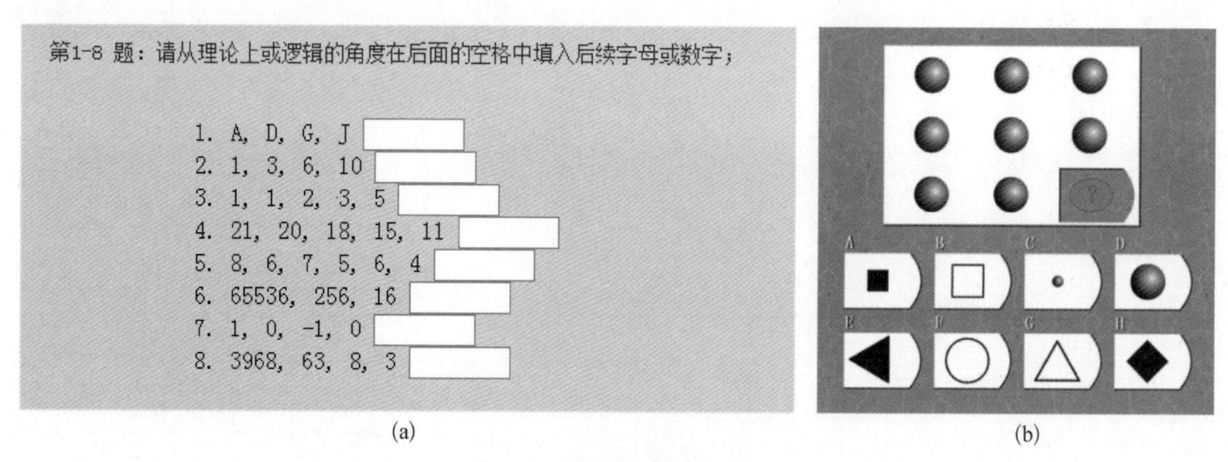

(a) (b)

图 3-2 IQ 测试的两个例子

(a) 框号里要填什么 (b) 在答案 A 到 H 里选一个

3.1.2 IQ 的外延——知识树、思考原理、用脑的科学

上面讲的是 IQ 的本意，时至今日 IQ 已经扩展到更新层面的意义，包括：知识树，什么叫思考，大脑操作原理，努力的真正含义，智慧与灵感，学习的心理学规律。

1. 知识-知识树

我们大脑当中的知识有两类，即短期的知识和长期的知识。对于知识的掌握包含“背”和“查”。背的部分相当于计算机的内存 SRAM，查的部分相当于计算机的硬盘 HD。“背”就是把知识存储在大脑的单元里，“查”指书本或其他存储单元，是“背”的延伸。

(1) 背的重要意义。我们在思考的时候，需要触类旁通，需要把很多的数据联想起来，因为我们思考的速度很快，所以我们需要很快取用这些数据。这有点像计算机的操作原理，离中央处理器 CPU 最近的是内存，中央处理器和这些数据的互动非常频繁，在 CPU 处理数据的时候需要很快地拿到它们。而距离中央处理器比较远的就是硬盘了，其取用速度就要慢很多。在 CPU 进行高速处理的时候，需要在内存中有足够量的急需数据。类比过来，这些内存中的数据就是我们背的储量。背是进行聚焦思考所需要的，好比盖一座大厦地基很重要。这个地基是什么呢？就是背。

举一个比较容易理解的例子：我们小学和初中的时候，要求把九九表背下来，如图 3-3 所示。比如计算 123×321，解 1 是背下来的 99 表直接往上填数字不用想的；解 2 是查表，一个一个看。做这道乘法题体验一下两种解的速度差别。试想一下，如果每个位数相乘的时候都需要查九九表，速度会很慢，在实际操作中一来是时间可能不够用(比如高考的场合)，二来是人的集中力有效期时间有限。类似于这样的操作，我们必须要用背的方式。

① IQ：Stanford-Binet Intelligence Scales，https://www.stanfordbinet.net/

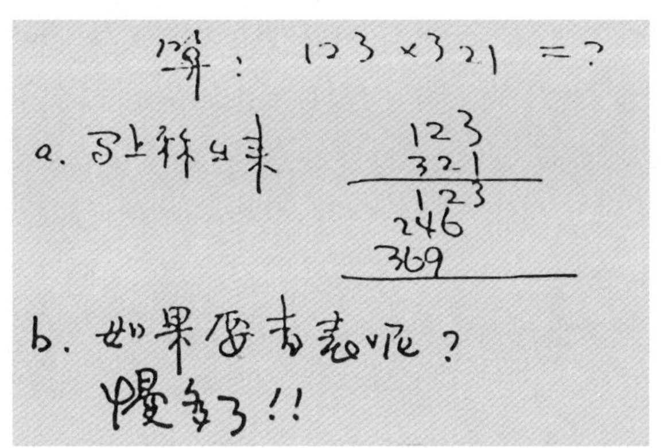

1	2	3	4	5	6	7	8	9
1x1=01	2x1=02	3x1=03	4x1=04	5x1=05	6x1=06	7x1=07	8x1=08	9x1=09
1x2=02	2x2=04	3x2=06	4x2=08	5x2=10	6x2=12	7x2=14	8x2=16	9x2=18
1x3=03	2x3=06	3x3=09	4x3=12	5x3=15	6x3=18	7x3=21	8x3=24	9x3=27
1x4=04	2x4=08	3x4=12	4x4=16	5x4=20	6x4=24	7x4=28	8x4=32	9x4=36
1x5=05	2x5=10	3x5=15	4x5=20	5x5=25	6x5=30	7x5=35	8x5=40	9x5=45
1x6=06	2x6=12	3x6=18	4x6=24	5x6=30	6x6=36	7x6=42	8x6=48	9x6=54
1x7=07	2x7=14	3x7=21	4x7=28	5x7=35	6x7=42	7x7=49	8x7=56	9x7=63
1x8=08	2x8=16	3x8=24	4x8=32	5x8=40	6x8=48	7x8=56	8x8=64	9x8=72
1x9=09	2x9=18	3x9=27	4x9=36	5x9=45	6x9=54	7x9=63	8x9=72	9x9=81

图 3－3　用 99 表算乘法来解释背的含义

关于背的原理[①]，钱学森这样解释：

……要能做到这一步，我们必须首先做一些预备工作，收集有关研究题目的资料，特别是实验数据和现场观察的数据，把这些资料映入脑中，记住它，为做下一阶段工作的准备，下一个阶段就是真正创造的工作了。

创造的过程是：运用自然科学的规律为摸索道路的指南针，在资料的森林里，找出一条道路来，这条道路代表了我们对所研究的问题的认识，对现象机理的了解，也正如在密林中找道路一样，道路决难顺利地一找就找到，中间很可能要被不对头的踪迹所误，引入迷途，常常要走回头路。

因为这个工作是最紧张的，需要集中全部思考力，所以最好不要为了查资料而打断了思考过程，最好能把全部有关资料记在脑中。

这就是钱学森理解的“背”的含义，把足够的提供思考的内容背下来，相当于计算机里边的SRAM，提高离计算机计算中心最近的存储器的存储量。大脑进行思考的时候，触突激发需要调动大量的神经元，速度要快、效率要高，就是我们常说的“作文要有词”，所以我们在思考的时候一定要有足够的内存储量，来提高思考的速度。而为什么思考速度要快呢？因为人的专心能力、注意力集中的能力有限。比如有人统计，视频课程最佳长度为 6～10 分钟，超过这个时间，人的大脑的效率会降低，集中力也会变差。此外，有些场合是有时间限制的，像高考。对付高考其中的一项练习就是刷题，因为有 60％的题都是照抄记忆，这个抄写的过程越快，留给其他难题的思考时间就越长，否则可能会时间不够做不完所有的题，因为高考的时间是有限制的。背与思考的关系原理也请参考本章节中的“大脑操作原理”。

我们真的背下来了吗？我们注意到，在阅读英文文章的时候，遇到某些英文单词，有时要想一下才能知道它的含义，读的速度是在这些点上被耽误的。所以，频度 1～3 级的（2 000 单词左右）单词，要多次的、反复的看、抄，才可以形成一看就知而不用想的境界，这样，阅读速度会飞速提高，这就是秘诀了。都觉得读中文比读英文快，为什么？就是这个道理：不用想！每

① 钱学森. 论技术科学[J]. 科学通报，1957，02(3)：290－300.

个单词的含义变成了潜意识,这才是"背下来了"的真正含义。这个事例给我们的启示是"背"和潜意识的关系,与需要通过联想和思考才能够想起来的记忆是不一样的。比如记忆技巧这方面的书籍很多,但是有些记忆方式用到了大脑的 CPU 功能(具体请参考"大脑操作原理")。比如联想记忆实际上用到了大脑的思考功能,这里面的记忆体不是纯粹的 SRAM,而是你联想方式作出的索引,以这种方式记忆的东西和要背的内容不是一回事。要背的内容实际就是死记硬背,背的诀窍就是重复,包含变相的重复,联想似的重复,眼耳手口并用的重复,最后变成一种直觉,一种潜意识。

(2) 知识树。知识树是为了长期记忆,是长期记忆与索引的方法,也就是怎样学习、怎样做知识索引。长期的记忆是为了将来的查找。所谓"查"隐含了一部分"背"的含义,只不过不需要背那么多而已:只需要背下来"去哪里查、查什么东西"就可以了。这个索引的过程就是知识树,就是整体性的学习方式。通过整体性学习能够很快地整合新知识,尤其重要的是,这样学到的知识很牢靠,是真正地"获得"了知识,对知识的理解也更为深远,而不仅限于书本。以背诵英语单词为例来说明一下知识树。其实从儿时开始,我们就开始了树状记忆的雏形,比如说记忆人的脸和人的四肢的单词(如图 3-4 左所示)。到我们上了小学、中学关于人的词汇量就增加了,但是单词量的增加还是可以遵循这个树状的结构,如图 3-4 右所示。

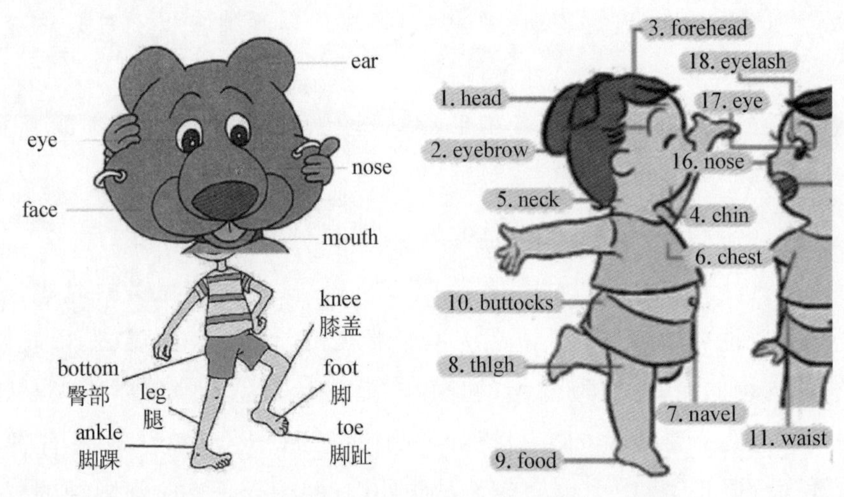

图 3-4 英语单词的记忆树:幼儿园与小学、中学

到了大学研究生的阶段,我们又画出一棵英语单词树(见图 3-5)。这棵树的树根指的是人的内在或是精神层面的一些词汇(心理、灵性、态度、思维方式、情商……),三根主干概括了人的三大部位(身体的外边、身体的里面和头),在这个基础上继续长它的枝叶。所以从小学、中学到大学,整个的词汇就是一棵有机的、关于人的单词树。单词树不仅使单词记得牢固,而且有一种美。

知识树学习方法就是利用上面的过程来理解与学习所有的知识。再举一个例子,这是 2016 年 IC Technology(集成电路工程学)课程学生作业的例子,把 IC technology 这门课本身的内容也画成一棵简单的树的结构,如图 3-6 所示。

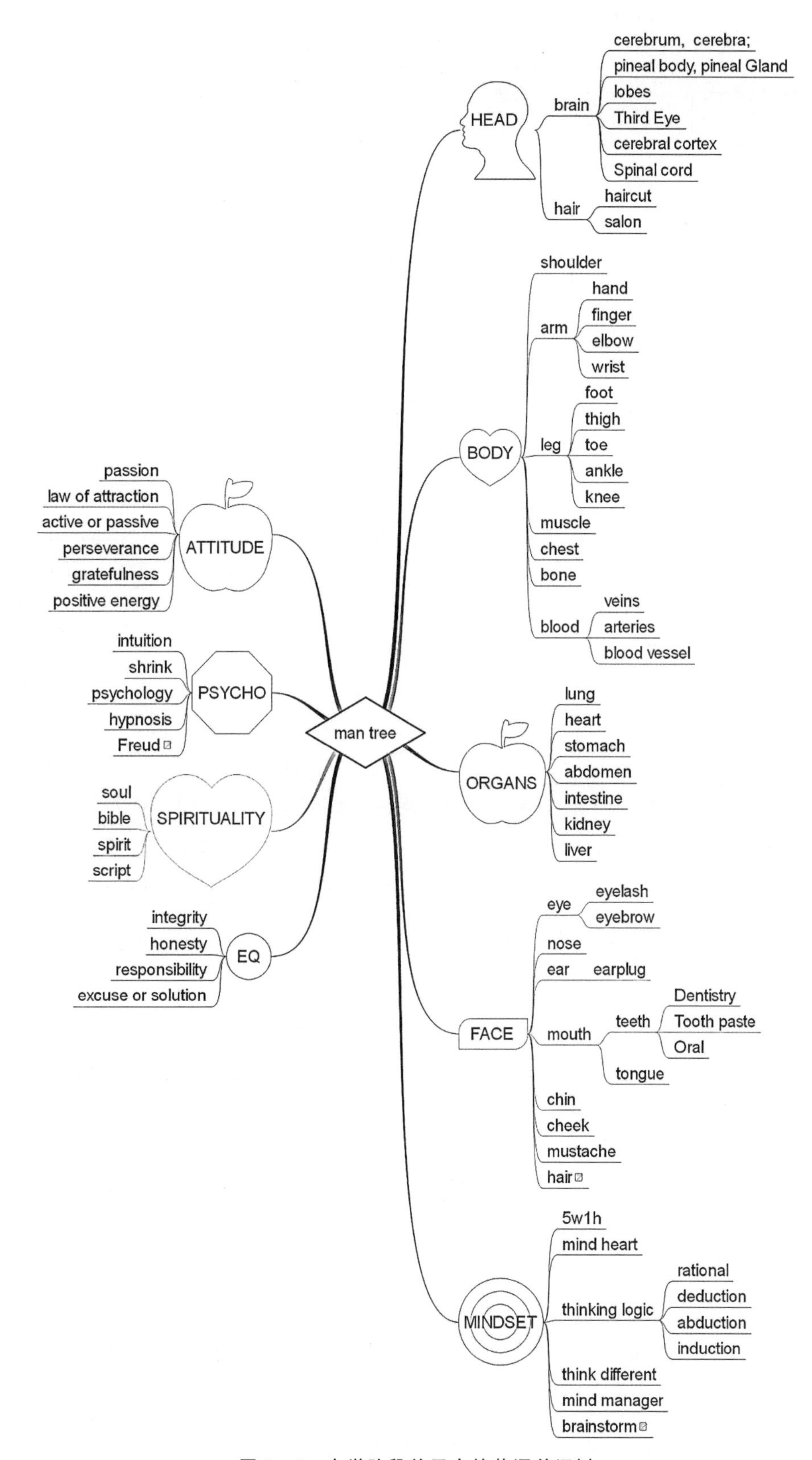

图 3－5　大学阶段关于人的英语单词树

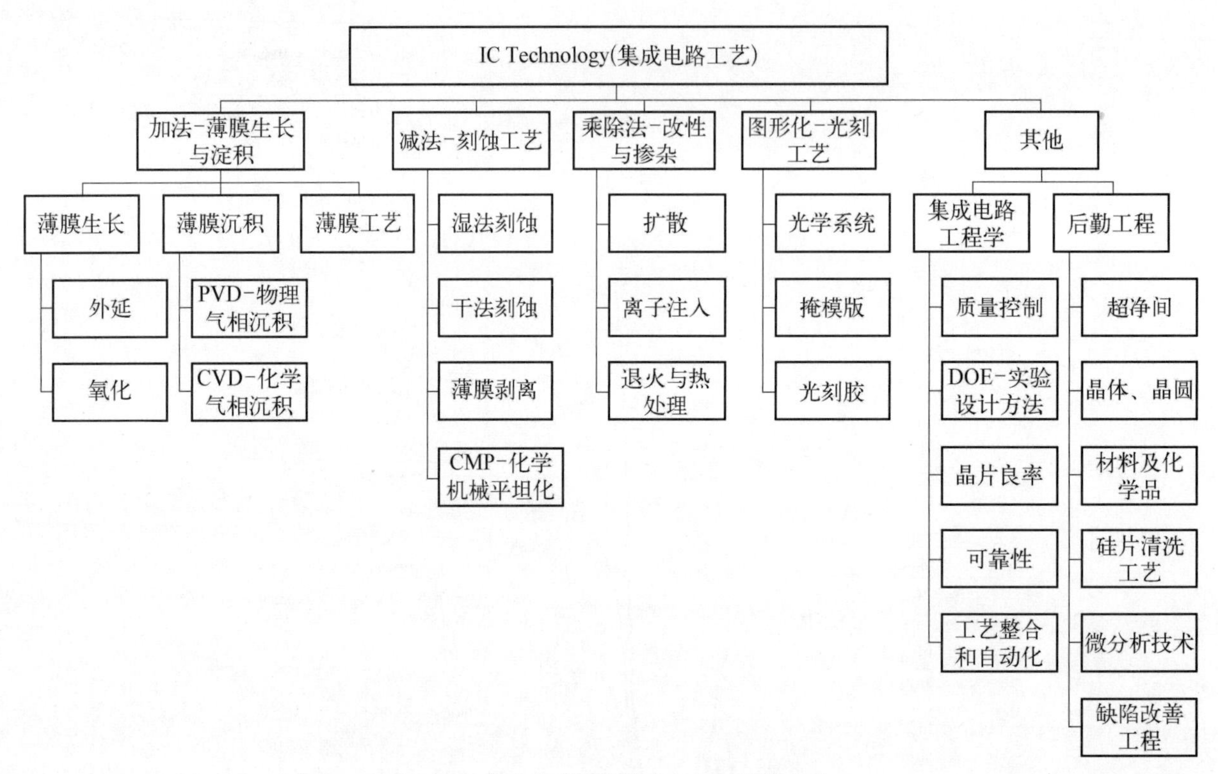

图 3-6 集成电路工程技术知识的树状结构

把散碎的工艺过程和技术整合为：光刻、薄膜(加法)及刻蚀(减法)和掺杂(乘除法)；把其他内容整合为：集成电路工程学及后勤工程与集成电路产业等。这棵树的根是集成电路的一些基本理论和应用的背景。这与以往的教学方式和教科书的编排不同：树状结构把散碎的知识系统化，有利于把所学习的知识记得更牢固，也便于未来的联想思考和思维创新。知识树的理念也贯穿在整个教学过程中，有利于同学培育知识树的意识，并把它用于其他方面。

2. 思维和思考

(1) 逻辑推理。科学上与工程学上所用的逻辑推理(rationalism)方式主要有三种：演绎推理(deduction)，归纳推理(induction)和溯因推理(abduction)①，它们描述了在一个逻辑的过程中指定的条件、得出的结论和推理规则三者之间的关系。

其一，演绎推理，是通过指定条件和推理规则，得到结论。举个例子："当下雨，草变湿。今天雨下得很大。因此，草是湿的。"草是湿的，就是结论。数学上的很多推理都是使用这种方式。

其二，归纳推理，是通过得出的结论和指定的条件，得出推理的规则。举一个类似的例子："每次下雨草都会湿掉。因此，如果明天下雨，草也会湿。"如果下雨草就会湿，就是规则。科学家常常使用这种风格的推理。

其三，溯因推理，是根据结论和规律推演出，也就是猜出可能的原因。例子是："当下

① https://en.wikipedia.org/wiki/Logic.

雨，草变湿。草是湿的，因此可能下过雨。"草湿了可能是下雨引起的，这就是猜测。猜测不一定准确，草湿了也可能是洒水造成的。这种推理方式常常是侦探风格的推理。

逻辑推理是科学与工程学一个典型的思考方式，关于这方面有很多标准的教科书可以参考，在此就不多叙述了。

(2) 思考的过程。思考的过程是一个系统化的重新组合的过程。在积累了大量的信息之后，在经历了头脑风暴之后(本书第 7 章 7.4)就要对信息进行有目的、有程序、有系统的整理。这里介绍一个图解思考法[1]，如何用树状的结构来整理散乱的信息流。请大家比较一下图 3－7 的两种表达方式。

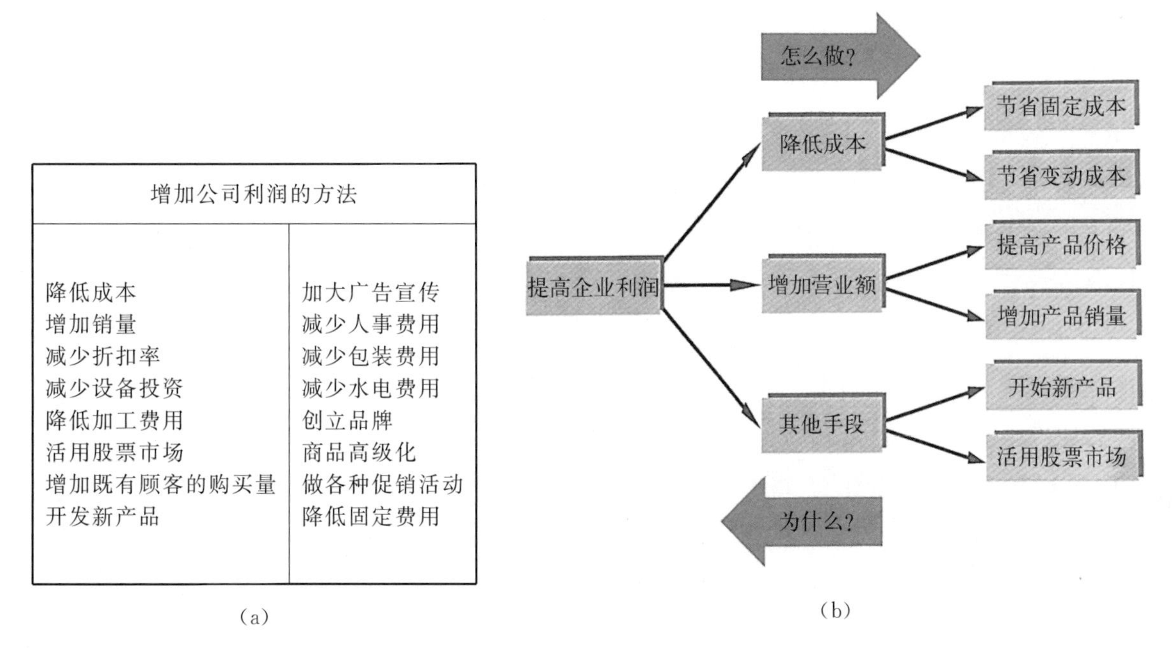

图 3－7　两种信息组合的方式

这就是一个思考的过程，思考是一个归纳归类联想的过程，比较费脑子。思考是一个逻辑缜密的过程，我们应该有意识地对自己的思考过程进行评价，发现其中的问题并及时完善。比如以下的思考方法会产生的误区：

- 在证据不足的情况下作出结论，引发错误的观点；
- 让陈旧的、权威的、别人的观念影响自己的思考；
- 对那些与我们的观点对立的观点不假思索就进行批评；
- 下意识地隐藏对自己不利的信息；
- 用毫无根据的理由支持自己的观点。

3. 专心的能力

(1) 专心是一种修行。什么是专心呢？专心是一种修行。这里讲一个小和尚和老和尚的

---

① 翟文明，楚淑慧. 图解思考法[M]. 哈尔滨：黑龙江科学技术出版社，2009.

禅机故事。

故事3-1 禅机

小和尚问老和尚:“您得道前,做什么?”

老和尚:“砍柴,担水,做饭。”

小和尚:“那得道后呢?”

老和尚:“砍柴,担水,做饭。”

小和尚:“那何谓得道?”

老和尚:“得道前,砍柴时惦着挑水,挑水时惦着做饭;得道后,砍柴即砍柴,担水即担水,做饭即做饭。”

我们大多数人在做一件事的时候,心在另一件事上。我们坐公车,手里在玩手机;我们在吃饭,眼睛在看电视……我们成年了之后心里的杂念很多,很多牵挂放不下,时时放在心上而不能转移,所以我们做事情才觉得累。我们看到小孩子玩了一天都不累,因为小孩子玩的时候是非常专心的。其实我们的日常工作、家务劳动本身不一定有那么累,是因为我们心太散乱,没有用心在做,所以我们会累。老和尚讲的,就是这个道理。所以我们看两个人外表在做同一件事,里面的内容可能是不同的。

(2) 是什么影响了我们的专注能力?我们该如何保持专注?为什么有些人可以做到专注,而另一些人就时常分心呢?事实上,我们自身个体的因素与外界环境的因素都会影响到我们的专注能力。具体表现在以下几点。

一是缺乏内在动机会让你无法专注。比如,平时面对数学书,你一个字都看不进,你也不急着去弄懂它;然而临近考试时,出于考一个好成绩的动机,你可能一整晚都能坐在桌前看数学。

二是信息时代的产品让我们更容易分心。因为这些产品的设计目的,就是要抢夺我们的注意力。可能的解决方案是:给自己规定时间,在专心的期间内,关闭社交网络的“通知”,不要一直开着邮箱接收页面。

三是任务形式影响人的专注。越是笼统的任务要求,越容易让人分心。如果一份工作的目标越是明确、充满细节,人们越是容易集中注意力。因为细节化的目标,给大脑明确的“靶子”,让人知道应该往哪些方面集中注意力。相反,目标越是设定得模糊,越是容易分心。

四是因为我们这个社会物质类的诱惑太多。尽力营造一个让你不分心的环境。方法是,去图书馆,在公交车上或者高铁上读书(有座位时,从一个终点坐到另一个终点)。在家里放上书架、书桌、笔、书、纸张、本本等,眼睛里都是这些,就自然会和它们为伍。

(3) 专心杂说。我们也有一个发现,在坐公交、坐高铁的时候,在排队等着付账的时候,我们可能会更有精力集中去读一本书,去写一个课题,效率往往很高。我们常常会问,这种嘈杂的环境下会不会影响自己的注意力和专心程度。这让人想起“年轻时的毛泽东专心”的故事,他有时选择在最嘈杂热闹的城门洞里聚精会神地看书[①]。大多数人都会觉得他这样做是为了锻炼自己的意志。实际上，毛泽东可能在这些环境下更容易集中。这个道理其实是：虽然市场上非常嘈杂，不过这些嘈杂的内容实际上和他无关，只是听到而已，思想上对他没有任何的干扰。如果你在讲台上面对学生、面对观众，这个时候他们的思想和你是有关联的，这个时候集中起来可能会比较难。高铁上没有冰箱，没有随手可及的诱惑，手机也没有信号，虽然边上有一些噪声，没有那么安静，但是却容易集中你的注意力，专注完成一项工作。

(4) 三则专心的故事。这三则故事讲的是专心的特点。专心的时候专注力集中在某一点，而对其他是完全忽略的，集中注意力就像聚光镜可以聚焦太阳光一样，对于学习与解决问题会起到非常好的效果。

故事3-2　伯乐相马

秦穆公请伯乐找一匹千里马，伯乐回答："有一个同我一起挑担子拾柴草的朋友，名叫九方皋(gāo，音同高)，他相马的本领不在我之下。请让我引他来见您。"穆公召见了九方皋，派他外出找马。过了三个月他回来报告说："已经得到一匹好马啦，在沙丘那边。"穆公问："是什么样的马？"他回答："是一匹黄色的母马。"

穆公派人去沙丘取马，却是一匹黑色的公马。穆公很不高兴，把伯乐召来，对他说："你介绍的那位找马人，连马的黄黑、雌雄都分辨不清，又怎能鉴别马的好坏呢？"伯乐大声叹了一口气，说："竟到了这种地步了啊！这正是他比我高明不止千万倍的地方呵！像九方皋所看到的是马的内在神机，观察到它内在的精粹而忽略它的表面现象，洞察它的实质而忘记它的外表；只看他所应看的东西，不看他所不必看的东西；只注意他所应注意的内容，而忽略他所不必注意的形式。"后来马送到了，果然是一匹天下少有的骏马。

在这个故事当中，其实九方皋忽略了马的表面现象不是故意的，是他太专心了：专心千里马的内在，而忘掉了其他。

故事3-3　爱因斯坦和女儿

爱因斯坦一天出门办事。在公共汽车上，人很多，一不小心他的眼镜挤掉了。他赶紧弯腰去找，由于他是高度近视，加上人多，他找了半天也没找到。他急得满头大汗。这时，坐在他对面的一个女孩子把眼镜捡起来，递到他手中。

爱因斯坦感激以极，边接边忙问："小姑娘，你真可爱，太谢谢你了！告诉我你叫什么名字？"

"克拉拉·爱因斯坦，爸爸。"女儿回答。

---

① 权延赤.伟人的足迹——毛泽东的故事[M].北京：中国少年儿童出版社，1991.

故事3-4 王羲之吃墨水

有一天，王羲之聚精会神地在书房练字，连吃饭都忘了。丫鬟送来了他最爱吃的蒜泥和馍馍，催着他吃，他好像没有听见一样还是埋头写字。丫鬟没有办法，只好去告诉他的夫人。夫人和丫鬟来到书房的时候，看见王羲之正拿着一个沾满墨汁的馍馍往嘴里送，弄得满嘴乌黑。她们忍不住笑出了声。

原来，王羲之边吃边练字，眼睛还看着字的时候，错把墨汁当成蒜泥蘸了。

4. 努力的真正含义

努力其实是一种天赋、是一种内功，这是很多人弄不明白的，他们不太理解努力的真正含义，常常会认为，“我要是认真努力，也能学的好。”事实上努力看似简单，其实很难，努力的真正含义至少需要三点保证：一是集中力，二是精力，三是耐力。

多数人所认为的天赋多半指的就是学习东西上手的快慢。说实话，学东西上手的快慢其实大部分人都差不多，但是想要成就大事，那么比拼的就是集中力、精力还有耐力了。

(1) 集中力。所谓集中力，就是前面提到的专心，我们看到两个人同时在做一件事情，但是不一定看到他们专心的程度，就像老和尚给小和尚的回答，他在开悟之后，看上去同样也是在砍柴挑水做饭，可是他做得非常专心，他砍柴的时候就是砍柴、做饭的时候就是做饭。在没有开悟之前达不到专心的程度，砍柴的时候心里想做饭，做饭的时候心里想砍柴，这就是专心程度上的区别。

(2) 精力。精力是一种持久的集中力。比如一堂课的时间设定在45分钟，一个能够保持最佳集中力的视频长短在六分钟左右，都是考虑了人的大脑能够集中的程度。精力的大小当然是依人而异的，有些人持续集中时间会长一些。精力的驱动是激情，是对一个人、对一种事物天生的喜欢和热情，是孔子所说的“好之者不如乐之者”。

(3) 耐力。耐力隐含了忍受、承受、坚持、毅力，这些可以通过训练、体育来获得。比如爬山对耐力极限的训练作用。在爬山的时候，尤其是快要爬到顶的时候，已经达到了你的体力极限，那个时候脑中一片空空，只想尽快把任务完成，那个时候你也没有退路，因为下山的路更长，那个时候你只能往上爬。姚明在《开讲了》节目中[①]有一篇很好的演讲，他提到了体育对意志力、耐力以及持之以恒的积极作用。体育不仅使身体强壮、健康，体育还使身体升华为精神、素质、意志力等内功。

耐力的训练就是孟子所说的：“……苦其心志，劳其筋骨，饿其体肤，空乏其身，行拂乱其所为……”它是一种身心的磨炼。好的耐力是实实在在地磨炼出来的。坚持的过程往往会碰到困难，尤其是快要成功的时候，所以才讲行“百里者半九十”。在这个快要放弃的时候，往往最大的敌人不是在外边，而是在我们的自身。坚持不为了名利意义上的成功，坚持是为了成功的自我。坚持有时真的太难了，因为现实中的诱惑太猛烈了，有时真的受不了，怎么办？就是再

① 《开讲啦》20140614，姚明：体育可以改变世界[EB/OL]. http://tv.cntv.cn/video/C38955/4c13025afe854cb1a11fe196d133646e。

坚持一小会儿！熬过了，雨过天晴了，那感觉真好！值得一试！

《哈佛女孩刘亦婷》中讲过通过握冰实验训练耐力的故事。这个例子当然有点极端，这里只是用它来体会一下耐力是怎么回事：

捏冰一刻钟，锻炼“忍耐力”[①]

……为了提高婷儿的心理和生理承受能力，给婷儿设计了一次奇特的“忍耐力训练”：捏冰一刻钟。在设计这个忍耐力之前，是做过充分的调研的，也就是这种方式，不会造成健康和人体上的伤害，还仅仅是对心理上造成一种“折磨”。这是她就此件事写的日记：

1991年8月9日(10岁时)和爸爸打赌

嘿！告诉你吧，昨天晚上，我和我爸爸打一个赌，结果呀，嘿，我赢了一本书呢！事情是这样的，晚上，爸爸从冰箱里取出一块冰，这块冰比一个一号电池还大呢。爸爸说：“婷儿，你能把这块冰捏十五分钟吗，你捏到了，我就给你买一本书。”我说：“怎么不行，我们来打个赌吧！如果我捏到了十五分钟，那你就得给我买书哦。”爸爸满口答应了。爸爸拿着秒表，喊了一声：“预备，起！”我就把冰往手里一放，开始捏冰了。第一分钟，感觉还可以，第二分钟，就觉得刺骨的疼痛，我急忙拿起一个药瓶看上面的说明，转移我的注意力。到了第三分钟，骨头疼得钻心，像有千万根冰针在上面跳舞似的，我就用大声读说明的方法来克服。到了第四分钟，让我感到骨头都要被冰冻僵、冻裂了，这时我使劲咬住嘴唇，让痛感转移到嘴上去，心里想着：忍住，忍住。第五分钟，我的手变青了，也不那么痛了。到第六分钟，手只有一点儿痛了，而且稍微有点儿麻。第七分钟，手不痛了，只觉得冰冰的，有些麻木。第八分钟，我的手就完全麻水了……当爸爸跟我说：“十五分了！”的时候，我高兴地跳着，欢呼起着：“万岁，万岁，我赢了，我赢了！”可我的手，却变成了紫红色，摸什么都是觉得很烫。爸爸急忙打开自来水管给我冲手。我一边冲，一边对爸爸说：“爸爸你真倒霉啊！”爸爸却说：“我一点儿也不倒霉。你有这么强的意志力，我们只有高兴的份儿。”

这，就是我赢书的经过，你看，多不容易呀！

这就是刘亦婷耐力测验的成果，这个过程非常不容易，她的父亲张欣武要陪着她练习的，也就是说大人要跟孩子一起练，这个过程从心理上是比较痛苦的，磨炼的是学生、心痛的是家长。

所以“努力”不光是你看到的表面用功程度，就像有的时候似乎也会看到某个学霸并没有那么努力，他玩的时间似乎也不比别人少。其实，你也许没有看到他用功的时候，你也许没有看到他用功的效率、集中力和耐力。努力包含了很多内在功力，努力不是“假努力”，所以，不要小瞧一个真正可以努力的人，这个“可以”不简单！

---

① 刘卫华，张欣武. 哈佛女孩刘亦婷：素质培养纪实[M]. 北京：作家出版社，2009.

5. 大脑操作原理

大脑是一部电脑、是一部机器、是一个硬件。下边讲解的内容涉及：大脑的内存管理(类似于计算机的 CPU 与 SRAM 和 HD 关系[①])，左脑和右脑与积极休息，触突与大脑细胞的激活程度——儿时的教育。

(1) 内存管理。大脑操作原理和计算机的非常类似(CPU 和 SRAM 大脑的内存管理如图 3-8 所示)，人脑在思考、创新时，也需要一定的记忆存量用来快速存取，类似于 SRAM，这就是“背”的储量。短期记忆即 SRAM 的特点是取用速度非常快，存储量有限，并且它的存储是可以随时更新的，是可以被腾空的。而大脑的前额部分对应的是长期记忆，相当于电脑中的 HD 硬盘。大脑的中心处理单元是集中在中间的区域，大脑的内存管理就是要在有限的 SRAM 存储空间内保存最有用的信息，以保证和大脑进行快速交互运算，相当于快速的电脑 SRAM 不仅容量要大，并且存储的东西要时常做清理更新，确保里边存储的信息是最有效的。大脑的内存管理要点是：由于“背”的储量是有限的，所以要集中力量精选要背的内容、学会“遗忘”和忽略不重要的内容。

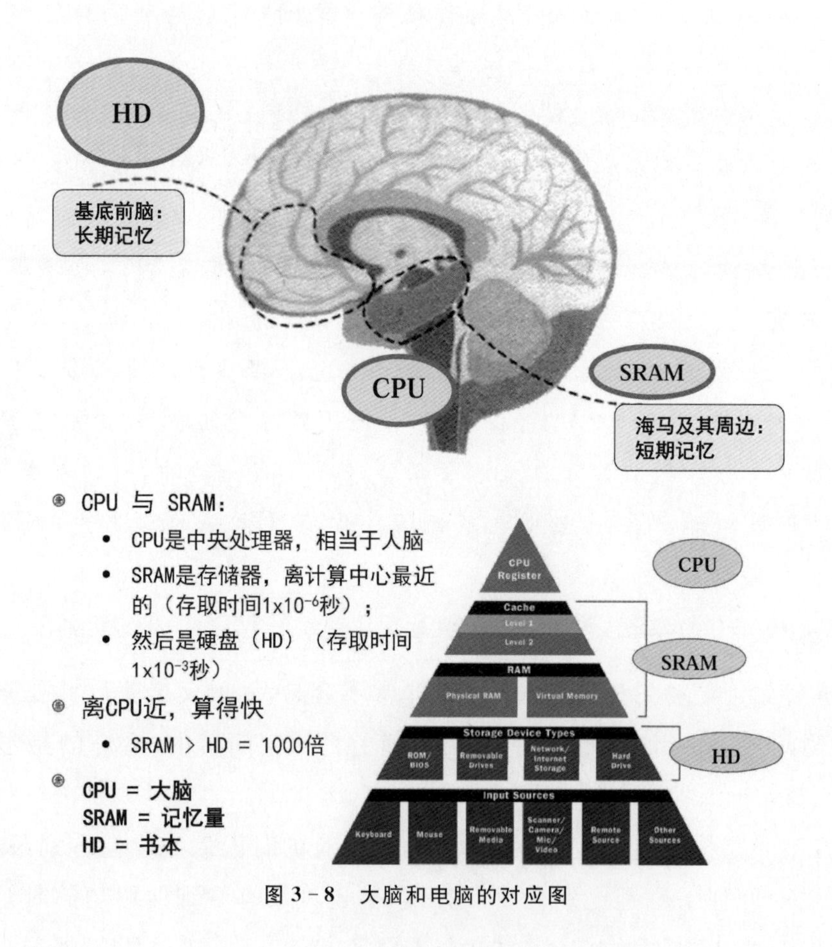

图 3-8 大脑和电脑的对应图

① CPU 是电脑中的中央处理器，SRAM 是内存，即离中心处理器最近的存储单元，HD 是硬盘，距离 CPU 比较远。CPU 与 SRAM 的交流时间常常在 10^{-6} 秒，而 HD(长期记忆)存取时间 1×10^{-3} 秒，如果来回 10^{8} 次的话，估算下来 SRAM 的时间要十分钟，如果用 HD 则需要五天，区别是非常大的。

（2）左脑和右脑。脑科学研究告诉我们，人类的大脑分左右，各有分工也各有专长（如图3-9所示）：右脑负责艺术类的整体性操作，左脑负责逻辑类的分析操作。

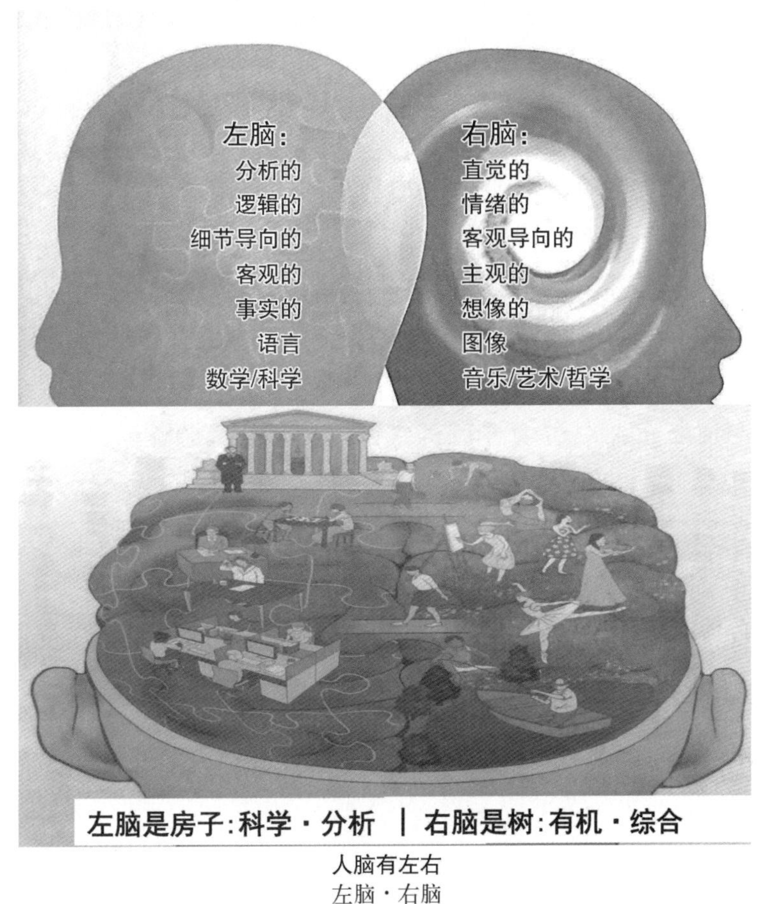

图3-9　左脑和右脑，右脑像森林、左脑像房屋

资料来源：杨定一（John Ding-E Young），杨元宁．真原医[M]．长沙：湖南科学技术出版社，2013.

我们人类的心灵也有两个层面：一是思考，二是领悟。思考主要动用的是左脑，是线性思维方式，适应的科目是数理化等知识类，需遵循从易到难、循序渐进的学习程序；领悟需要用我们的右脑，是系统整体思维方式，适应人文艺术类科目。这些科目的学习方法就不能再按照从简到难的原则了，应该用由高到低、耳濡目染的方法才能学出效果。最高的人文艺术教材来自经典的熏陶。应该指出的是，这些属于是直觉教育，而不是知识类的教育。这一类的信息在我们儿童的时候可以全身心地吸收，可以不经理解地全息接收，这也是儿童教育的特点。儿童的脑是以右脑占优势的，而成人的脑则是以左脑为优先。左右脑记忆方式也不相同，左脑用理解性记忆，右脑则是机械性记忆；大人用的是理解性记忆，而儿童拿手的是机械性记忆。也就是说，孩子可以不经理解这一步，只需大量反复，就能把东西装进头脑。其实很多经典就连大人也未必能够全面理解，随着我们的长大，不同的年龄段我们的理解就会不一样。也就是常说的,“一本好书或一部经典,它是一本和你一起长大的书。”比如孟子的这段话,在我们成长的不同阶段会有不同的感悟。

孟子云:故天将降大任于斯人也,必先苦其心志,劳其筋骨,饿其体肤,空乏其身,行拂乱其所为,所以洞心忍性,增益其所不能。

何谓浩然之气?孟子曰:难言也。其为气也,至大至刚,以直养而无害,则塞于天地之间。

这两段的文字很美,含义很深,儿童的时候可以把它硬背下来,这段话会伴随你的一生的成长。它的意义就连大人也未必能够完全理解,这和个人的体验和经历有关。第一段话在第2章“自强不息”有过诠释,“浩然之气”就更是难以理解,所有的这些都跟人的体验相关。文字里面有一种美,但是不能够通过简单的语言、文字理解,不能通过逻辑推演、不能通过头脑来真正体验它们的含义。比如,有人孟子所云翻译为:“这很难描述清楚。如果大致去说的话,首先它是充满在天地之间的一种十分浩大、十分刚强的气。”也有人是这样解释:“这种气是用正义和道德日积月累形成的;反之,如果没有正义和道德存储其中,它也就消退无力了。”由此我们不难理解,所谓浩然之气,就是刚正之气,就是人间正气,是大义大德造就一身正气。孟子认为,一个人有了浩气长存的精神力量,面对外界一切巨大的诱惑也好,威胁也好,都能处变不惊,镇定自若,达到“不动心”的境界。也就是孟子曾经说过的富贵不能淫,贫贱不能移,威武不能屈的高尚情操。

这种解释似是而非,能打动读者也难,尚不如宋人文天祥《正气歌》呈示的“浩然之气”所具的崇高美:

天地有正气,杂然赋流形。下则为河岳,上则为日星。于人曰浩然,沛乎塞苍冥。皇路当清夷,含和吐明庭。时穷节乃见,一一垂丹青。

这实际上是一种体验。比如说“至大至刚”的“浩然之气”怎么会像钢一样硬地?“塞于天地之间”?除非你变得跟天地一样大,不然怎么可以体验到,又怎么可以体验这个“塞”的感觉?

直觉和领悟性的教育都是右脑的教育,这部分教育在儿童的时候非常关键。从孔子、老子的儒、道家思想到佛家思想,这些经典里的文字好像有生命般地在不同时候会跑出来产生新的意义。直觉的教育方式就是让孩子们直接与大师对话,大人不需要解释字义,从而不至于因为大人的解释而扭曲原意,因为它不是逻辑性的、理性化的、科学性的。

那么如何利用大脑操作原理(左和右)呢?这里讲两点:积极休息和分时原理。

积极休息就是用右脑的时候,左脑自动得到休息,反之亦然,这就是积极休息的基本原理。积极休息就是分散注意力,而不是单纯地睡觉——梦里的时候,大脑未必是在休息的。用右脑的时候,左脑自动得到休息,这是有效的积极休息。比如专注于功课之后,身体活动一下。维护大脑健康操作的方法应该是“积极休息”。

同时性和分时性可以通过类比电脑同时与分时的原理进行解释。我们可以发现电脑可以同时操作几件事情,比如说在进行仿真操作的时候,我们可以做文字编辑。我们同时也发现,一台电脑操作某一件事情的时候,不能操作另外一件事情,比如说我们在打印一份文件,下一份文件就必须要等。这是什么原因呢?这就涉及到“同时性”与“分时性”。

同时性是指多核的微处理器(4核,8核),每个“核”可以独立地运行,在同一时间点上,8个微处理器可以同时分别地运作8项独立的操作。左右脑同时操作的原理是类似的。人在做逻辑思考的时候,用的是大脑的左面。人在做艺术欣赏的时候,用的是大脑的右边。所以我们在做物理题的时候,可以用眼睛欣赏一幅世界名画,可以用耳朵欣赏古典音乐。

分时性与上面的不同。有时候我们认为计算机可以同时做几件事,其实是人的一种错觉!计算机处理数据的时间可以精确到ns(10^{-9}秒)的量级,它和我们人类能体会的同一时间的概念是不同的。所以我们看到的是计算机在一秒钟“同时”做了好几件事,实际上却是一件一件地做出来的。一个硬件在一个时间点只能做一件事,因为此时的硬件(电脑的CPU、大脑的细胞)是被占用的。比如一台打印机同一时间只能打印一份文件,或是一张纸,或者一行字。大脑操作也是如此,做乘法的时候不能做其他的逻辑思维,只能专心做一道题。逻辑思考的过程用的是左脑,长时间使用会使脑细胞疲劳。即便如此,还是有可能运用积极休息的理念,比如杨定一曾经用过这个方法,就是同时看几本书,可以帮助提升“集中力”①,实际上就是轮换左脑不同的部位,用转移注意力的方式来对左脑进行积极的休息。在我们的实际操作中,就是功课可以分着来做,先做20分钟数学、再做20分钟物理(当然,时间长短因人而异,以觉得大脑疲劳了作为尺度标准)。

(3) 触突。大脑在展开思考的时候,会激发很多的突触(synapse),所谓触突就是被激活的神经元发出的触发点。一个人的联想力越强、触类旁通的能力越强,被激发的触突越多。人类的大脑神经细胞约140亿个,每个人都是如此,不多不少,但是为什么有的人很聪明、有的很愚笨呢?原来脑神经细胞在出生时彼此几乎是孤立的,这时受到外界的听觉、视觉、嗅觉、味觉、触觉等信息,就会刺激它生出很多很多突触,就像树一样长枝开杈。突触互相连接,这样就形成了一个神经网络,这个网络构建越密集,这个人反应就会越聪明,大脑的功能就越强,智力就越高。让孩子变聪明的关键就是要让孩子在大脑发育的敏感期,也就是0～13岁间,通过视觉、听觉、触觉等各种方式反复接受最优质的信息刺激。值得注意的是,儿童对所吸收的内容并不一定能理解,可是那些内容会深深地刻在深层潜意识里,对他们的一生有巨大的影响。因为儿童在大脑发育的初期,理解力比较弱,而吸收能力却非常强,并且其吸收信息的方式是整体式的吸收。这段时期的孩子会以惊人的速度将所看到的、听到的、接触到的事物,不加选择的全部吸收。经典教育正是把握住这个关键,通过经典的语言、文字、音乐、美术采用符合儿童天性的教育的方法使孩子得到最优质的信息刺激。

(4) 智慧点·灵感·智慧眼。领悟能力人人皆有,但是它潜伏在我们头脑深处,也称为智慧眼、第三眼。用第三眼看东西,这种能力在孩子身上和创新大师身上得到了不同程度的保留。比如古希腊的阿基米德在洗浴过程中突然得到了水的浮力公式,牛顿从苹果树下得到万有引力的启示,还有无以计数的科学家在做科学发明的时候得到了灵感,都与这个智慧灵感有关。

---

① 百度百科:杨定一,同时阅读多的书籍,有助于刺激记忆力,“读书时,你必须记住每本书读到什么地方,内容是什么,当你下次再读这本书时,才可能继续读下去,否则又要从头开始”[EB/OL]. http://km2000.us/mywritings/gaokao4.html.

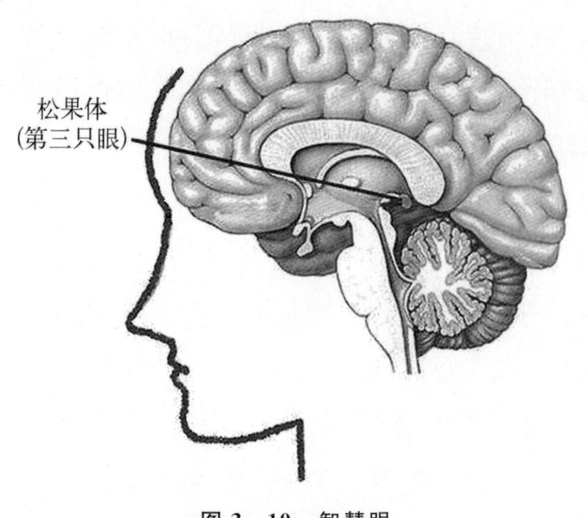

图 3-10 智慧眼

如图 3-10 所示，智慧眼在人体的松果体(Pineal Gland)，位于人脑的中心部位。松果体仅有米粒大小，其形状就像一颗松果。科学家通过对人体大脑解剖和对现代胚胎学理论的研究发现，人类确实存在有第三只眼，而在大脑中目前已经退化的松果腺体，就是人类神秘的第三只眼所在之处。松果体在开发超自然能力方面非常重要，被看作是高级能量的源泉，与人的灵性提升也有着紧密联系。

(5) 学习心理·主动学习。这里引用一段可汗学院(Khan Academy)[①]所讲的一个故事，是一个非常微细的教育心理的例子。因为我们都了解，在教育的过程当中，“教”是老师的事，而“育”指的是学生的学习过程和学习效果。如果这个学习的过程产生了心理障碍，就会影响到学生的吸收程度。

故事 3-5　互动学习

……首要是来自表弟们的反响，他们告诉我，和我本人相比，他们更喜爱视频上的我。起先，对这种感受我感到难以了解(笑声)，假如去掉这句话中的挖苦意味，就能够发现这句话的确有深层次的含义，换一个角度思考就很容易能够理解：在他们用你的视频进行学习的时候，能够随意地让表哥暂停和重复，而不必为过多麻烦表哥而产生歉疚感；假如你想要温习几周前学过的东西，能够不去难为表哥，而只需看一下视频。你能够在自己方便的地点和场合自己安排时刻来观看。

这就是我和表弟互动学习的经历，如今，他们在自个的空间就能够实践这种舒畅的学习。

慕课平台 MOOC[②]，可以让老师不厌其烦地讲，而听的学生没有任何负疚感。并且一次听不懂，可以听 n 遍，一直到听懂为止。这的确能够协助那些在自由的场合学习的人群，把视频引进讲堂，老师所做的即是给学生讲课，把视频分配给学生。利用好慕课平台另外一种操作方式是把曾经是家庭作业的工作带到课堂，在教室里做这些工作。当教师们这么做时，能够让学生依照自个的节奏暂停、复读，让他们在自个的时刻内做这些工作，它不再是全班用一个节奏讲课，按自个的节奏学习。

这个形式也与如今教室内的活动很不相同。传统的教室中课程结束后你有许多功课和作

① 孟加拉裔美国人萨尔曼·可汗创立的一个利用网络 youtube 视频进行教学的一个 MOOC 授课体系，是针对中小学学生教育的。

② MOOC 指的 massive open online courses，大型开放式网络课程，也就是利用网络多媒体的手段，结合传统的课堂教学而呈现出了一种新颖的教学方法。

业，然后考试，不管你在考试中得了70分、80分、90分或许95分，课程都将进入下一内容。即使是得到95分的学生，对那不理解的5分，他们或许都不知道是怎么回事，而这个“-5分”将始终是他们的软肋点。有的学生一开端就栽在了代数上、栽在了微积分上，尽管他们很聪明、教师也很优异，但“迅速向前”的教育让这些学生在这样的根底上一步步地落后。而利用慕课平台的教育方式会让学生不断操练，一直到他通晓为止，直到你拿到满分为止，你会得到提示直至满分再继续下一项内容。传统的教育形式是赏罚你测验的过错，而新的教育方式鼓舞你去试验、鼓舞你去犯错，但最终的指标是必定要通晓。

下面的例子是来自美国硅谷Los Altos学区的一个MOOC与传统课堂教学结合的实验操作过程[①]。

> ……在那里选了五年级的两个班级和七年级的两个班级。这些孩子们不必根据课本和讲义，也不必只听教师单方面的教课，他们利用可汗学院上的软件来进行约半节课的数学课程的学习。这即是说，教师尽管天天在教室里，但学生是依照自个的节奏进行学习。老师们就是在时时刻刻的看学生进程的这个表格。每一行即是一个学生，每一列是一门课程，绿色表明学生现已熟练把握，蓝色表明他们正在学习，赤色表明有困难的学生。实际上，教师所做的即是“让我看看这些赤色的孩子们遇到了什么困难？”从这个慕课讲堂当中，教师可以了解学生到达的水平，天天花多长时刻看了哪些视频，他们在什么时候什么地方暂停，他们做了哪些操练，注重点是什么。这个图的外圈表明学生做过的操练，内圈表明学生正在观看的视频。赤色表明过错，蓝色表明准确，最左边的是学生最容易发生的问题。我们要求学生利用他们课堂时间来主攻软肋，而不是平均使用时间，一旦软肋被攻克之后，下面就会非常顺。在传统教育中，假如你做个小测验，你会依据成果说，“这是有天分的孩子，这是反应慢的孩子。”这样导致他们会被区别对待，会将他们分到不相同的班级。可是当让学生按自个的节奏学习的话，我们不止一次地看到，在某知识点上吃力的学生，一旦他们理解了那些概念，他们的排名就会跑到前面去。所以，同一个孩子，6周前你还认为他反响慢，而如今你会认为他很有天分。这种情况发生了一次又一次，证明利用高科技的手段引入了很多人性化教育的做法非常有效，这种方式把注重点放在了教师花在学生身上的有效时间上。在传统形式下，教师的大部分时间花费在了备课和评分上，或许教师只有5%的时刻和学生在一起来教导他们的学习。而如今这种学习办法，教师100%的时刻都可以和学生在一起。

慕课平台还具有的一项优点是，由于老师可以实时地看到学生的作业情况，知道哪一类的题哪一个学生做的很有效率，就可以在学生之间进行协调。同一种题可以有不同的解法，有的解法可能更有效率，有的解法可能更适合于某一类学生，有的学生解题的思路和想法可能更会被其他的学生所接受。学生之间请求帮助和互相教导，从心理上可能没有像学生向老师讨教

① 这是美国可汗学院创始人萨尔曼·可汗在TED的讲演文本[EB/OL]. https://www.ted.com/talks/salman_khan_let_s_use_video_to_reinvent_education? language=zh-cn.

隐含了一种自卑感和歉疚感，学习效果可能更好。而能够做这样事情的人，就是当堂能够全面监控学生学习进程的老师，这就是慕课教学带来的效果，不仅使教室变得风趣，也正在使教室人性化，使21世纪的教育变得更加细腻，变得更加科学化理性化。

在国内有各个院校都有MOOC的线上教学，比如清华大学的雨课堂（http://www.yuketang.cn/），这些教学都是以学生为主体的，从传统的以教为主转变成以学为主，教学的中心在于学生吸收的程度和学习的效果，课堂利用微信、线上与线下、板书与PPT多种媒体的方式，全方位全息地进行教与学的互动，使得教与学变得生动和更加有效。

3.2 EQ

EQ就是情商的意思。在解释情商的含义之前，首先讲一下情商与工程学的关系。下面是乔布斯回答记者的一段话[①]，内容是工程学和新的点子（new idea）的差别。工程学需要持久的努力，而不是仅仅一个优秀的创意可以造就的，新点子与一个成功的产品之间有着巨大的差异：工程学不光有个人的智商，而且要依靠团队内部与团队之间的艰苦磨合，需要付出足够的心力。

> 斯卡利（Sculley）[②]有个严重的毛病，在其他人身上也见过，就是以为光凭创意就能取得成功。他觉得只要想到绝妙的主意就一定可以实现。问题在于，优秀的创意与产品之间隔着巨大的鸿沟，实现创意的过程中，最初的想法会变化甚至变得面目全非。因为你会发现新的东西，思考也更深入。你不得不一次次权衡利弊，做出让步和调整，总有些新问题会冒出来：是电子设备解决不了的，是塑料、玻璃材料无法实现的，或者是工厂和机器达不到的。设计一款产品，你得把五千多个问题装进脑子里，必须仔细梳理尝试各种组合，才能获得想要的结果，每天都会发现新问题，也会产生新灵感，这个过程很重要，无论开始时有多么绝妙的主意。
>
> ……
>
> 我一直觉得团队的合作就像是……正是通过团队合作，通过这些精英相互碰撞，通过辩论、对抗、争吵、合作、相互打磨，磨砺彼此的想法，才能创造出美丽的石头，奋斗的是整个团队，能进入这个行业，我感到很幸运，我成功得益于发现了许多才华横溢，不甘平凡的人才，而且我发现只要召集到五个这样的人，他们就会喜欢上彼此合作的感觉，前所未有的感觉，他们会不愿再与平庸者合作，只招聘一样优秀的人，所以你只要找到几个精英，他们就会自己扩大团队，MAC团队就是这样，大家才华横溢，都很优秀。

请留意这段话的关键词：团队。工程学和科学的一个巨大区别，就是工程需要依赖团队，

① 乔布斯：遗失的访谈（1995）网易公开课，这是一段遗失的访谈。1995年《书呆子的胜利》节目曾采访了乔布斯，节目播出时只用了其中的一小段，采访母带后来在从伦敦运往美国途中遗失，多年来节目组以为再也找不到完整的采访。然而前几天，导演竟然在车库里发现了一份VHS拷贝！乔布斯的睿智、品位与热情依然能够震撼屏幕前的你[EB/OL]. http://open.163.com/movie/2013/5/N/R/M8TBJIK7D_M8TBLIINR.html.

② 约翰·斯卡利（John Sculley），1983年8月被乔布斯聘为苹果（Apple）公司首席执行官，斯卡利最著名的事迹就是把他的“恩人”乔布斯赶出了苹果公司。

它不像一个科学家可以闭门造车、可以不出门知天下事。工程学必须依赖团队，必须与人打交道。而与人打交道，和上下级做交流，就必须有足够的 EQ 做支撑，光有 IQ 是不够的。在很大的程度上情商的比重比智商的比重要大得多。

下面讲一下什么是 EQ 和怎样提高 EQ。

3.2.1　EQ 的内涵

EQ(emotional quotient)[①]，称为情绪商数，简称情商，是一种自我情绪控制能力的指数，由美国心理学家彼德·萨洛维于 1991 年创立，属于发展心理学范畴。EQ 有着全球认可的指标，可以通过国际标准情商测试题[②]评估测试者的 EQ。该测试题全部都是选择题，涉及人在不同情况下的心理感受和行为选择以及近期的个人状况等。例如判断“我有能力克服各种困难”“当我集中精力工作时，假设有人在旁边高谈阔论，我能否继续专心工作”等。结束答题后系统会根据测试者的选择给出一个 EQ 值，不同的 EQ 值对应了高低不等的 EQ 能力。EQ 得分区间与描述如表 3－2 所示。

表 3－2　EQ 分值区间及描述

分　值	EQ 区间	描　　述
90 以下	较低	常常不能控制自己，极易被自己情绪所影响
90～129	一般	
130～149	较高	最快乐的人，不易恐惊担忧，能热情投入工作，敢于负责
150 以上	高手	

可以用图 3－11 几道题对 EQ 有一个大概的体会。

第1~7题：请如实选答下列问题。
题1： 我从不因流言蜚语而生气：_______

◎ 是的　◎ 介于A、C之间　◎ 不是的

题2： 我善于控制自己的面部表情：_______

◎ 是的　◎ 不太确定　◎ 不是的

题3： 在就寝时，我常常：_______

◎ 极易入睡　◎ 介于A、C之间　◎ 不易入睡

题4： 人侵扰我时，我：_______

◎ 不露声色　◎ 介于A、C之间　◎ 大声抗议，以泄己愤

图 3－11　EQ 测试题举例

① Emotional Intelligence 或 Emotional Intelligence Quotient，缩写为 EI 或 EQ。

② EQ 测试：http://www.apesk.com/eq/原著：[美] 耶鲁大学心理系/编译：APESK.

对于EQ的测定，请注意“诚实”这个关键词。EQ答案是给自己看的，不是给别人看的。真实的EQ测试必须要诚实，才会有准确的答案。如果纯粹是为了得高分就意义不大。比如第一题你知道第一个答案比较好，但是你知道自己做不到，你还是要真实地去回答。

以上讲的是情商的内涵，它过于简单，也没有讲出提高EQ的可操作性的方法。其实，EQ和做人很类似，就是写好人字的一“撇”和一“捺”。

（1）做好自己：写好人字的一“撇”。首先是要自觉的认知自身的情绪，这个过程称为“自觉”或觉悟；然后是妥善应对，包括情绪管理和自我激励，即能调控自己，并且自我加力，走出生命中的低潮，重新再出发。

（2）合同别人：写好人字的一“捺”。首先是要有体察、认知他人的情绪的能力。这是与他人正常交往，实现顺利沟通的基础；然后就是人际关系的管理。即沟通、领导和管理能力。

做好自己，合同别人的内容，已经超出了情商的内涵，它是情商的外延，涵盖的范围也比较宽，下边具体讲一下这些EQ的外延。

3.2.2 EQ的外延

1. EQ故事

阅读下面的EQ故事之后，你会更深入的了解EQ的含意。

故事3-6 面试

有一个公司的重要部门的经理要离职了，董事长决定要找一位德才兼备的人来接替这个位置。但连续来应征的几个人都没有通过董事长的“考试”。

这天，一个三十多岁的留美博士前来应征，董事长却是通知他凌晨三点去他家考试。这位青年于是凌晨三点就去按董事长家的铃，却未见人来应门，一直到上晨八点钟，董事长才让他进门。

考的题目是由董事长口述，董事长问他：“你会写字吗？”年轻人说：“会。”董事长拿出一张白纸说：“请你写一个白饭的‘白’字。”他写完了，却等不到下一题，疑惑地问：“就这样吗？”董事长静静地看着他，回答：“对！考完了！”

年轻人觉得很奇怪，这是哪门子的考试啊？第二天，董事长去董事会宣布，该名年轻人通过了考试，而且是一项严格的考试！

董事长说：“一个这么年轻的博士，他的聪明与学问一定不是问题，所以我考其他更难的。”

他又接着说：“首先，我考他牺牲的精神，我要他牺牲睡眠，半夜三点钟来参加公司的应考，他做到了；我又考他的忍耐，要他空等五个小时，他也做到了；我又考他的脾气，看他是否能够不发飙，他也做到了；最后，我考他的谦虚，我只考堂堂一个博士五岁小孩都会写的字，他也肯写。

一个人已有了博士学位，又有牺牲的精神、忍耐、好脾气、谦虚，这样德才兼备的人，我还有什么好挑剔的呢？我决定任用他！”

这位董事长看人的角度非常独到且正确。气度，决定了一个人的高度，一个有气度的人才有成功的本钱，否则他未来的成就势必会受到局限。在谨记“知识就是力量”的同时，不妨也提醒自己“气度决定高度”。这是一个知识爆炸的时代，在我们追求知识、升学、才艺的同时，千万不要忽略了所谓的“内在”，除了充实知识、才艺外，还需充实修养、品格。

关于“过程与结果”的关系：普林斯顿(Princeton)的入学规则：你要克服多少困难，才能从A到B。

故事3-7　普林斯顿的入学标准

记得有一次去Princeton，校长Shirley Tighman被一群中国家长围着问，录取到Princeton高考SAT要多少分。校长说，我们没有严格的分数线，2 000分可以录取，满分2 400分可以不录取。

家长：“难道没有一个标准吗？”

校长：“从A到B，不同的人所花的努力是不一样的。假如说你来自一个富足的家庭，你的父亲是教授，母亲是律师，你从小在私立学校上学，这种学生，拿了2 400分，我不觉得有什么了不起；但如果说你是一个黑人单亲妈妈的女儿，每周花20个小时在超市打工，你能够拿到2 000分，那就不同了。你要克服多少困难，才能从A到B？你的成就是很棒的，而且你的人生更精彩，因为你克服了很多obstacles(障碍)，你有比别人更丰富的经历。”

这个故事讲的是衡量一个学生入学的指标不仅在那个分数(即IQ)上，大学只是一个开始，而一个人的内在素质(EQ)、其加速度才会决定他可以走多远。在工程学的团队活动当中，评价一个人也需要把握好过程与结果之间的平衡，名与利的“成功”并不一定与信任和忠诚挂钩。只有不再过分追求结果，而是珍惜追逐结果的过程，感受付出的点滴汗水才会得到一个真实的判断。

2. 提高情商

写好人字的一撇和一捺，提高情商，也是从这两项入手。写好人字的一撇，也就是做强自己。下面主要介绍四种方法：榜样的力量、淡泊以明志、自我暗示、正能量。写好人字的一捺就是沟通能力、团队能力(参见本书第5章5.2内容)。

(1) 榜样的力量。榜样是以某人、某物或事作为楷模去学习和效仿，凡是能够使自己进步的都可以作为榜样。榜样让你能很具体地提高自己，通过榜样的力量可以借力打力。它给我们的心理暗示是，“他都能做到，我也可以做到”。在我们选择榜样的时候，往往会不自觉地考虑到它的可能性。也就是说我们和这个榜样有很多的相似性，他能够达到的，我们也很有希望可以达到。这就是榜样的力量。

(2) 淡泊以明志。抵御诱惑的一个很好的方法就是“一直往前走，不要往两边看”(取自日本电影《追捕》里面的台词)。简单而言,没有看到诱惑,就不会被诱惑。生活太复杂,摆在前方的东西太多,就会看不清远方的目标和路;路面上摆的东西很少,才会看得远、看得清楚,才会不忘目标,才会走得远,所以叫淡泊以明志,宁静以致远[①]。减少诱惑,生活简单,就比较清楚你的内心究竟想要什么,才能“不忘初心,牢记使命”。

(3) 自我暗示。自我暗示是一门学问,或者可以说是一种科学。我们去过海边的人,海浪的印象会记忆到我们的下意识中,即使我们已经回到了宿舍,想到了那种感觉,我们的身体也会产生类似的反应。自我暗示是指通过人体的语言、行为、心理或者是环境的特殊语言,对人们的心理和行为产生影响的过程。张蕙兰女士瑜伽放松功里面,就是利用了自我暗示的方法来改善影响我们的失眠,帮助我们进入到睡眠的状态;用温柔的语言和音乐来暗示人体进入全身放松的状态,达到一种休息。正能量的积极的自我暗示,会对我们的生活产生积极的影响。我们以前曾经做过一个游戏,心情非常不好的时候我们是笑不出来的,我们可以在镜子面前强迫自己笑,强迫自己的脸上出现笑容,过了一会儿之后,我们真的开始笑了。要达到自我暗示的效果,自己要亲自有所体验。比如说亲自到过海边,并且在海边亲自有意识地全身心体会海浪,以后的回忆才会回溯到这种真实的感觉。这种体验往往是一种全身心的体验,需要自己亲自去海边和大海在一起。再比如在“望梅止渴”的故事中,止渴的效果只会在吃过酸梅的人中产生。

3.3 知识与智慧

人有两种所谓的“知识”(之所以加了引号,是因为这个词在这里并不精确),一种是我们可以学的,另一种是我们自然有的。我们自己能够学的,叫做知识或记忆,意思说我们刻意收集、学习人家已经发现到的材料;另外一种是天生的,我们称为天资或是智慧,这种“知识”也许是要通过“剥离”才能够体悟到的。比如静下心来冥想一下才会让乱象变得明晰。我们多数人很用功努力学第一种知识,或是很努力用功收集材料,发展记忆力,这个也是很好、很应该鼓励的。因为如果我们不收集世界的材料,我们不了解世界进步的程度的话,我们将跟不上这个文明的世界,我们会变成落后、跟人家没办法沟通。不过,我们也不应该忽略自己天生的智慧,多数的人因为忽略了这个天生的智慧,有时候也会失去这个世界的知识。

3.3.1 知识不等同于智慧

有这样几个不等式:

知识≠智慧;

聪≠慧;

IQ≠EQ。

① 诸葛亮《诫子书》。

聪明和智慧也是体现在不同的方面，在描述聪明和智慧上往往使用的不同的词汇（见表3-3）。

表3-3　用不同词汇描述聪明和智慧

描绘聪明	描绘智慧
愚蠢	笨拙
思维	心灵
复杂	单纯
细节	整体
左脑	右脑
能力	境界
有用	无用

所以知识和智慧是不同的。知识注重细节，智慧注重整体；知识使人复杂，智慧使人单纯；知识是能做什么，而智慧是明白不能做什么；拿得起来的是知识，放得下的才是智慧；知识是一种生存的能力，而智慧则是生活的境界。

技巧也不同于智慧。技巧需要聪明，聪明是指人的思维很灵活、智商比较高；智慧更多指的是心，智慧需要“愚”，也就是乔布斯所说的 stay foolish。愚公之所以可以把山移走，是他“愚”的精神得到了天帝的帮忙。智慧需要“单纯”，郭靖、杨过、阿甘，这种“傻蛋”的身上有一种单纯。单纯是一种美，正因为他们的这种美天帝才会眷顾他们。有时候智慧需要做“无用功”，有人会问感恩对我有什么用？饮水思源有什么用？这些看似无用的事会在你无意间给你带来回报。智慧的人正是看到了其中的意义，比凡人拥有更敏锐的眼光。

3.3.2　关于知识和智慧的两个故事

关于知识和智慧的差别，下面两个故事可见一斑。

故事3-8　输还是赢（一休的故事）

一位武士手里握着一条鱼来到一休禅师的房间。他说道：“我们打个赌，禅师说我手中的这条鱼是死是活？”一休知道如果他说是死的，武士肯定会松开手；而如果他说是活的，那武士一定会暗中使劲把鱼捏死。于是，一休说：“是死的。”武士马上把手松开，笑道：“哈哈，禅师你输了，你看这鱼是活的。”一休淡淡一笑，说道：“是的，我输了。”一休输了，但是他却赢得了一条生命，一条实实在在的活鱼。

故事3-9　3×8=23（孔子的故事）

颜回在街上看到一个买布的人和卖布的人在吵架，买布的大声说：“三八二十三，你为什么收我二十四个钱?”颜回上前劝架,说:“是三八二十四,你算错了,别吵了。”那人指着颜回的鼻子说:“你算老几? 我就听孔夫子的,咱们找他评理去!”颜回问:“如果你错了怎么办?”那人回答:“我把脑袋给你。如果你错了怎么办?”颜回说:“我就把帽子输给你。”于是,两人一起去找孔子。孔子问明情况后,对颜回笑笑说:“三八就是二十三嘛,颜回,你输了,把帽子给人家吧!”颜回心想,老师一定是老糊涂了。虽然不情愿,颜回还是把帽子递给了那人,那人拿了帽子高兴地走了。接着,孔子对颜回说:“说你输了,只是输了一顶帽子;说他输了,那可是一条人命啊! 你说是帽子重要还是人命重要?”颜回恍然大悟,扑通跪在孔子面前,恭敬地说:“老师重大义而轻小是非,学生惭愧万分!”孔子淡淡地说:“躬自厚而薄责于人,则远怨矣。”

3.3.3 智慧有“道”

传说佛祖释迦牟尼曾考问他的弟子:一滴水怎样才能不干涸? 弟子们都回答不出。释迦牟尼说:把它放到江、河、湖、海里去。这是“佛”的智慧。

下面两首关于智慧的诗词,可以帮助我们细细地品味里面的“道”。

仓央嘉措的诗

你见、或者不见我,我就在那里,不悲不喜。
你念、或者不念我,情就在那里,不来不去。
你爱、或者不爱我,爱就在那里,不增不减。
你跟、或者不跟我,我的手就在你手里,不舍不弃。
来我的怀里、或者让我住进你的心里,寂静、欢喜。

神秀与慧能的偈

神秀
身如菩提树,心如明镜台。
时时勤拂拭,莫使惹尘埃。
慧能
菩提本非树,明镜亦非台。
无需常拂拭,何处惹尘埃。

3.4 本章小结

工程人的本质是必须要同时做好 IQ 和 EQ 这两项,这是与科学人和艺术人不同的。这里边沿用了传统的 IQ 这一词,而实际上这里的 IQ 包含了更多的含义,包括努力(耐力、精力和专注力)的真正含义也就是学习效率，学习的能力(知识树、思维导图来梳理自己的知识体系、哪些东西是需要背的、精读成精)、用脑方法(比如积极休息：当你使用右脑的时候，左脑就是在休息，这种转移式的休息方法比睡觉更有效果)。而关于EQ这一部分，则要通过一些具体的事例和故事予以体会，情商是不能学习的，而是要体会和体验的。情商也有两部分，第一部分是把控自己的情绪；另外一部分就是同理心，从别人的角度考虑问题，才能够更有效的解决问题、更有效的与人相处，在这种情况下，才可以使整个团队办事的效率有巨大的提高。

另外这一章还讲述了知识和智慧的差别，知识是加法，智慧则要做减法：淡泊以明志，宁静以致远。知识不能没有，但是也不能过度、缺乏系统整理与系统。中庸是一种人生的智慧，就是平衡加法和减法的关系。

练习与思考题

3－1　知识树的练习。试利用树状的结构总结一下本章的内容。

3－2　用这个网站测试一下你的IQ：https://www.stanfordbinet.net/，通过测试，阐明这个测试的缺陷，及其这个IQ测试所适用的人才层次。

3－3　EQ测试：http://www.apesk.com/eq/利用这个网站测试一下你的EQ，结合本课的内容，简单阐述一下EQ的本意和外延，EQ和做人的关系。

3－4　知识树的练习，画一棵“大学之树”，分析大学生“鱼渔双收”的道理(参考图3－12)。

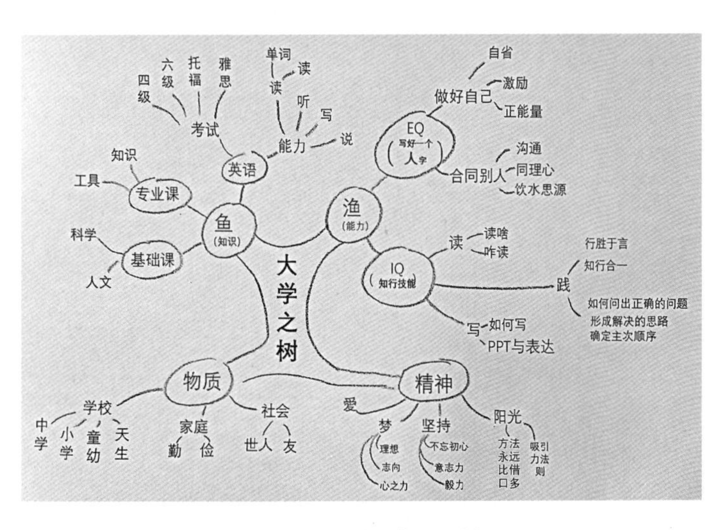

图3－12　大学之树

3－5　用知识树分析人工智能这个课题。(提示：看一下百度董事长李彦宏最近的微信视频 https://v.qq.com/x/page/o0765fijc0t.html? start＝116，理清人的思想与人工智能(AI)和互联网＋(IoT)的区别；AI不是人脑仿生学(也就是根据人脑的结构仿制电脑)；机器会比人脑算得快、比人脑的效率高，但不会代替人的思想和情感；人工智能威胁论，人工智能可以模仿情

感吗？人工智能和仿生学的关系（比如莲叶的微纳效应））

3-6　高中物理曾经有一个物理公式：$s=s_0+v_0t+\frac{1}{2}at^2$，也是“工程学导论”课程的评价体系与评分标准，即总分 s 等于方程式右边所有的参数之和。从 IQ 和 EQ 的角度解释一下右边所有变量的含义（比如 t 所花的时间代表努力）。

3-7　作为大学本科一年级的学生，到你所在的院系或者学长当中了解一下这四年要学的课程，把它们画成一棵知识树。在你大学四年结束的时候再看看这棵树，要做哪些改动？通过比较的结果看到自己的成长，了解和体会通过这大学四年的学习对于整个课程体系理解上的差异。

第 4 章

树枝 1-1：工程方法谈

本章和第 5 章，讲述工程学的目的、方法和步骤，简称为工程学的 2、3、4，即工程学的目的有两大类 2P、工程学的方法有三大项即 IPO、工程学的步骤有四步简称 PPRP（为便于记忆，PRP 是上海交通大学本科生项目实践计划课程的简称）。这“2”和“3”是工程学的方法论，“4”是步骤和操作细则；前者是粗线条的，后者是细线条的。方法论指的是工程学的目标或目的有两大类：product 或是 problem，也就是工程学的 2P。工程学、工程问题的基本模型就是 IPO（Input→Process→Output），简称为工程学的 3。工程学的操作细则有 4 个大的步骤（proposal、practice、report、present），即立项、执行、汇报与沟通、结果呈现（论文与展示会），简称工程学的 4，也就是 PPRP。由于工程学中的操作细则内容比较多，操作的例证也比较具体，所以工程学“4”独立编写成第 5 章。为便于记忆，第 4 章和第 5 章，即工程学的方法论和工程学的步骤和操作细则简称为工程学的 234。图 4-1 的思维导图是本章的内容概要。

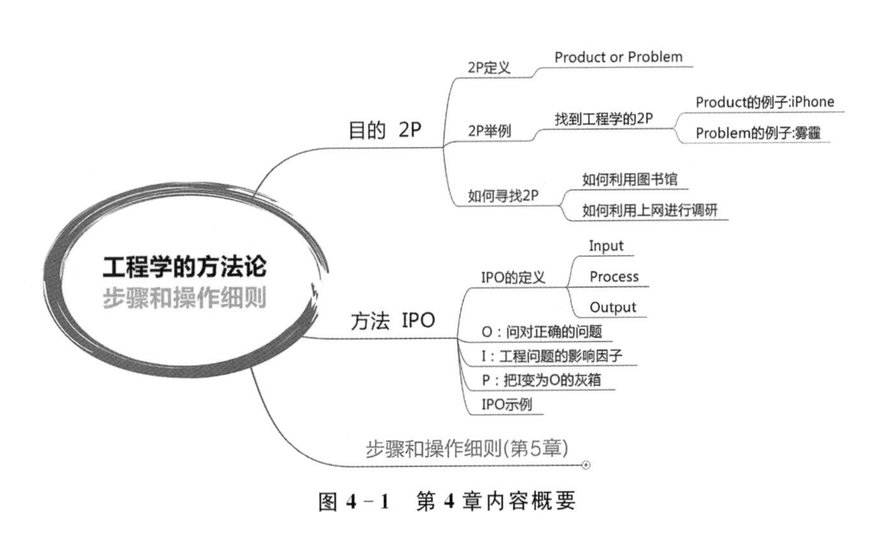

图 4-1　第 4 章内容概要

4.1　工程学方法概述

4.1.1　工程学的 2

工程学的领域和目标虽然多种多样，但总的来说不外乎两大类：Product or Problem，即工程学的 2P。Product 就是产品,Problem 是指问题。前者如开发一个新的产品 iPhone,后者如解决当前的雾霾问题。不论是要开发产品,还是要解决问题,工程学的目标必须具有可执行性,而不能是一个虚的话题。比如,"为社会主义添砖加瓦"就是一个虚的目标;"制作一个能够测量 100 到 1 200 度的高温传感器"就是一个可以执行的目标。

如果是开发产品,它可以是"无中生有",可以是一个工艺的改进,也可以是一个新的方法;如果是要解决一个问题,那么它是针对一个已经存在的课题,首先要进行充分的调查研究,然后对调查结果应用各种的分析。这里面要强调的一点是,科学家强调"原创",但是对工程人就不一定,工程学里边的产品可以是原有技术的"集成与组合"(如 iPhone),也可以是其他领域技术的"移植"。如 COMSOL 软件(多学科与多物理场计算机仿真软件)就移植了很多硅谷集成电路仿真的成熟技术和程序。由此可见工程学目的必须是"应用"。

4.1.2 工程学的 3

无论是 Product 还是 Problem,都会有三个基本单元来应对,即我们这里的 IPO。例如对于 iPhone,输入 I 是声音信号和无线信号,过程 P 是声电转换、编码、RF 信号系统等,输出 O 是扬声器发出的声音、屏幕影像和发出的无线信号。工程学的 I 和 O 必须有量化指标,信号的强弱、质量等参数可以作为自变量 I 和因变量 O 的标定。

4.1.3 工程学的 4

任何一个科研或者工程项目都有四个步骤:立项、实践、汇报与展示,即 PPRP,这样缩写也是为了方便记忆,可以联想为上海交通大学本科生研究计划"PRP"前面加一个"P"[①]。PPRP 代表工程学执行的四个主要过程,应该先有项目 Proposal(比如经费)和资源(比如实验室),然后依托团队(比如老师和研究生)进行项目实践 Practice,在实践的过程中进行不间断的汇报 Report 进行反馈和讨论,在项目结题的时候对结果进行呈现 Presentation,如 SCI 论文、毕业论文与答辩、973 项目结题汇报等。

如果说上面叙述的主干 IQ+EQ 注重的是工程人的"本",那么工程学的 234 侧重的是"标",前者是"精神",后者是"物质",是更具体的操作过程。工程学的 234 及其缩写的联想词,便于我们记忆工程学的基本方法论。工程学的 234 不是抽象的概念,必须融入具体的实践当中。下面是工程学的 2、3、4 详解,及一些实例来帮助我们进一步理解、体会和学习操作这些工程学方法论。

① PRP(Participation in Research Program)是上海交大为使学生尽快接受科学研究的基础训练,有组织、有计划地让本科生参与课外科研项目的研究工作,从而培养学生的科研兴趣、科研意识和科研能力,并为本科生进一步参与大学生创新计划打下坚实的基础。目前学校已形成融校级、市级和国家级的多层级的大学生创新计划体系。链接:http://uitp.sjtu.edu.cn/innovation/plan/2014/0403/article_14.html 大学生创新计划通过支持品学兼优且具有较强科研潜质的在校学生开展自主选题的科学研究工作,培养其发现问题、分析问题和解决问题的能力,从而提高学生的实践和创新能力。

4.2　工程学的 2—工程学的二个目的 2P

工程学的目标取向对于不同的工程学领域是不尽相同。对电子工程领域，以产品(Product)即电子产品居多，如 iPhone。在环境工程领域则问题(Problem)偏多，如雾霾问题。在《工程学导论》这门课的实践当中，要求同学在指定的工程学领域之中，定义出一个问题(Problem)或是一个产品(Product)，然后写出应对方法。对于大学本科一年级的学生，这是有一定难度但很有意义的一项练习。因为大一的学生还没有接触到专业课，科学基础也不扎实。因此主要采用两种方式：网络与图书馆。可以交互使用这两种方法，学习如何进入到一个崭新的领域，及其找到一个可操作的工程学题目。在这个陌生的行业当中，试着能够找出最重要的问题是什么？最亮点(热门)的问题是什么？并且也奢望(毕竟只有 16 周的时间，并且以前没有任何的基础)能够提出新的有价值的工程学问题。

4.2.1　2P：product 还是 problem

工程学的目的性质(是 Product 还是 Problem)和工程学的领域密切相关，比如电子工程(弱电工程)的目标多为产品 Product，像 iPhone、电视机、3D 打印机等，电机工程(强电工程学)的目标如高铁工程与高压输电工程；而环境工程学多以问题 Problem 为主，比如现今的雾霾治理工程就是针对近年频繁出现的大气污染和 PM2.5 的问题，当今的医学工程也以问题为导向。如“医未医”工程是针对目前病人越来越多、医院越来越忙等一系列社会新问题。从时间层面上看，工程学 2P 在工程学发展的不同时段有着不同的倾向性，过去的工程学倾向于人类生存、现在的工程学是利用科学原理为人民服务，这两者多以产品导向居多；而未来的工程学则倾向于交叉学科、新的人类应用点引领，以新问题为目标导引的工程学新领域将逐渐增多。

工程学的 2P 需要有“操作性”，比如要写出一篇文章的标题，给学生的一个练习题目不仅要写一个短标题，还要有一个“长标题”。例如“酵素桶工程”是一个短标题，而长标题为：

开发利用特殊元素和表面分子结构(how)实现酵素催化(why)的酵素桶(what)

这个标题显得比较长和臃肿，作为《工程学导论》班学生定义工程学问题的练习，其意义在于从这个标题本身反映出该工程学目的(what)、意义(why)与操作过程(how)。酵素桶是一个以纳米催化为核心，运用了特殊的元素和表面分子结构等特殊纳米催化材料的工程学产品。这个长标题具备了工程学的操作性与执行性，指明了课题下面拓展的方向和思路。虽然它不一定是一个科技论文的标题，但是这种标题的写法有利于科研的具体操作与实践，尤其在科研与工程之初。定义这样一个可执行性的标题并不容易，要具备一定的专业储备和项目调研。实践证明，在《工程学导论》16 周(每周 3 个小时课程)时间里，大学本科一年级学生尽管刚刚从高中进入到大学，缺乏基本的科学基础与专业训练，但是可以通过阅读和调研进入到一个新的工程学领域并找到一项具体操作课题，比较满意的达成这项练习。

4.2.2 如何寻找 2P

练习如何找到工程学的新产品，或是找出一个新问题，学生可以通过学习运用两种方式：第一种是利用图书馆查阅图书来练习如何进入一个全新的领域，怎么了解这个领域发生的一些状况和事情；第二种方式就是利用网络搜寻引擎（如利用百度（谷歌）学术网站）来锁定研究目标与查询参考文献。

1. 如何利用图书馆

大部分国内大学的图书馆资源都只对校内公开，作为大学本科的学生都可以免费进入图书馆并充分利用图书馆的资源。在图书馆查书、找书、借书，也是大一学生从高中步入大学要掌控的一项基本功。每一个大学都有一个图书馆的网站。以上海交通大学图书馆为例，在图书馆的网站中，搜寻“电子工程”，可以看到如图 4－2 所示书籍的信息。

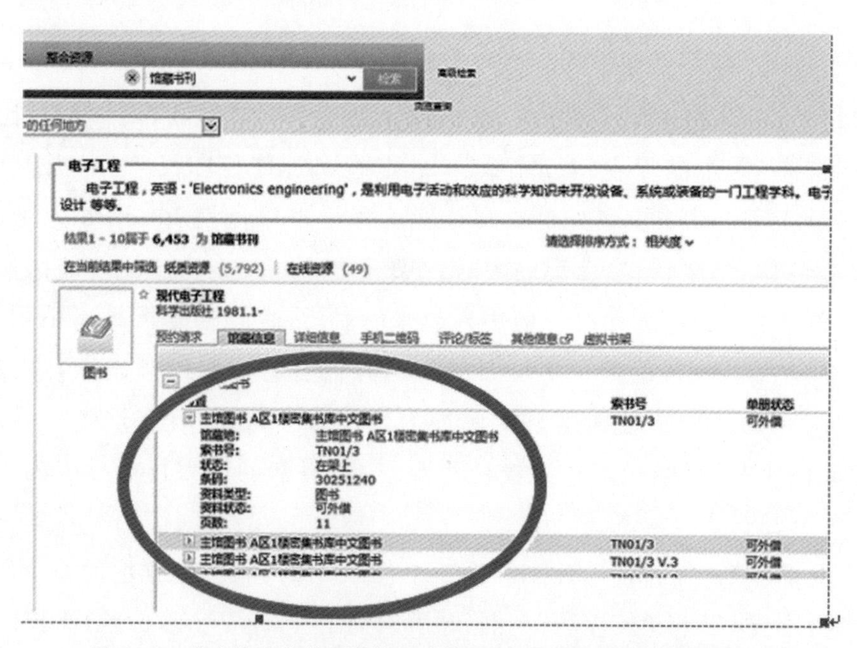

图 4－2 在上海交大的图书馆网站搜寻“电子工程”图书得到的结果

通过初步的筛选，确定合适的书籍位置，把书籍的索书号记下来或用手机拍下来，再根据索书号找到书摆放的位置。不像以前的图书馆或书店要通过工作人员来索取图书，现在高校的图书馆都是开架的，学生可以随便取用，这就使我们下面推荐的方法成为可行。

我们先找到第一本书书架的所在位置，然后同时也可以看到所有同类书籍。我们注意到同一行业的书都是摆放在一起的，所以找到了一本，其他的类似书籍也会分布在同样的区域，这样我们可以一次看到很多的、类似的同一领域的书籍。这样做的目的是：第一本书不一定是我们最终要借的书，因为我们只是通过书名找到它的，没有看到书的具体内容。通过翻阅与比对，以及对书籍的全息感知，最终可以选择出一本或几本适合的书，把自己认为好的书借回来再进行仔细精读。

这里需要指出的是，选对一本书是非常重要的一项基本功，这个选书的过程可能不止一次，在未来的阅读过程当中，如果觉得必要，需要做适当的重复，也就是要重新选一本书，作为重点阅读对象，但是一旦选定，就要以它为主、其他为辅来构筑自己的知识树。作为课堂练习，教师可亲自带(大一本科的)学生去图书馆实践这个过程。课堂作业的具体操作包括找到书架位置的时候拍一张书架的照片，把自己选的书借回来也拍一张照片，再做一个简单的PPT。详细实践过程和方法参见附录部分。

在选"好书"过程中，评价一本好书采用两个标准：第一种就是层次结构都非常好，书写得非常严谨、非常漂亮，这种书值得精读、值得效尤(优)。评价标准主要是：整体编排、内容取舍、阐述重点。

尽管所选书的内容、专业性、新颖性可能不是很重要，但是值得读很多遍，甚至值得用笔去做抄录，在细心抄写的过程中，体会好的文章是怎么写出来的，作者严谨的态度和思维的逻辑是如何形成的，让你学到怎么去写文章、怎么去写一本书、怎么去勾画思路，这是基础性的"内功"训练。此外还要注意的是(也是非常重要的一点)，要多亲力亲为、要多用手来写，而不是单纯地在电脑中用copy/paste。

第二种书就是结构和编写不很严谨、发散甚至混乱，但是内容非常具有知识性和启发性，经常激发你"挑毛病"的书，和第一种书不同，这种书有利于你"创新"，它不值得你"效尤"，但可以作为参考书来读。这种书籍有两种作用，一种是激发你提问题，因为这种书里面矛盾和问题都很多，可以激发你的思考，激发你内心的冲动去改正它里面的错误；另外一种作用是启发你的灵感，经常拿来翻看，就会每次得到一些启示。古典名著、一些经典的文学和哲学类的书和文章就属于这一类。比如《论语》是记录孔子及其弟子言行的一部书，它不遵循教科书的逻辑，也不遵循老子的《道德经》文里的严谨性，但是对后人有巨大启示的一部经典，读经典，你会发觉里面的内容会伴随你的成长而成长，常常有刚刚读到一本新书的感觉，在你不同的人生时间点会有不同的主观感受和产生不一样的灵感。这种书也值得多读重读。

2. 如何利用上网进行调研

首先，利用百度和谷歌搜寻引擎，寻找合适的"关键词"是第一个关键。很多时候，当我们进入一个新领域的时候，脑袋里面没有"词儿"，不知道该搜什么。在此介绍一个利用搜寻引擎"细化关键词"的方法。以微纳科技领域为例，以"微纳科技"为第一个关键词在"百度学术"(http://xueshu.baidu.com/)或谷歌学术(scholar.google.com.cn)中搜索得到如下的信息(见图4-3)。

通过浏览各个文章的标题和简介，进一步细化合适的关键词群：例如MEMS、纳米材料等，最终确定相应的文献与书籍进行细读，这是快速了解一个领域和选题、寻找2P的第一步。大学本科一年的学生，甚至包括第一年的研究生，对于本课题、本专业其实都是不了解的。这个方法有助于帮他们入门，也有利于帮助他们从宏观上把控。

图 4-3　利用百度学术网站通过关键词的方法来搜寻

对于进一步的、具体的工程学实践和科学研究，仅仅入门还是远远不够的。不仅要对大方向、大题目有所把握，在研读了相关的文章和书籍之后，还要学会进入到具体的研究课题与工程学课题的方法，对于这一项的工程学训练，必须做细化的、可操作性的实践，也就是进入到“小题大做”的阶段①。记得有一次白岩松到上海交通大学做讲座的时候说，“问题可不可以提的小一点？”指的就是这一条，他说小问题更不好回答，也更有实际意义。这也许是很多从高校出来的大学生一个普遍的弱点：他们提出的问题往往不具备可操作性，是很虚的问题，而不是实在的问题。这种问题可以用“糊弄”的方法来解决，最后的答案也是似是而非的，但实际意义不大、不实在、不接地气。往往这这类问题也不应该用确切答案来回答，否则就会产生以偏概全的纰漏，它们是“伪问题”的一种。

4.2.3　找到工程学的 2P

工程学的目的 2P，必须要小、要具体、要有可操作性。如何将工程学的问题细化呢？首先是确定大的方向，如手机，然后是练习写一个“长题目”，即标题里边含有这三部分内容，what why how。比如，开发利用触屏的（how）实现通话上网等多用途（why）的智能手机（what）。从题目就可以看出这项工程或课题的可操作性，这种题目不仅告诉了读者要研究的题目，而且告诉了读者这个用途或意义（why）及其研究的方法或思路（how）。这种方法的目的是帮助学生明确可操作性（how）的研究目标（what），形成研究问题的思路（how）及其如何对课题的结果进

① 南怀瑾先生说过，“要学会大题小做，小题大做。”见南怀瑾．论语别裁［M］．上海：复旦大学出版社，2005．

行推广(why)。

可以利用百度学术[①]的网站来进行搜寻调研，这里边最关键的有两点，具体如下。

第一点就是如何选对关键词和细化关键词，并且找对焦点文章。这个要通过初步的阅读来决定，包括书本、网站。关键词的敲定步骤非常关键，首先应该找出至少一个关键词，然后利用这一个关键词深入到其他的关键字，最后利用多个关键词来定位要搜寻的具体课题。

第二就是要对搜寻到的文章进行筛选，筛选的规则在于课题的可操作性及其工程性，有些文章是综述性的文章，而不是工程类的文章。而作为工程学的可操作性训练，一定要注重选题要足够小和细节具体接地气，避免选那些战略性的、粗线条的、框架型的综述性文章。

1. Product：iPhone

用 iPhone 作为例子诠释一下 2P 里的 Product。iPhone 属于 2P 里面的 Product，iPhone 是一个“魔盒”，这个魔盒子是以移动电话为基本点，集成了多媒体、网络、定位等诸多功能的工程学艺术品。图 4-4 用 5W1H 多轴图的方式来描述 iPhone。

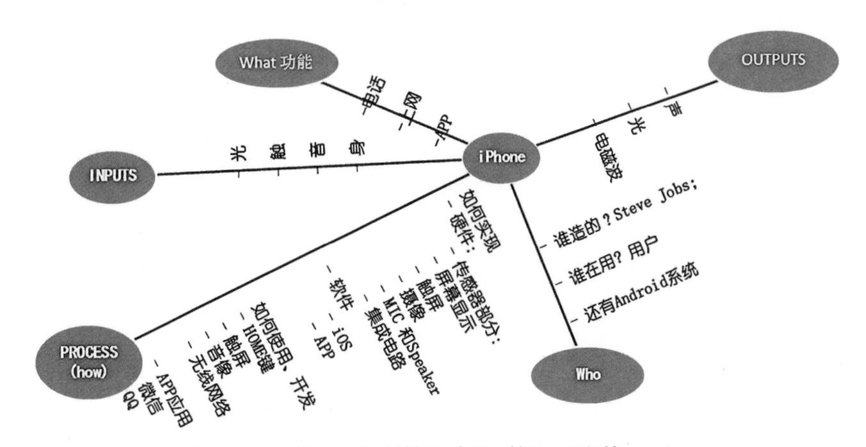

图 4-4　iPhone 的多轴示意图，梳理了它的 5W1H

这个 2P 的“长题目”(必须有 what、why、how)是：开发利用触屏的(how)实现通话上网等多用途(why)的智能手机(what)。

(1) what。iPhone 首先是一个移动电话，iPhone 是一个“魔盒”，这个盒子，是一个以电话为基本点，集成了多媒体、网络、定位等诸多功能的一项工程学的艺术品。iPhone 作为属于工程学 2P 中的 Product，是一项最具艺术成就的工程学。

(2) why。iPhone 首先是为了通话。电话就是古语里讲的“千里耳”，也就是在几千里之外也可以听到你的声音，通过声音传递信息和情感。古诗词里面讲“千里共婵娟”，是靠月亮来传递思念。21 世纪的现在，我们可以用 iPhone 在千里之外传递思念的情感。电话的英语是

① 百度学术 http://xueshu.baidu.com/

telephone,意为“远”和“声音”,是一种可以传送与接收声音的远程通信设备。电话的出现要归功于亚历山大·格拉汉姆·贝尔。最早的电话还是有线电话,需要电线来传递声音编码的电信号,即便如此,利用电线的延伸,人类通过有线电话也实现了陆地上的“千里耳”。后来,有线电话进化为无线电话,通常称为手机。iPhone 就是一部移动电话,即无线电话。所谓“无线”,是利用电磁波在空气中的传播原理,将“有线电通信”向“无线电通信”的转折,电话的原理和基础还是有线电话。正如一位科学家说的那样,“手机是踩着电报和电话等的肩膀降生的,没有前人的努力,无线通信无从谈起”。

除了通话的功能之外,iPhone 还是一部智能手机。所谓智能,是 iPhone 不仅满足千里耳的通话需求,而且还可以上网,可以听音乐,可以看视频,可以微信,等等。所以,iPhone 成为人们生活中不可或缺的一件艺术品①。

(3) who。这个“who”,包括了 iPhone 的开发者和开发团队,以及 iPhone 的用户或服务对象。2004 年,苹果公司开始研发 iPhone,当时,苹果公司的创始人乔布斯召集了 1 000 多名内部员工组成研发 iPhone 的团队,开始了被列为高度机密的项目,订名为“Project Purple”。三年后,2007 年 1 月 9 日,乔布斯苹果公司全球软件开发者年会 2007 年中透露推出第一代 iPhone②。在发布会上,乔布斯利用他超强的演讲技能和睿智,利用和前期市场各类手机对比和深入浅出的演示,向人们展示了 iPhone 的亮点和超强的功能,也展示了 iPhone 是一件工程学的艺术品。iPhone 发布后,人们对 Motorola Nokia 等传统手机的记忆全部抹去。因为 iPhone 是一项划时代的工程学艺术品,其品位比其他品牌的手机有几个量级的提升。

关于“who”的另外一个角度,就是 iPhone 的受众群体。应该说,iPhone 是“人为”的一件艺术品,因为它不是完全根据人的基本需求而产生的。它的功用、功能,应用市场,是乔布斯提前替用户想出来的。它是一个结合灵感、美学、科技背景的产品,同时,乔布斯在制作 iPhone 的整个过程里,不光注重它的科技含量,更重要的是用户体验、更注重人性化的设计。比如,当手机贴近耳朵的时候,手机的屏幕会关掉,人性上附合了人的生理体验;技术上是加入了一个红外距离传感器。所以,iPhone 的受众范围很宽,面对的是“人”本身。iPhone 的目的是提升人的生活质量,因为 iPhone 重在人的体验,不需技术上的“说教”,刚推出的 iPhone 上市后引发热潮及反应热烈,被部分媒体誉为“上帝手机”。

(4) how。iPhone 像是一个魔盒,从 Inputs 利用 Process 变成 Outputs。

2. I(Inputs)

iPhone 的 inputs 可以分为硬件配置和输入信号两大类别。iPhone 的硬件配置包括屏幕与输入、感应器、相机等。iPhone 作为一件艺术品非常注重美感。虽然 iPhone 的技术含量颇多,但是看上去很简单,正面只有位于屏幕下方的圆形按钮,称为“Home 键”,iPhone 的侧面还有额外 3 个按钮:开关按钮,位于电话的顶部,音量控制+-键,位于机身左侧,在正面是看不到

① 许曙宏.用 iPhone 几乎可以做任何事[M].北京:人民邮电出版社,2011.

② http://www.apple.com/pr/library/2007/01/09Apple-Reinvents-the-Phone-with-iPhone.html.

的。Steve Jobs学过禅学，禅的概念在于简单，在于“无”。于是在设计上，在iPhone的正面只有一个大屏幕和Home键，很有禅的味道。这种设计不仅美观，而且优点很多，在手掌大的地盘给出了一个很满意的大屏幕和手按空间。这种禅味风格，极具美感，后来被其他厂家“抄来抄去”，形成了现在在市面上各种品牌的Android智能手机，比如三星、华为、小米等。从此，多键盘风格的传统经典厂商Nokia和黑莓(blackberry)告别了主流手机市场。其屏幕输入部分是iPhone的用户界面的主体部分，也是技术含量非常高的部分。它包含了精致的触屏技术、触屏的多种手势、手写文字输入、智能感应器等，都是遵循了人性化的设计理念，这也是以前的智能手机不可想象的一项功能。

iPhone的IPO里的I，还包含了无线信号、WiFi网络、相机等，这些不同类别的输入源，不外乎是光、触、音、身输入信号几大类别，利用的都是不同物理信号和电学型号的转换，每一项都牵涉到很多的物理课题，技术含量很高。而iPhone的妙处也在于普通用户可以充分享受和人性化地体验这些高科技为我们的生活带来的改变，而无需了解这些高深的物理课题与机理。

3. P(Process)

iPhone的操作机理分硬件和软件两大类，将取决于各自实际的操作方法设计出具体的IPO。硬件部分，比如iPhone的主要部分是无线信号的接收与发射，要通过一系列的无线通信装置，包括天线、双向无线电“发射器”和“接收器”以及许多其他电子电路组成。该Process将电话和无线电进行了成功的组合。无线电通过“调制(改变)”载波的频率来发射和接收语音，语音信息被编码装载在高频电磁信号中并通过无线电台以光速传递。iPhone手机可能有几个天线实现通信，一个用于无线电话，一个用于GPS接收器，另一个用于与无线局域网的连接。

iPhone也是一个小计算机，所以软件也是一个非常重要的组成部分。首先需要一个操作系统，是由苹果公司研发的iOS操作系统。在此操作系统之上，iPhone的SDK平台让软件开发者进行iPhone软件的开发，然后在“iPhone模拟器”中进行测试，最后就可以把研发的应用程序加载及套用到真实的设备上运用了。这些应用软件称作APP，是英文Application的简称，是iPhone给用户提供的自己编程的第三方应用程序。APP是利用了大家的智慧来解决大家的问题，使智能手机在用户的手中变“活”了，比如说，利用智能手机实现了出租车的滴滴快车，及其共享单车的ofo，这些都是APP与现实生活结合的成功案例。

iPhone鼓励用户写自己的APP，也是吸取了以前市场的教训。早期有两种主流的计算机操作系统，苹果系统和微软系统，比尔·盖茨的微软系统实行开放式的管理，鼓励让大家自己编程做软件并且可以在Windows上运行；而苹果系统则比较保守，限制用户编程并在操作系统上运行。所以微软的Windows系统在市场上的使用率远远胜出苹果系统。现在iPhone苹果系统，看到了自己封闭保守这个弱项，苹果手机在操作系统上，给用户提供了一个可以自动编程的平台，发挥了大家的智慧和创作热情来进行编程，也就是APP。随着科技的发展，现在手机的功能也越来越多，越来越强大，目前已发展到了可以和电脑相媲美。

4. O(Outputs)

iPhone 的 output 是电磁波信号、声音和视频信号的输出。

电磁波信号的输出显然是最主要的一个“O”,电磁波的输出是依靠输出的天线完成的,天线由金属精心设计而成,以适当的载波频率高效地发送经过调制的电磁波。iPhone 作为一个无线电话,就是要把我们的信息,包括我们的通话的信息与网络的信息,通过无线的方式传达出去,这就是 iPhone 中主要的“O”的部分。

至于声音和视频信号的输出则是通过一系列的音频与视频数码信号处理,并通过机内的扬声器和屏幕输出声音和视频影像。iPhone 作为一个多媒体的娱乐工具,输出也是很重要的一部分,也是有别于传统电话的一个重要的区别之处。

(1) iPhone 的中庸。依照中庸原理,这个世界是由“2”组成的。所以,iPhone 一定有一个对手和他构成一对“阴阳”,并形成一对“中庸”。继 iPhone 在 2007 年发布之后,与 iPhone 相同的风格和理念对应的产品就产生了:Google 于 2007 年推出了 iPhone 的对应体系 Android(安卓系统),Android 凭借其代码的开源性、硬件支持的灵活性以及应用程序开发与盈利的独特性,在手机操作系统里迅速蹿红。大部分系统都采用了安卓系统来运转智能手机的操作系统,2013 全世界采用这款系统的设备数量已经达到 10 亿台,成为和 iPhone 系统势均力敌的擂台。图 4-5 展示了以 iPhone 和来自三星和华为等手机生产商更廉价位的智能移动手机群的平衡、消长,以及平衡的“筹码”。它们构成一对“阴阳”与“中庸”,通过价格·灵活性·喜好·功能·质感等筹码给不同的消费族群和国家提供不同的市场选择[①]。但是 Android 智能移动手机的风格、操作界面等和 iPhone 都是异曲同工的。

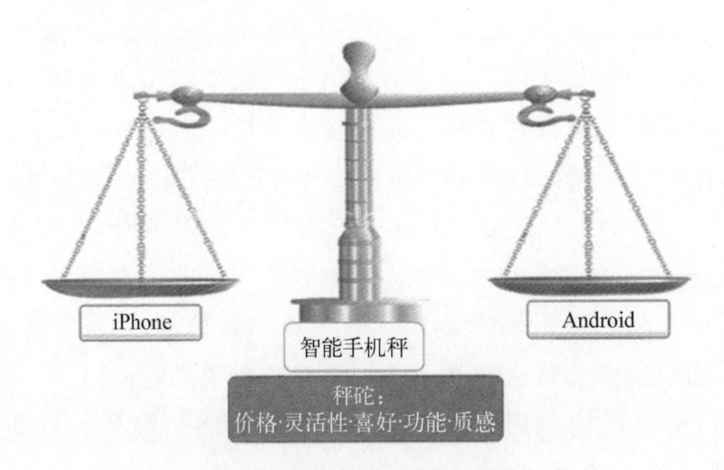

图 4-5 智能手机“中庸”的示意图

注:iPhone 和 Android 的平衡、消长和平衡的“筹码”。

(2) 画曲线的练习。利用 Origin 软件画出了 iPhone 与 Android 的市场份额随着年份的变化。可以看出,Android 的市场份额在 2008 年之后一路飙升,到 2012 年就超过了 iPhone 的市场份额,并且还在一路的上涨;而 iPhone 的市场呈稳定和饱和的趋势。图 4-6 中也可以看出,

① 祝良钰等. 玩转我的 Android 手机[M]. 北京:机械工业出版社,2011.

两者相加的市场份额都在增加，也就是说，传统的Nokia，Blackberry，Motorola 手机的旧式操作系统在逐渐的退出手机市场。图 4-6 中也体现了不同地域和国家中 Android 系统的市场份额[①]。可以看到，Android 在中国和欧洲的市场份额要比在美国和日本的高，这也一定程度体现了地域性的文化取向和经济程度。iPhone 在美国的比例偏高，是因为 iPhone 的价位偏高，可靠度也好，又是在美国本土产生的，比较适合美国人的习惯；Android 系统价位偏低，系统的开放性好，自由度也高，所以，在中国和欧洲比例高。

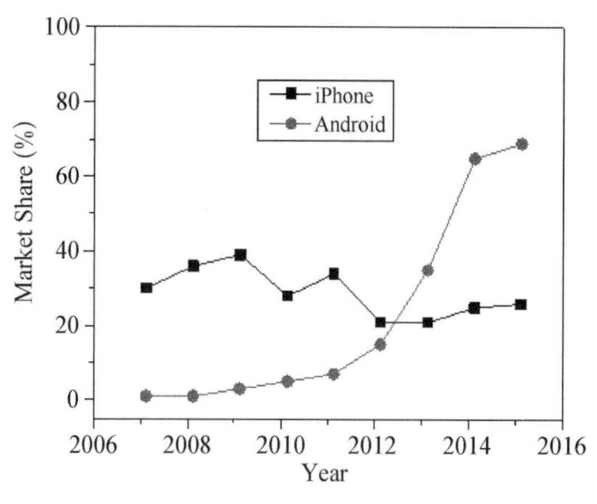

图 4-6　iPhone 和 Android 手机市场份额随时间的演变

5. Problem 的例子(雾霾)

和上面的思路类似，可以请学生做以下类似的练习。可以按照附录中大作业的要求(附录中大作业"练习工程学的 2P 和 IPO")，做一项课堂大作业，下面利用 5W1H 整理的一些关于"雾霾"的信息，俗话说"巧妇难做无米之炊"，先要有米，然后才好下锅，这些信息只是一些"碎米"，仅供参考。

(1) 雾霾是看着灰色、看不清楚、不好闻的大气。(what)。

(2) 雾霾在北京及华北地区尤为严重，那里是煤炭和其他重工业的集聚地。20 世纪 50 年代，在伦敦也有过雾霾，其治理经验可以借鉴。治理雾霾正在进行时。所以，我们要反思，从比较中找到思路。(when and where)。

(3) 有两部分内容：① 为什么会产生雾霾，雾霾的原因？为什么 20 年前没有？② 雾霾为什么不好？会让环境、车窗变脏，视野不清，气候变迁，会对人类健康的影响等。(why)。

(4) 包含 who 和 whom。Whom 的主体是中国人，他们是主要的受害群体，雾霾对每个人都公平"对待"，任何精英人士也躲不掉的。即便是躲在超净间里办公，也不能总不见蓝天吧？生活品质何在啊？(who)。

谁制造了雾霾(who)？厂家、体制、监管，都可能是雾霾的始作俑者。

(5) 有两大部分：① 雾霾是怎样产生的？其中包括机制和"硬件"两大部分；② 如何排除雾霾？分减法和加法两大部分：减法就是减排，加法就是用风来吹走雾霾(这不是人类解决问题的方式，况且即便如此，那雾霾还会再落回地面的)。(how)

4.3　工程学的 3—工程方法 IPO

针对上面工程学的 2P 目标，无论是 Product 还是 Problem，都会有三个基本单元来组成应

① 不同区域 Android 市场份额比较：http://dazeinfo.com/2016/02/11/apple-iphone-android-smartphone-sales-2015-kantar-report。

对方案，即我们这里的IPO(Iinput-Process-Output)，即输入变量I经过中间的“灰箱”P操作演变出一系列的输出参量O(图4-7)。这个过程可能是一个反馈的过程，也就是说，根据输出的结果来调整输入变量，甚至调整过程，从而使得输出变量的指标变得更好。

图4-7　IPO的过程示意图

一条科技曲线就诠释了一个IPO。编辑和审稿人首先要看的就是文章中的关键曲线，其要点也在于此。工程人作为曲线的制作人，也应该考虑到用户的这种阅读心理，在第一时间内准确清晰的把信息传达给读者。曲线中隐含了数据得到的过程，以及实验数据与科学理论模型的对应关系等关键信息，通过科学曲线得到这种信息的方式不仅清晰而且快捷，可以让编辑在很短的时间内判断这篇文章的思路和价值。图4-8诠释了工程学曲线的IPO过程，横轴T(即温度)是Input，纵轴R(即电阻)是Output，Process是实验(experimental)与曲线拟合(fitting)。

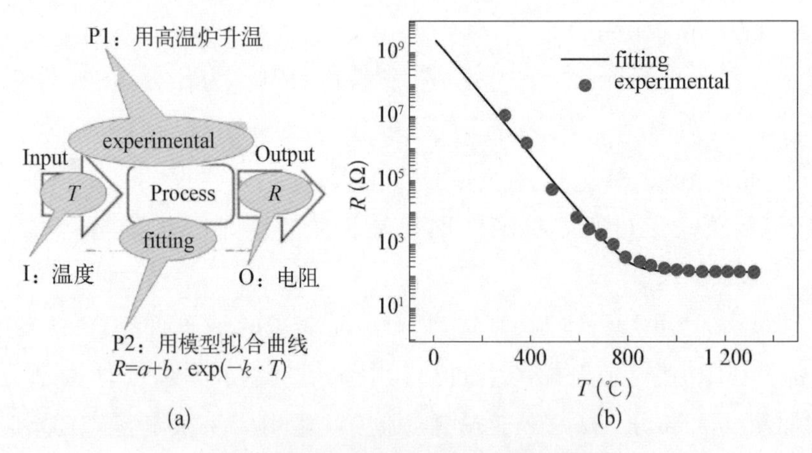

图4-8　左图的IPO对应了右图的曲线

(a) 实验过程　(b) 用科学曲线表示

一条科学曲线的IPO就是一个实验的过程：包括问对正确的问题Output，即确定要测量的物理量，相当于纵轴Y(电阻)；确定要改变的实验参数和条件变量I，相当于横轴X(温度)，Process是实验(experimental)或曲线拟合(fitting)，通过比较从理论和实验上观测和验证热电阻随温度的变化。输入变量和输出变量组成一对X和Y，然后构成一幅曲线图，诠释了实验的思路、构思及其实验结果。在科技论文的发表上，曲线是编辑们审稿时首先抓住他们眼球的内容。

再以我们国家引以为骄傲的“高压输电工程”为例，升压变压器是高压输电工程的一个重要的元器件。变压器的 input 是指接在输入端的电压 U、电流 I 以及功率 P，其中功率 $P=UI$。而变压器的 P 是指它在变压原理：在变压器理想的情况下，变压器的输出功率等于输入功率，而输出电压等于输入电压除以匝数比，$U_2/U_1=n_2/n_1$，输出电流刚好相反，$I_2/I_1=n_1/n_2$。而变压器的 O 为升压会导致电流的等比例减小，所以输电线损失的功率 $Q=I^2Rt$ 一定会相应减小。初步估算一下，如果将 200 V 升为 8 000 V，如果线路中电流降低到原来的 1/40 那么线路中损失的功率就减少为$(1/40)^2=1/1\,600$，提高电压可以很有效地降低线路中的功率损失。利用高压输电从中国西部的无人区输电到东部是我国的一大战略。我国可开发的水电资源近 2/3 在西部的四川、云南、西藏，而全国 2/3 的用电负荷却分布在东部沿海和京广铁路沿线以东的经济发达地区。西部能源供给基地与东部能源需求中心之间的距离将达到 2 000～3 000 km。我国发电能源分布和经济发展极不均衡的基本国情，决定了能源资源必须在全国范围内优化配置。只有建设特高压电网，才能适应东西 2 000～3 000 km、南北 800～2 000 km 远距离、大容量电力输送需求。促进煤电就地转化和水电大规模开发，实现跨地区、跨流域的水电与火电互济，将清洁的电能从西部和北部大规模输送到中、东部地区，满足我国经济快速发展对电力的需求，特高压电网具有显著的社会、经济效益。

有了 IPO，技术路线的总体思路就是根据目标导向设定“输出”的具体目标 O，然后确定影响研究目标的“输入”变量 I，利用相应的物理机制/模型和仿真＋实验手段 P，形成科学研究行进的方向，也就是所谓的 IPO(Input→Process→Output)模型。下面详细解释一下 IPO 当中的 Input，Process，Output 各自具体含义。

4.3.1　工程学的 Output

首先讲一下工程学的这个“O”，为什么不按工程学的 IPO 的顺序先讲 I 呢？这里有一个很有趣的现象，就是在很多工程学的成就范例中，是先有 New idea(新点子)，然后才是构思它的方法 P 和影响因子 I，就是常说的“问对了问题就等于到达了一半”。写一篇科技论文的次序也有异曲同工之妙：文章的标题和摘要往往是最后才撰写与敲定的。这个“对的问题”就是 O，即输出的结果、最终的目标等。所以虽然 O 是排在最后的，是整个工程学的最终结果，但是它可能是首先提出来的、并且应该明晰，也就是我们所说的“首先要问出对的问题”。能够问出对的问题等于解决问题的一半！分离不用解决的问题的能力，或定义问题的能力，问出可执行化的问题，是一项非常重要的工程人的能力！所以先讲。

1. 找对正确的“O”就是问对正确的问题

而问出了正确的问题就是解决问题的一半。这是一个发生在美国通用汽车的客户与该公司客服之间的真实故事。

故事4-1 问对问题就能解决问题

有一天美国通用汽车公司的庞帝雅克(Pontiac)部门收到一封客户抱怨信,上面是这样写的:"这是我为了同一件事第二次写信给你,我不会怪你们为什么没有回信给我,因为我也觉得这样别人会认为我疯了,但这的确是一个事实。"

我们家有一个传统的习惯,就是我们每天在吃完晚餐后,都会以冰淇淋来当我们的饭后甜点。由于冰淇淋的口味很多,所以我们家每天在饭后才投票决定要吃哪一种口味,等大家决定后我就会开车去买。但自从最近我买了一部新的庞帝雅克后,在我去买冰淇淋的这段路程中问题就发生了。

你知道吗?每当我买的冰淇淋是香草口味时,我从店里出来车子就发不动。但如果我买的是其他的口味,车子发动就顺得很。我要让你知道,我对这件事情是非常认真的,尽管这个问题听起来很猪头。

为什么这部庞帝雅克当我买了香草冰淇淋它就秀逗,而我不管什么时候买其他口味的冰淇淋,它就是一条活龙?为什么?为什么?

事实上庞帝雅克的总经理对这封信还真的心存怀疑,但他还是派了一位工程师去查看究竟。当工程师去找这位仁兄时,很惊讶地发现这封信是出之于一位事业成功、乐观、且受了高等教育的人。工程师安排与这位仁兄的见面时间刚好是在用完晚餐的时间,两人于是一个箭步跃上车,往冰淇淋店开去。那个晚上投票结果是香草口味,当买好香草冰淇淋回到车上后,车子又秀逗了。

这位工程师之后又依约来了三个晚上。第一晚,巧克力冰淇淋,车子没事。

第二晚,草莓冰淇淋,车子也没事。

第三晚,香草冰淇淋,车子"秀逗"。

这位思考有逻辑的工程师,到目前还是死不相信这位仁兄的车子对香草过敏。因此,他仍然不放弃继续安排相同的行程,希望能够将这个问题解决。工程师开始记下从头到现在所发生的种种详细数据,如时间、车子使用油的种类、车子开出及开回的时间……根据数据显示他有了一个结论,这位仁兄买香草冰淇淋所花的时间比其他口味的要少。

为什么呢?原因是出在这家冰淇淋店的内部设置的问题。因为,香草冰淇淋是所有冰淇淋口味中最畅销的口味,店家为了让顾客每次都能很快地取拿,将香草口味特别分开陈列在单独的冰柜,并将冰柜放置在店的前端;至于其他口味则放置在距离收银台较远的后端。

现在,工程师所要知道的疑问是,为什么这部车会因为从熄火到重新启动的时间较短时就会秀逗?原因很清楚,绝对不是因为香草冰淇淋的关系,工程师脑中很快浮现出的答案应该是"蒸气锁"的问题。

因为当这位仁兄买其他口味时,由于时间较久,引擎有足够的时间散热,重新发动时就没有太大的问题。但是买香草口味时,由于花的时间较短,引擎太热以至于还无法让

"蒸气锁"有足够的散热时间，所以就出问题了。

这个故事是讲"问对正确问题"的重要性。客户体验提出的问题似乎是一个有迷信色彩的问题，让凡夫觉得无从下手，这就是指"提问题的不可操作性"。在日常工作中这种问题不乏频频出现。但是这个工程人提出的问题，却是从工程学的角度、从技术的角度提出的，所以两者得到的结果是完全不同的，一个是一头雾水、一个则引出解决方案。

用户问的问题：你知道吗？每当我买的冰淇淋是香草口味时，我从店里出来车子就发不动。但如果我买的是其他的口味，车子发动就顺得很。我要让你知道，我对这件事情是非常认真的，尽管这个问题听起来很猪头。

工程师问的问题：为什么这部车会因为从熄火到重新启动的时间较短时就会秀逗？工程人脑中很快地浮现出的答案应该是"蒸气锁"。因为当这位仁兄买其他口味时，由于时间较久，引擎有足够的时间散热，重新发动时就没有太大的问题。但是买香草口味时，由于花的时间较短，引擎太热以至于还无法让"蒸气琐"有足够的散热时间。

所以，对待同一个客观存在的问题，用不同的方式去问，去定义不同的"O"，结果是不一样的。问对问题，找对"O"是工程人一项重要的技能，要问到具体的问题，而不是含糊的问题；要分清方针和方法的区别，方针指明了方向，而方法针对具体的目标；所问出的问题应该具有可操作性。学生和工程人一个很大的区别在于，一个是对提出的问题作出解答，而另一个是自己提出有效的问题，然后给出解决方案。这个问题的提出首先就具有了可操作性，可以联想出相应的解决方案来。解决这个难题要靠"实践"，不然是难以体会的。

这个故事也隐含了一个工程学问题的解决思路，就是完整地从事情的始末亲自走一遍，而不要相信道听途说。可能很多人都说过有一件工程他已经做过了，但是都失败了。可是同一个工程你做下来可能的结果就会不一样，因为在执行过程当中包含了主观和客观的互动过程，这个过程是不一样的。此外，即便听说的事件是真的，但是这个事件经过口传，未必把事件的所有信息与细节传达到位。一个工程人看到的东西和产生的想法与普通的用户是不一样的，如果没有这种调查的第一手资料，这个问题是无从查起的。

2. "假问题"

"问正确的问题"还有一个反义词就是"假问题"或"伪问题"。

比如有些问题看起来很重要，实际上却没那么重要，把时间和精力放在它们身上，就偏离了我们正确的方向。有一段文字非常有意思，具体如下。

中国现在的战略策略就是"一直往前走，不要往两边看"。中国这些年"闷声发大财"，不需要在乎军事落后美国多少年，而且中国发展军备的最大目标就是避免战争，只有力量达到了，别人才不敢轻易来犯，这才是中国的目标，而并不是为了打败美国，打败美国的话，中国付出的代价也会太大，这没有任何意义。所以现在美国的航母来南海航行无所谓，飞机来南海上空侦查也无所谓，中国虽然会发声，但是不会真的怎么样，美国也会适可而止,美国不过就是为了彰显自己在亚洲的存在感罢了。至于这几十年的军事实力差距,完全不影响中国的任何计划,现在中国也是想做什么就做什么。

这是一段"仁者见仁"的话,这里要借此例来说明的是有些问题可能是"伪问题",它的作用是转移我们的注意力,从而不能从事我们应该做的事情。工程学也是如此,如果精力不集中,就会把时间浪费掉。

这里讲清楚的要点是,"伪问题"本身它就不是一个正确的提问,而有些问题不便于回答。如果被以偏概全的引用,会产生误解和歧义。在工程学中,如果有些问题问得不对,那么你就只能去"糊弄"他,因为一般明白人都可以看出来,这个问题不是正确的问题,是一个没有正确答案、不可以操作的问题。作为工程人,我们要训练的是不但能问出工程学的问题,同时也会识别假问题,对伪问题,可以"慧而不用"。比如孩子的父母亲都知道,面对小孩子提的问题可以找比较聪明的方法去应对,甚至去回避它。比如说燕子小时候,问了妈妈这个问题,"天与地之间有多远?",貌似很科学的问题。她妈妈就回答说:"去问你舅舅吧",因为她的舅舅是一个大学教授。

也可以用比喻应对伪问题。这是舰载机总设计师孙聪回答的问题。主持人撒贝宁问,"舰载机和普通的战斗机有什么区别?"孙聪的回答是,"不是所有的牛奶都叫特仑苏。"他很巧妙地用了一个比喻。因为在当时的情况下还不能讲舰载机和普通飞机的差别,有涉密的嫌疑。但是这么一说,大家就明白了。这个答案也暗示舰载机比普通的飞机更高一筹。这些巧妙的回答有很多的例子,尤其发生在伟人的身上,他们实际上是在回避一个问题,只不过回避的方式非常聪明。

什么是工程学的问题?工程学的问题是可以解的问题,即用工程人的语言来定义问题,而不是问10万个为什么,工程学的问题是注重"how"的问题,工程学的解答最好是关注"how"的解答,这就是我们前边定义工程学的2P要用长标题的原因:定义一个问题的同时也要写下解决问题的路径与方法。记住用费曼原理来提出问题,也就是在问问题之前,你已经自己有了答案。这和小时候我们天马行空地问问题的方式是不同的问题。高考出题的时候命题老师必须把高考的题先完整地做一遍,确保出题无误,然后才能提交高考使用,而这个过程是很多高中生没有机会体验过的,所以大学的训练科目之一就是从只会答题到可以问出可以负责任的题目来,所提出的问题必须具有可执行性和可解性,先用5W1H想一下你的问题,往往在问到"why"的时候,会发现有些问题其实是不用解决的,或者不是重要的问题,不是行业里面重要的问题,可以先放一放,可以先忽略一下,这就是所谓的"眼光"。

4.3.2 工程问题的影响因子Input

影响因子就是输入变量,就是上边曲线中的X轴,由于温度的改变引起了输出变量(电阻)的改变,I就是输入参数、是自变量,是影响输出变量的主要因素,改变I就影响了O。钱学森在《论技术科学》[1]中这样说:"工作中最主要的一点是对所研究问题的认识。只有对一个问题认

① 钱学森.论技术科学[J].科学通报,1957,2(3):290-300.

识了以后才能开始分析，才能开始计算。但是什么是对问题的认识呢？这里包含确定问题的要点在哪里？什么是问题中现象的主要因素？什么是次要因素？”这里面指的“因素”，就是IPO中的I。在这里钱先生又强调了在解决方案当中模型的重要性，模型不是事实的全部，是根据我们的认识简单化过的东西，简化模型的前提是分清主次矛盾和忽略次要矛盾。有这么一段笑话：

“你老公有缺点吗？”（疑问）

“有！多的像天上的星星！”（呲牙）

“那你老公优点多吗？”（疑问）

“少！少的就像天上的太阳！”（呲牙）

“那你为什么还不离开？”（疑问）

“因为太阳一出来，（呲牙）星星就看不见了！”

这个玩笑讲的道理在于“抓住了主要的，可以忽略掉所有次要的”。这些“主要的”，往往没那么多，像太阳，有一个就够了。所以钱先生在后来这样说，“有些因素虽然也存在，可是它们对问题本身不起多大作用，因而这些因素就可以忽略不计。”在我们最后一章中讲的“二八定律”，也是讲的这个道理，抓住了20%的主要矛盾，也就解决了80%的问题。有些时候这可能是一个心理障碍，就像释万行[①]大师所说的，有些事情不要往死了做，还是要往活了做：

我们做人做事不能因为有一点点不合，一点点意见不一致就不交流了，不做事儿了。有时候虽然双方有了不同的意见分歧，但是更多的还是有相同的意见，我们为什么不把那些多的、相同的事先做完，把那些不合、不同的先放到一边呢，我们不能因为一点小事谈不来，大事情也不做了。

其实抓主要矛盾、忽略次要矛盾的另外一个重要的含义就是不要“一叶障目”，也就是说浪费时间在次要矛盾上，而忽略了问题的主导方向，忘记了你的初心。

举一个酵素桶工程的例子来说明怎么用简化的模型来分析问题。酵素桶可用来制作水果酵素、蔬菜酵素、酸奶、泡菜、纳豆、发芽糙米、储藏米茶叶等。而研究发酵桶、酵素桶的发酵速率，如果使用这些复杂的材料是很难做出分析的，所以我们对这个IPO中的“I”做了简化，我们用水来代替复杂的水果组合，通过研究简单的水分子结构来研究酵素桶的发酵速率及其扩散规律；其次就是用简单的糖，通过探测糖分和酸度的变化来研究发酵的规律。对于发酵的扩散规律的研究，我们可以用点滴水的方法、改变注入流量的方法研究酵素桶对于水的纳米催化速率来比较水的纳米催化效应。

次要矛盾不一定不重要，而是它会过度地吸引我们的注意力，让我们偏离先解决主要矛盾的主攻方向，它会影响我们解决整个问题的效率。我们会通过《工程学导论》课程，训练学生抓重点的意识和能力。比如说负责农业工程的同学，在对整个农业工程做完调研之后，希望他找

① 释万行.降伏其心[M].北京：华夏出版社出版，2007.

出“哪个是农业工程最主要的问题”，也就是主要矛盾、最主要的问题、最基本的问题，可以根据中国农业的特点、分析在不同的历史时期最主要的问题有何不同。比如改革初期的土地大包干，当代农业机械化带来的土地承包制，其农业工程的重点是不同的。

4.3.3 把 I 变为 O 的灰箱 Process

P，即 Process，是把自变量变成因变量灰箱（grey box）或者黑箱（black box）。它像变戏法一样，把输入的东西变换成输出的东西。P 可以是一个实际的物理过程或原理，也可以是一个计算机的仿真过程。我们用上面的曲线说明一下这个 Process。横轴 X 是温度，为 INPUT，纵轴 Y 是热电阻的值，为 OUTPUT，Process 则是实验（experimental）和曲线拟合（fitting），这两个不同的过程将 X 轴的数值转变为相应的 Y 值，两个过程的转化原理是不同的，但是转化的结果是类似的。把它们放在一条曲线上是要比较理论计算与实验结果，这也是工程与科学实验的常用手段。

这里再举个例子予以说明。它是针对解决一个工程学问题的 IPO 解决占道施工导致的交通拥堵问题。占道施工在当今的大城市（如上海）中十分常见，它是大城市现代化必须要进行的工程。它的难点在于在这个工程的过程里不能对现有的日常交通与生活产生过大的波动和影响。对于大城市来说，城内空间大多已经被占用，想要对城市设施进行维护改进，尤其是改进交通线路，势必会侵占道路。而大城市人口密集，机动车保有量大，一旦车道变窄，甚至是完全封闭，就会导致一系列交通问题。更重要的是，城市交通牵一发而动全身，一个路段堵塞，有可能波及附近路段，甚至是整个路网。所以，在进行占道施工时，必须想办法采取措施来疏导交通解决交通拥堵问题。这个 IPO 里的 P，应该包含如下方面。

一是要从路网分流和路段节点控制两个方面进行交通管理，采用外部诱导、节点管制的交通组织策略，以交通诱导为主，周边道路改善为辅。

二是要遵循“占一还一”的原则，开辟新的人行道和机动车道，也可适当占用机动车道、路侧绿化带等，为行人和非机动车提供通行空间。

三是要进行交通秩序管理，严格路内停车管理、优化信号配时，采取多种手段分离交通流时空矛盾。

四是要完善交通管理设施，增加交通标志、标牌诱导设施，防止占道施工区段追尾以及刮擦事故的发生。

最后，可以通过交通流模拟，对解决方案有一个初步的评价，从而在众多方案中选择最优解。

工程学的“P”大多是一个“很不透明”的灰箱，是一系列实践性和经验性很强的过程，并且很多时候是 IQ＋EQ 有机组合的一个结果。这个组合还关系到工程团队，里面的组员缺一不可。都常说硅谷的不可复制，其中一个原因就在于硅谷的技术不光是它的技术和硬件，重要的因素在于这些硬件之间有机的联系及其对于依托团队强烈的依赖关系。想给硅谷的一家公司

"搬家"，会牵动这个有机体的各个机关。比如职员需要搬迁的话，配偶的工作怎么办？孩子上学怎么办？所以硅谷搬家是一件很难成功的工程，它不光是钱的事儿。硅谷自身的这种稳定结构很奇妙，也体现了工程学与科学的一个很大的不同，工程学与团队和人文因素相关度很大，复制和挪动都是很难的。

4.3.4 IPO示例

IPO是一个具体化的、一体化进程，所以必须具体问题具体分析，根据具体的情况予以解说。下面举一个学生练习的例子——高压输电工程[①]。

题目： 开发利用电磁互感应(how)实现高压输电(why)的电力变压器(what)[②]

(why)从国际领先技术和对国民经济重要贡献这两个角度，中国有两项主要骄傲，第一项就是高铁工程，第二项就是高压输电工程。

清华的校歌里面唱"西山苍苍，东海茫茫"，讲的就是我们中国的地理。中国的版图，西面主要是高山，东面主要是平原和海，我国人口东多西少，资源却西多东少，这是我国人口与资源发展不平衡的事实。如今，雾霾已经侵占中国大部分地区，许多地区已经"自强不吸，厚德载雾"。而不清洁能源的燃烧是造成雾霾的一个重要因素。利用我国的资源优势，西电东送是我国的一大战略，高压输电是解决雾霾的重要技术。我国地域广阔，发电资源分布和经济发展极不平衡。全国可开发的水电资源近2/3在西部的四川、云南、西藏；煤炭保有量的2/3分布在山西、陕西、内蒙古，而全国2/3的用电负荷却分布在东部沿海和京广铁路沿线以东的经济发达地区。西部能源供给基地与东部能源需求中心之间的距离将达到2 000～3 000 km。我国发电能源分布和经济发展极不均衡的基本国情，决定了能源资源必须在全国范围内优化配置。只有建设特高压电网，才能适应东西2 000～3 000 km、南北800～2 000 km远距离、大容量电力输送需求，促进煤电就地转化和水电大规模开发，实现跨地区、跨流域的水电与火电互济，将清洁的电能从西部和北部大规模输送到中、东部地区，满足我国经济快速发展对电力的需求。

(what)特高压输电技术，在我国主要指±800千伏直流输电和1 000千伏交流输电技术。经过了十几年不懈的技术积累，我国不仅拥有完全的有自主知识产权，而且这项技术在世界上是唯一的。我国已经全面掌握特高压交流和直流输电核心技术和整套设备的制造能力，在大电网控制保护、智能电网、清洁能源接入电网等领域取得一批世界级创新成果，目前建立了系统的特高压与智能电网技术标准体系，编制相关国际标准19项，中国的特高压输电技术在世界上处于领先水平，中国的高压输电技术也将造福于全世界。所以，说高压输电工程是中国骄傲之一，当之无愧。

高压输电的科学原理是在同样输电功率的情况下，电压越高电流就越小，这样高压输电就

① 《工程导学》课的学生做过很多作业，详见本书附录练习部分。

② 注：这个标题就体现了可执行性。

能减少输电时的电流从而降低因电流产生的热损耗和降低远距离输电的材料成本，这里面一个关键的元件就是变压器。

(how)从工程学2P的角度，电力变压器是一种Product，变压器的IPO如图4－9所示。变压器像是一个魔盒，把工程学里IPO的Inputs利用Process变成Outputs。

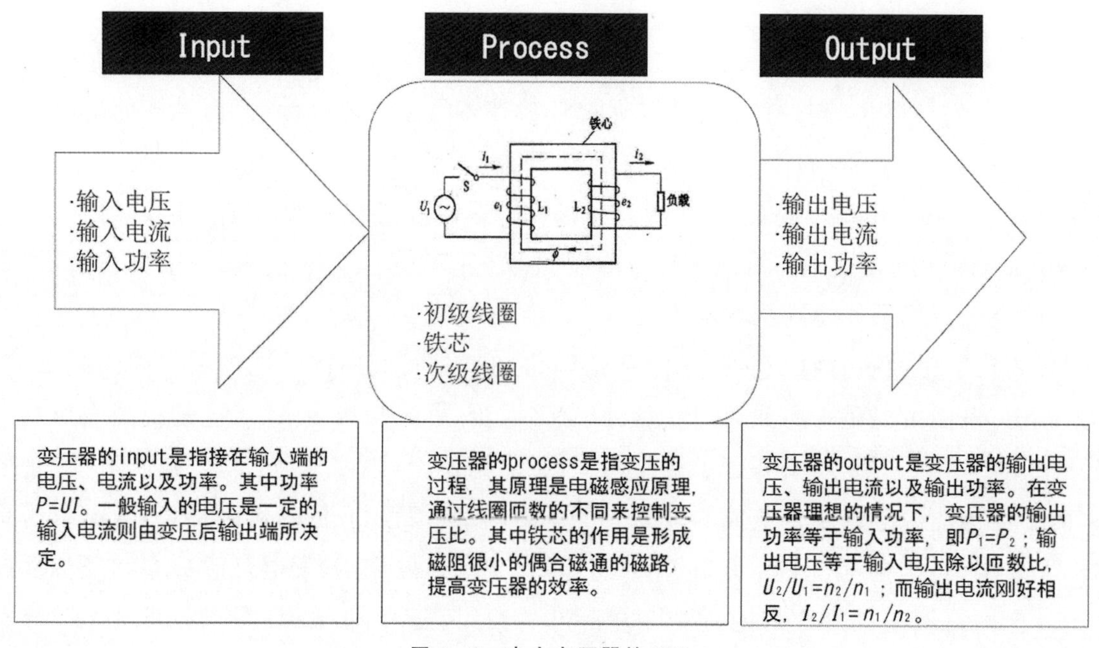

图4－9　电力变压器的IPO

(1) 变压器中的I。变压器的input是指接在输入端的电压、电流以及功率。其中功率$P=UI$。一般输入的电压是一定的，输入电流则由变压后输出端所决定。

(2) 变压器里的P。变压器的process是指变压的过程，其原理是电磁感应原理，通过线圈匝数的不同来控制变压比。其中铁芯的作用是形成磁阻很小的偶合磁通的磁路，提高变压器的效率。

(3) 变压器里的O。变压器的output是变压器的输出电压、输出电流以及输出功率。在变压器理想的情况下，变压器的输出功率等于输入功率，即$P_2=P_1$；输出电压等于输入电压除以匝数比，$U_2/U_1=n_2/n_1$；而输出电流刚好相反，$I_2/I_1=n_1/n_2$。

这里再举个传感器的例子来说明IPO。

传感器像是一个魔盒，把工程学里IPO的Inputs利用Process变成Outputs。图4－10画出了这个魔盒的IPO图。

传感器的IPO里的I—inputs是被测的外界信息。在物理科学中，有电热力波微场六大项，传感器就是把另外其他五项的信号，比如光信号、热信号转换成电信号，这就是传感器。此外，传感器也可以检测其他类型的物理学之外的信号，比如说化学气体成分的感应。

Process就是传感器的工作原理。大多数传感器是以物理化学原理为基础运作的，诸如压

图 4－10　传感器的 IPO

电效应，极化、热电、光电、磁电等效应，化学吸附、电化学反应等现象，被测信号量的微小变化都将转换成电信号。常见传感器的工作原理如压力敏和力敏传感器、位置传感器、液面传感器、能耗传感器、速度传感器、热敏传感器、加速度传感器、射线辐射传感器、振动传感器、湿敏传感器、磁敏传感器、气敏传感器、真空度传感器、生物传感器等。在外界因素的作用下，所有材料都会作出相应的、具有特征性的反应。它们中的那些对外界作用最敏感的材料，即那些具有功能特性的材料，被用来制作传感器的敏感元件。

传感器 IPO 里的 O 是传感器信号，分为模拟信号和数字信号，也可以分为是增量码信号、绝对码信号以及开关信号一种检测装置，能感受到被测量的信息，并能将感受到的信息，按一定规律变换成为电信号或其他所需形式的信息输出，以满足信息的传输、处理、存储、显示、记录和控制等要求。

传感器是一个方向性的工程学命题，图 4－11 是一项具体的可操作的工程学的“2P”，高温无线无源传感器为目标导向的 IPO，也就是围绕这个中心总体研究方案的技术思路。这里的输入变量 I 包括材料和器件结构，过程 P 包含科学理论和技术工艺及其计算机仿真，最后所达到的目标 O 第一是针对两机重大专项的测量体系，第二是满足具体指标的无线、无源、高温并且原位集成的传感器。

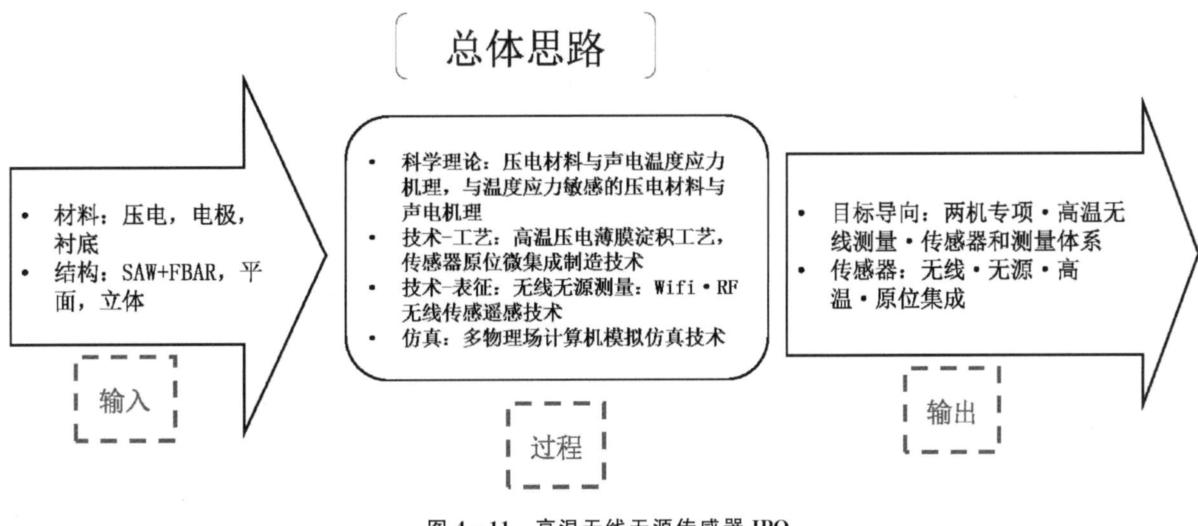

图 4－11　高温无线无源传感器 IPO

注：即基于材料体系与结构设计的优化组合(I)，利用相应的物理原理和技术手段(P)，实现无线无源高温传感的最终目的(O)。

4.4 本章小结

本章第1部分是工程学的目标或目的。它分为两大类(2P),或者是开发一个产品(Product),或者是解决一个问题(Problem)。往往在开发一个产品的过程当中,要解决一系列的问题;而在解决一个问题的当中需要一系列的产品。而这里边所说的工程学2P,指的是他的最终目标。所以,这里边需要注意的是,一定要非常明确工程学的最终目标是什么?比如iPhone就是一个产品,而雾霾就是一个问题,它们是工程学的最终结果,至于这个当中要解决的问题(如解决iPhone当中的触屏精确性问题)和产生的产品(如研发雾霾问题当中的基于石墨烯和碳纳米管的过滤器),则是一些中间的过程,要分清过程和结果的差别。

本章第2部分就是工程学的基本模型。不管是开发一个产品,还是要解决一个问题,他都有三大部分,即IPO,也就是影响因子Input,解决问题的物理过程Process,解决问题的量化指标、表征方式与表征参量Output。虽然时间顺序和逻辑次序是IPO,但是从问题解决的思路上看,是O为先,也就是首先要问对正确的问题,然后是解决的方案和过程P,物理原理和方法等,可能最后一步才是I,什么是影响结果的主要参量?什么是主要矛盾?什么是次要矛盾?所以工程学的模型就是:1. 问对问题;2. 寻找解决思路和寻找解决的资源;3. 确定影响因子、分清主要矛盾和次要矛盾。

练习与思考题

4-1 试利用知识树的结构总结一下本章的内容。

4-2 图书馆找书的练习。从高中步入大学,要学会自主学习的方法,也就是从被安排到自主安排的过渡。其中的一项技能就是利用图书馆。这个练习包括如何利用校园网用关键词找出第一本书,浏览书架,如何粗略快速地读一本书,以及书籍的筛选,等等。具体步骤和范例见附录。

4-3 利用互联网找关键词的练习。如何快速地进入一个领域与课题,其中一个有效的方式是网络。练习利用百度学术网站对一个具体的课题进行调研和文献综述,具体步骤和范例见附录。

4-4 定义工程学的问题,可操作性问题的练习。这是一份调研卷,在下边的问题中,哪一个问题更具有操作性?做一下评价,方法是在问题的前面作一下标注(如图4-12)。

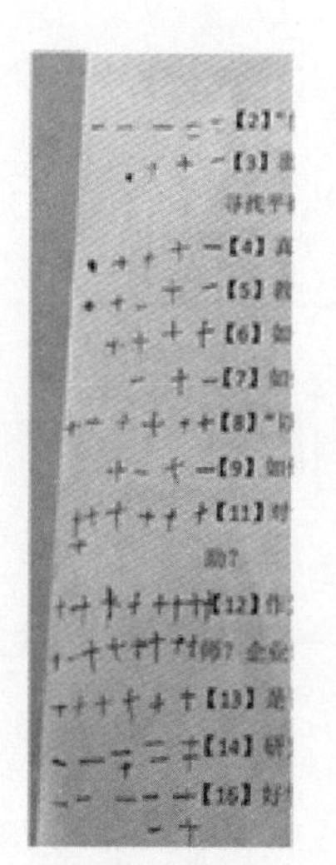

图4-12 在问题前要标注范例

画十号:哪一个问题比较接地气(容易回答)。

画一号:哪一个问题最模糊的。

(a) 如何为部分优秀学生和大多数普通学生定不同的培养目标?

(b) 研究生培养过程的师生关系与处理。

(c) 好学生的标准是什么？好老师的标准是什么？“价值引领”如何在培养方案中落地？如何培养学生志存高远、追求卓越？

(d) 面对社会对复合型、创新型人才的需求，如何在通识教育和专业教育之间寻找平衡点？

(e) 真正的优质课程是怎样的？学生应该从一门优质课程中收获什么？

(f) 如何激发学生更热爱专业、自主学习？如何激发学生的内生学习主动性？

(g) 对于教师教学能力的提升，建议学校采取哪些措施和方法给予教师有效帮助？

(h) 作为工科专业，我们的培养应该定位为什么目标？学术大师？踏实的工程人？企业领袖？

4-5　2P 和 IPO 的练习。2P 与 IPO 的大作业，意图在于训练学生定义工程学问题的能力、找准工程应用的市场和方向、建立实践工程学项目的思路。详细题目请见附录“大作业，练习工程学的 2P 和 IPO”，它的步骤是：

(a) 先定义问题：是开发一个产品，还是解决一个问题(Problem or Product?)；

(b) 求解“5W1H”，即用 5W1H 来阐述你的 Problem or Product；

(c) 在“how”里面做一个 IPO，并影响课题的输入变量、解决问题的模型、衡量结果的指标；

(d) 用工程学的中庸理念找出你选择的 Problem or Product 的包含的“pro and con”即找出优点和制约点；

(e) 要用 Origin 软件画(至少)一条曲线；

(f) 文章＞2 000 字，＜4 000 字；

(g) 至少要有一篇参考文献，用脚注的形式加在页的下端。

它的具体做法请参照本章和附录中的范例。

4-6　关于团队的练习。比如你在一个学生的某个组织中负责一个部门的工作或者负责一项工作，找出你的上下级和相关单位、相关部门，理清你与他们的关系。

第 5 章

树枝 1－2：工程学的 4—工程项目的四个过程

工程学的方法论和工程学的步骤与操作细则构成工程学的 2、3、4，第 4 章讲述了 2 和 3，本章讲工程学的 4，即立项、执行、汇报与沟通、结果呈现（论文与展示会）。这里边的操作细则比较多，操作的例证也比较具体，图 5－1 是本章的思维导图及内容概要。

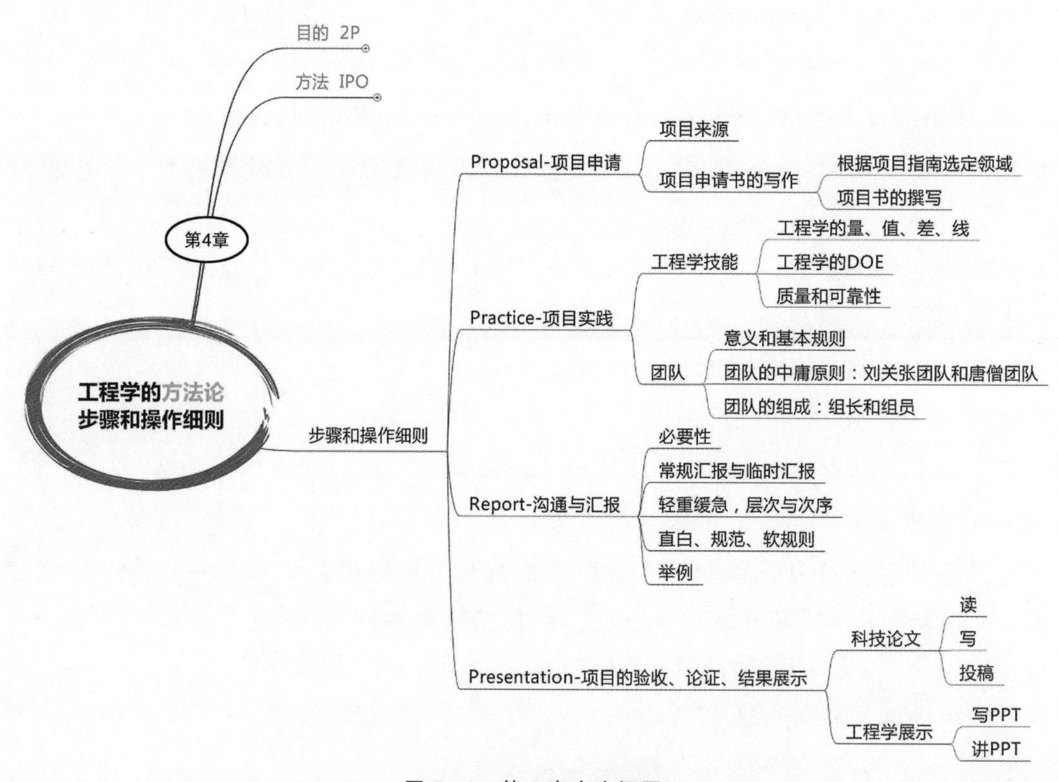

图 5－1　第 5 章内容概要

项目结束了，下一步就是成果的呈现，有两种方式：论文和展示。论文就是将成果写成科技论文并投稿发表，所投的期刊同意发表，就代表了第三方对你的成果的肯定及其对写作与表达的认可。展示多是用 PPT 的方式将成果向相关的上级和部委，或者通过是产品发布会，进行汇报与呈现。因为这是最终的成果展示，面对的听众基本都是上级、专家、同行或用户，他们大多是和自己不太接触或熟悉的人，所以要注意正式和规范。

任何一个科研或者工程项目都具有四个步骤：立项、实践、汇报与展示，即

$$PPRP = Proposal + Practice + Report + Presentation。$$

虽然从时间上看立项是头、结题为尾，有了项目才有了资源才可以组建团队出结果。但是大多数的项目都不是无中生有，很多项目的结尾都隐含了下一个开头，从这个角度说，是“万事开头难”。从项目实施的整个时间与资源比重来看，PPRP这四大部分头和尾都很小，中间的部分很“肥”，整个形状像个枣核，中间的实践与报告环节比重很大，并且“P”和“R”两个过程要经常地互动，也就是边做边交流，这是一个磨合、甚至是争吵激烈的过程。乔布斯用一个磨石头的故事来诠释这个磨合过程：

故事5-1 磨合

我小时候街上住着一位独居老人，他大概八十岁，看上去凶巴巴的，我想让他雇我帮他修剪草坪。有一天他说：“到我车库来，我给你看点东西。”他拖出一台布满灰尘的磨石机，一边是马达，一边是研磨罐，他说“跟我来”。我们到屋后捡了些很普通的石头，然后把石头倒进去，加上溶剂和沙砾，盖好盖子，开动电机后磨石机开始研磨石头，他对我说“明天再来。”第二天我又去了，我们打开罐子，看到了打磨得异常圆滑美丽的石头，看上去普普通通的石头就像这样互相摩擦着，互相碰撞，发出噪声，最终变成了光滑美丽的石头。我一直用这件事，比喻竭尽全力工作的团队。正是通过团队合作，通过这些精英相互碰撞，通过辩论、对抗、争吵、合作、相互打磨，磨砺彼此的想法，才能创造出美丽的石头。

奋斗的是整个团队。能进入这个行业，我感到很幸运，我成功得益于发现了许多才华横溢，不甘平凡的人才，而且我发现只要召集到五个这样的人，他们就会喜欢上彼此合作的感觉，前所未有的感觉；他们会不愿再与平庸者合作，只招聘一样优秀的人，所以你只要找到几个精英，他们就会自己扩大团队。MAC团队就是这样，大家才华横溢，都很优秀。

工程项目的实际运作当中充满了喜乐悲欢，你不得不一次次权衡利弊，做出让步和调整；你得把五千多个问题装进脑子里，必须仔细梳理尝试各种组合，才能获得想要的结果；每天都会发现新问题，也会产生新灵感，这个过程很重要，最后的果实可能会出奇意外，和最初开始时的创意大相径庭。这个果实就是团队的合作的结果，通过这些精英相互碰撞、通过辩论、对抗、争吵、合作、相互打磨、磨砺彼此的想法，才能做出优秀的工程学的结果。

5.1 Proposal-缘起

工程学首先是从一个项目申请“Proposal”开始的，写项目申请书的好处首先是帮助自己整理思路，其主要目的在于得到项目执行的资助与资源，包括财力、物力和人力，获得执行此项目的物质基础。一个成功的项目申请书是需要花很多精力和时间的，它不仅仅是几页标书，它是智慧和沉淀的结晶，是对课题背景、文献综述以及未来议题的提炼和精炼过程，需要在有限的文字当中体现项目的精神、讲清楚研究内容、说清楚项目执行的可行性和实践方法，还要以足够的论据说服项目审稿人，你具备足够的实验能力和实验基础能够完成这个项目。

工程项目或科研项目有申请、审批和立项三个主要过程；主要有两类工程学项目来源，国家层面的和企业层面的。

5.1.1 项目来源

国家层面的项目来源，是根据国家战略需求和科技创新规律发布的科技计划。

一是自然科学类的、以科学研究为主的国家自然科学基金(NSFC)，资助基础研究和科学前沿探索。

二是国家科技重大专项(National Science and Technology Major Project)，聚焦国家重大战略产品和重大产业化目标。比如航空发动机和燃气轮机两机重大专项，核高基(核心电子器件、高端通用芯片及基础软件产品专项)。国家有20个重大技术专项，这类专项必须在时限内完成，需要各大单位与高校集成协同攻关。

三是国家重点研发计划，由原来的国家重点基础研究发展计划(973计划)、国家高技术研究发展计划(863计划)、国家科技支撑计划、国际科技合作与交流专项、产业技术研究与开发基金和公益性行业科研专项等整合而成。这些项目事关国计民生以及产业核心竞争力、整体自主创新能力和国家安全的战略性、重大共性关键技术和产品，为国民经济和社会发展主要领域提供持续性的支撑和引领。

还有其他两类是针对企业类和地区类的科技专项，其一是技术创新引导专项(基金)，其二是基地和人才专项。

上述五类科技计划(专项、基金等)全部纳入统一的国家科技管理平台管理，整合形成国家类的科研工程一体化组织计划。

企业层面的研发计划更加注重目标导向，因为经济效益和市场是两项非常重要的杠杆，因此主要以工程类的研发计划为主。比如说学校和企业的产学研(产业、学校、研究所)计划，科研成果的转化计划，这一类计划的市场性和灵活性比较强，项目的范围相对比较集中和直接，比如说学校对企业一对一的合作。

5.1.2 项目申请书的书写

在此就项目申请书的几大重要部分做一些阐述，包括根据项目指南选定领域与项目书写作(标题、摘要、必要性、可行性、创新性)。

1. 根据项目指南选定领域

项目申请有非常明确的目标导向，需要针对具体的项目申请指南撰写项目申请书。项目申请指南指出了具体的项目要求，这也就是项目申请的市场需求。下面以工程系列的研究计划，即国家重点研发计划为例，讲解一下如何选定自己的申请目标。图5-2的截图是“国家高技术研究发展计划(863计划)2015年度项目申报指南”。这个工程研发计划的范围包含很广，其中展示了三个大的主要技术领域，我们由大至小，从“信息技术领域”，到“新材料技术领域”

到“半导体照明”，最后定格在“开发高生产效率的衬底芯片技术”，然后再精细的研读这个里边的细节内容。

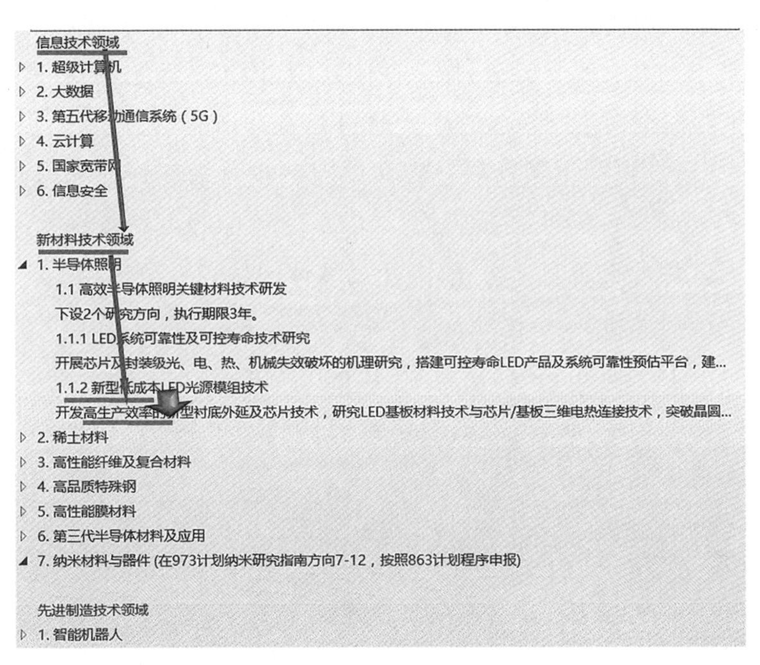

图 5-2　2015 年国家高技术研究发展计划(863 计划)2015 年度项目申报指南(截图)

在上面的项目“定格”之前，要做好自己的“可行性”积累，或者根据上面的指南进行相关的工作积累。也就是根据你所在单位的具体资源和研究基础，针对这个领域做好足够的技术储备，然后才来写这个项目申请书。如果你日常的科研工作成果不在这个指南之中，那么就缺乏相关指南项目申请的工程与科研基础，项目申请的成功率会偏低。

按照各自的工程学领域由大至小，在里边定格到与你相关的具体领域，然后针对一个非常具体的需求撰写你的项目申请书，同时一定要兼顾到你的研究基础：项目申请的审批与否，在于可行性和必要性之间的严密契合。

2. 项目书的撰写要点

项目申请书是写给别人看的，所以不仅要自己认为清楚、满意，而且要让小同行、大同行、基金管理人员和有关领导都能认可。申请书要做到“外行看了有兴趣，内行看了有水平!”大部分的项目撰写者对本专业，都有比较深入的了解，但是不太容易写得会吸引外行的注意力。这需要注意两点，一是文字的提炼，二是要深入浅出，善于把复杂的东西简明化、模型化。记得著名科学家钱学森教授说过如下的话：

博士论文应该写成两个版本，一本用科学术语、科学范畴、科学语言写成，用以反映博士生的研究成果和在同行内交流；一本用浅显易懂的语言写成科学普及读物，主要给本学科之外的爱好者阅读。

能够把很专业的项目申请，深入浅出地用浅显的文字写出来，反映出作者的语言文字功底和思想层次，这才是一个学术大师的水平。大多数专家学者们的重要研究成果仍以传统的板着面孔的论证方式出现,其成果也只能在少数“圈内人”中间传阅。厚积薄发、深入浅出并不容易做到,在大学和研究生的阶段就要加以训练和培养。这也是本《工程导学》需要培养的基本素质之一:把复杂的东西简明化。

下面就项目申请书的几大重要部分,做一些阐述(具体包括标题、摘要和主体部分)。

(1) 标题。这里的关键词是“标新立异”。题目是否有新意,让评审人眼睛一亮的感觉,不仅在内容上,在构词上既要概括主题、容易懂,又要有些少见的新词或缩写来“吊胃口”。项目名称可以适当长一些,要确切、醒目,主题明了。尽量通过标题可以让别人了解到是哪方面的具体研究,对象是什么、用什么研究方法、解决什么具体问题。一个理想的标题,应该能够在简短的句子中包含 what,why 和 how,比如这个标题:

Advanced passivation techniques for Si solar cells with high-j dielectric materials

就是一个比较理想的标题,在 11 个词的简短的标题中,包含了 what,why 和 how 三大项的内容。这个标题具体来看,其

Advanced passivation techniques (=what)
for Si solar cells (=why)
with high-j dielectric materials (=how)

常见的标题只包含了两项,如:

声表面波压电效应的高温传感特性与无线遥感应用

它包含了 what 和 why。而比较下面三个标题:

体声波效应压电器件应用研究
体声波压电性能研究及 FBAR 滤波与传感器件研发
体声波效应压电器件在高温无线传感与工艺方面的应用研究

相对而言第一个标题简洁,但范围太大;第二个标题比较“俗”,不打眼球;第三个标题虽然较长,但是隐含了 what、why 和 how。总之标题的提炼和精炼过程,是一个熟能生巧的过程,要多加练习和多加研读。

好的标题是一个提炼和精炼的过程,虽然它的位置在最前面,可是它的成型可能是在最后。

(2) 摘要。这部分的字数通常限定为 400 字,所以要充分利用这个空间,写明几个方面:研究目标、内容、采用的研究方法、要解决的关键性问题、科学意义等。如:“用……方法(手段)进行……研究,探索/证明……问题,对阐明……机制/揭示……规律有重要意义,为……奠定基础/提供……思路”。在关键词的部分,至多五个一定要认真推敲。摘要可能是标书最后写的部分了,但却是评委最先看的部分,很多标书在这一关就被淘汰了。摘要字数少,但最忌讳写的平淡无奇。要么引起评委浓厚的兴趣,要么激发他万丈怒火,都算胜利。基于以上认识,摘要一定要语气坚定,旗帜鲜明,一反立题依据中的中庸之道。其实语句的变化不大,只是删

除了有弹性的话就是了。摘要字数有限，资源宝贵，惜字如金。因此要特别注意重点突出，讲明现状、课题意义、课题构思和预期结果。

摘要有两种构思结构，一种写法是开门见山型，还有一种是意义为先型。

例文5-1　开门见山型写法

研究新颖的信号处理技术以满足未来智能交通通信系统的场景需求，**即立足于**传统多维信号处理方法，围绕双向多天线中继网络，应用中继及源节点联合信号设计理论，**重点研究**节点配置多天线时，适合双向通信的分布式循环重叠空时码方案设计及最优性证明、协作调制方案设计与性能分析、设备间直接通信信道/双移动信道建模及估计误差的影响分析、协作压缩感知导频设计与测试标准开发等四方面内容。**课题创新点一方面**在于研究联合节点的分布式循环重叠空时码设计以达到全分集增益，通过低复杂度的压缩重传等策略构造等效的重叠乘积信道形式；另一方面在于应用“唯一分解对”的联合节点的协作调制方案提高编码增益，可等效为基于接收信号星座的新型网络编码结构。通过在联合节点设计方面取得技术突破，并在多天线机车间信道中进行验证，**课题有助于**促进未来智能交通通信系统、下一代宽带无线通信网等领域的物理层技术发展，具有较高的研究价值和实际意义。

注意粗体字的部分，这种写法是把课题内容和研究方法摆在前面。

例文5-2　意义为先型写法

水资源短缺是世界各国面临的重大难题，污水滴灌是缓解该问题的有效途径。**然而，**污水滴灌时灌水器堵塞种类繁多、堵塞程度严重，成为制约该项技术推广应用的主要瓶颈。**本项目以**污水中多种堵塞介质的微观水力特性为研究对象，对灌水器内液-固-气多维耦合流场特征及堵塞规律进行基础科学研究。**具体内容包括：**理论分析与计算污水滴灌灌水器内水流流态、固相和气相堵塞介质存在形态与运移规律以及液-固-气相间作用规律；研究污水滴灌灌水器内固-液、气-液、液-固-气多流场的计算流体动力学建模及其边界与初始条件；通过实验室“长周期”堵塞试验，建立基于滴灌工艺、堵塞介质物理属性、流道结构多因素复杂耦合的灌水器堵塞定量预测模型。本项目旨在揭示污水滴灌中的灌水器堵塞规律，为有效控制污水滴灌的堵塞难题和研制出新型污水滴灌抗堵塞灌水器奠定理论和技术基础。

以上列举的两种写法各有千秋，应该根据课题特点与个人擅长予以择取，甚至可以写出两种予以比较。

(3) 主要内容(包含目标、必要性和可行性)。尽管科研类、工程类的项目申请书在格式、侧重点与安排次序上都有相对固定的写法，但写作内容必须包含目标、必要性、可行性及其具体计划。下面是国家自然基金的申请项目大纲，其他类的项目申请其格式大同小异，都是要把项目的必要性和可能性讲清楚，让专家能够清楚地了解你要做什么和你能够做什么？然后决定是否把项目交给你，是否资助你的项目进行。参照以下提纲撰写，要求内容翔实、清晰，层次分明，标题突出。

例文5-3　国家自然科学基金研究项目[①](正文)

（一）立项依据与研究内容(4 000～8 000字)

1. 项目的立项依据(研究意义、国内外研究现状及发展动态分析，需结合科学研究发展趋势来论述科学意义；或结合国民经济和社会发展中迫切需要解决的关键科技问题来论述其应用前景。附主要参考文献目录)；

2. 项目的研究内容、研究目标，以及拟解决的关键科学问题(此部分为重点阐述内容)；

3. 拟采取的研究方案及可行性分析(包括研究方法、技术路线、实验手段、关键技术等说明)；

4. 本项目的特色与创新之处；

5. 年度研究计划及预期研究结果(包括拟组织的重要学术交流活动、国际合作与交流计划等)。

（二）研究基础与工作条件

1. 研究基础(与本项目相关的研究工作积累和已取得的研究工作成绩)；

2. 工作条件(包括已具备的实验条件，尚缺少的实验条件和拟解决的途径，包括利用国家实验室、国家重点实验室和部门重点实验室等研究基地的计划与落实情况)；

3. 正在承担的与本项目相关的科研项目情况(申请人和项目组主要参与者正在承担的与本项目相关的科研项目情况，包括国家自然科学基金的项目和国家其他科技计划项目，要注明项目的名称和编号、经费来源、起止年月、与本项目的关系及负责的内容等)；

4. 完成国家自然科学基金项目情况(对申请人负责的前一个已结题科学基金项目(项目名称及批准号)完成情况、后续研究进展及与本申请项目的关系加以详细说明。另附该已结题项目研究工作总结摘要(限500字)和相关成果的详细目录)。

3. 项目申请书主体结构

项目申请书的主体部分，逻辑上讲主要是三大部分内容。

第1部分是项目的意义、项目目前在国内外的进展状况，简要地描述一下你要做什么

① 马臻.申请国家自然科学基金：前期准备和项目申请书的撰写.中国科学基金，2017(6)：533-537.

（必要性）。

第 2 部分是项目内容、项目的目标及其亮点（项目的重点）。

第 3 部分是你能做什么？项目的可行性及前期项目的执行计划（可行性）。

第 1 部分　简要地陈述一下项目的意义（why），项目要完成什么（what），以及目前国内外的现状（who、when、where）。

下边是一个撰写的例子，留意加粗字的部分，它们对应着段落要阐述的重点。

（1）why。简要地陈述一下项目的意义。例如上面的题目“声表面波压电效应的高温传感特性与无线遥感应用”其项目意义。

例文 5－4

本项目对接两机重大专项相关领域的应用。2016 年 5 月 31 日两机专项启动，同期，中国航空发动机集团成立，是中央的一项重大举措，曾报道在 2016 年 8 月 28 日 CCTV 新闻联播的头条。在国家战略意图的重大科技项目中其中排名第一的就是航空发动机。在航空发动机重大专项中，牵扯到转动元件（涡轮叶片）表面的高温温度测量，无线无源高温温度与应力传感测量的科学和工程研究，对进行航空发动机的研发与智能化有突出重要的意义。

（2）what。简要地陈述一下，你在这个项目中要做什么。

例文 5－5

本课题以航空发动机重大研究计划当中的航空发动机状态信息传感为指南，探究以声表面波为基本原理的高温无线传感器，即利用压电/声电效应（尤其是在高温环境下的）对于外界环境（如温度应力）敏感性原理，构筑“无线无源高温传感器”。通过以下核心科学问题的解决：即研发高温压电材料、探究压电效应对温度的敏感性、研制复合型声表面波压电器件并协同高温近场天线构建高温遥感测量系统，最终实现高温无线无源传感测量。

（3）who，when & where。回顾一下国内外研究现状及其存在问题，要有国外调研，国内调研，调研结果的总结及参考文献这些内容。

例文 5－6

（国外，谁做了什么？缺陷在哪里？）国际上，近几年来声表面波和体声波的无线谐振器件发展很快。由于体声波器件具有体积小、效率高、工作频率高等更加优越的特点将成为未来谐振器和滤波器的主流[1－2]。美国极为重视以 FBAR 为核心技术的 RF 滤波器的研发和制造，主要集中在美国加州安华高(Avago)公司，他们研发的GPS手机射频前端模块前置FBAR滤波器已经形成了成熟的产品。然而，很多研究都是关于声表面波器件原理的仿真，也都没有实现完全无线的(包括集成天线)的温度测量，测量温度偏低(<200℃)，总之没有发现实测的高温温度无线测量研究成果。在美国，高温温度无线传感属于和国防相关的核心技术，相关的报道很少，美国的Maine大学在网站上曾经报道过一些有限的研究成果新闻，但是没有具体的研究细节。

(国内，谁做了什么？缺陷在哪里？)国内已有部分高校和研究机构开展了声表面波和高温压电材料方面的相关研究[11-15]，包括国家自然科学基金以及国家科技攻关课题，取得了一些成果。然而，这些项目多流于理论层面，以及个别的某一项内容，也没有实现全无线的可达1 000度左右的高温温度测量。总的来说，这些研究没有重大的项目应用背景作为后盾，缺乏以实际应用的目标为导向。

(综合国内外调研结果)综合国内外基于声表面波和体声波的无线无源高温压电传感器的进展，各项研究呈现碎片状的状况，都是针对某一个具体的方面，亦缺乏针对某些关键物理问题和重大应用目标导向的系统性的研究，对于压电声波在体内和表面的激励、传输、发射机制及物理过程缺乏系统性和针对性的研究。

(4) 参考文献。根据具体情况，最好要有20～50篇参考文献。要注意文献中既要有经典文献(可能比较老)，也要有新文献，最好能有几篇近年的文献，显示申请人具有及时追踪国内外同行研究状况的意识。要留意文献标注的细节之处，如一致性、工整性，评审人会将这些细节与申请人的严谨学风挂钩。

第2部分 主要阐述项目内容、项目目标及其亮点。

首先，要了解研究内容和研究目标的差别。总的来讲，研究内容偏重理论性，研究目标偏重应用性；研究内容有一定的指导方向的意义，而研究目标偏重可执行性、可操作性。研究内容必须清楚，研究目标务必精练。

例文5-7 研究内容

基于研究现状分析和目标导向为原则，本课题围绕在压电性能中声表面波和体声波的温度敏感性物理问题，及其衍生出来的高温压力温度传感与无线无源遥感系统的具体工程应用，主要开展以下方面的研究。

一是压电温度敏感性能的研究。压电材料中，压力与电的互动作用激发出各类声波，在器件中产生电能和声波的相互转化，由压电激发的声波的产生与传输方式相关物理参数又与外界环境如温度应力相关联，有必要根据具体的发展方向和研究目标理清相关的研究思路和相关的物理问题。

二是压电波无线传输机制研究。压电声波的传输过程主要有两种，一种是沿表面横向传播的声表面波，一种是通过体声波传送的声波。基于这两种不同的声电原理形成了两大类压电器件，即表面波器件(SAW)与体声波器件(BAW or FBAR)。

(研究目标(例子))

通过对于压电波温度特性，压电性质的温度敏感原理及其无线传输性能的研究，制作声表面波与体声波相结合的高温温度传感器，并用无线的方式达到激励和测量高温传感信号的最终目的，以满足两机重大专项中航空发动机涡轮叶片表面的高温高应力无线无源测量的实际需要，助力我国航空发动机的自主研发与智能化。

然后就是项目的特色与创新这一部分，这也是专家非常爱看的，尤其要注意语言的提炼，做到既标新立异又不哗众取宠。需要注意近年的相关立项情况、各大部委的重点领域。注意语言的精确和新颖度，找准能即刻抓住眼球的名称，形成很深的第一印象，以下是一个例子仅供参考：

项目的特色与创新之处(例子，主要阐述两点)

首先着重于压电温度敏感性能的研究。本项目将着力于声表面波和体声波复合传输结构中的压电波温度特性和压电性质的温度敏感原理之研究，根据具体的目标导向设定研究重点和研究目标、发展方向和研究目标，理清压电激发的声波之产生与传输相关物理参数与外界温度的物理问题。并研究和探讨利用这些特性来开发新型的无线无源声表面/体声波温度传感器件。

其次以应用导向，整合了材料、微制造工艺、高频高温表征各项碎片化的研究。本项目整合了前期的和国内外的关于高温压电材料研发、无线无源器件的微制造、高频高温无线测量表征系统的研究，以两机重大专项高温无线传感器系统为应用导向，项目牵扯到跨学科多领域的交叉与联合。

第3部分 主要阐述可行性与研究基础。

最好有前期的研究成果做支撑，以展示自己的研究实力，尤其是与本项目相关的研究工作积累和已取得的研究工作成绩。即第三方的“证明文件”，也就是申请人之前发表的科技论文和相关学术著作。这里称他们为第三方，是指专业审稿人和出版社与项目审批人和项目申请人是相对独立的，他们对于项目申请人工作成果的判断比较客观。第三方起到了一个间接推荐人的作用，所发表刊物的学术知名度越高，就越有说服力。学术知名度依据在行业内的排名以及标准的SCI指数、影响因子来决定。

例文5-8

上海交通大学微纳团队和中航商发刚刚顺利完成了涡轮叶片表面原位集成高温传感器预研项目，主要形成了两项关键技术：涡轮叶片表面MEMS微制造(曲面集成技术)及其高温绝缘技术(高温1 000℃的环境下陶瓷基底绝缘性能明显下降，会造成表面传感器的短路效应)。在此项目进程中,成功的攻克了这两项技术难关①。使用基于MEMS技术的微制造工艺,把传感器直接原位集成制造在涡轮叶片上,传感器的厚度尺度在微米量级。

注意把脚注中项目申请人的名字,用粗体字明显的标出,便于审稿人辨识是项目申请人所做的工作,从而验证所申请项目的连续性,这一点对于项目的申请非常重要。

其他的工程学和研究基础包括已具备的实验室条件,包括国家实验室、国家重点实验室和部门重点实验室等研究基地的计划与落实情况,这些都可以沿用学校、机关单位、公司公示的相关文件材料,其他的可行性补充,包括已经承接的项目和完成的项目,比如"正在承担的与本项目相关的科研项目情况与完成国家自然科学基金项目情况"。

还要注意的是申请书书面形式,例如文字格式,排版时的行距,文献标注细微之处(例如要避免把标题放在一页的最后一行)要规范。一份精美的书面文字材料很容易获得评审人的印象分,尤其对于那些比较看重这一点的人。他会将这个书写态度与申请人的严谨学风联系在一起。因此,我们不必要在这个不太费劲(指文字编排)的事情上丢分。

总之,项目申请书是展开工程学与科学研究项目的第一步,要争取到工程项目的经费支持及其相关资源、相关部门的配套,然后再展开工程学的一系列的实践活动。项目申请书被批下来之后,得到了相应的经费支持,下面就是工程学的实践部分了。这里需要指出的是,工程学的实践部分(Practice)和中间的项目小结报告过程(Report),也就是中间的P和R的部分,是互相紧密交织在一起的,他们在整个工程学的过程中比重很大。在此首先讲项目实践。

5.2 Practice-进行

项目的实践包含技术和团队两大主要部分。技术的部分包含了工程学实践的一些基本方法,团队的部分涉及分工、时间和各类资源的配置和协调。

5.2.1 工程学技能

想成为一名优秀的工程人,一些基本的工程学方法技能是必不可少的,主要内容有:工程

---

① 四篇文献(更多请参见项目附件中的申请人简历部分)。

1 **Duan F L**, Hu M, Zou B, et al. An Easy Way of High-Temperature Monitoring of Turbine Blade Surface for Intelligent Propulsion Systems[C]//Joint Propulsion Conference. 2018.

2 **Franklin L. Duan**, Mingkai Hu, Yuzhen Lin, Jibao Li, and Xueqiang Cao. "A New High-Temperature Sensing Device by Making Use of TBC Thermistor for Intelligent Propulsion Systems", 2018 AIAA/IEEE Symposium.

3 **Franklin L. Duan.** "High Temperature Sensors for Intelligent Aero-Engine Applications", 33rd AIAA Aerodynamic Measurement Technology and Ground Testing Conference, AIAA AVIATION Forum 2017.

4 高均超,**段力**等. PDMS软模板制备与叶片曲表面软光刻工艺[J]. 微纳电子技术,2016,53(5):333-339.

Gao J, **Duan F L**, Yu C, et al. Electrical Insulation of Ceramic Thin Film on Metallic Aero-Engine Blade for High Temperature Sensor Applications[J]. Ceramics International, 2016(16): 19269-19275.

学的量、值、差、线，工程学的 DOE(design of experiment)，可靠性和质量。除此之外，还有其他的技巧和方法为工程学所用。比如，5W1H，28 定律、头脑风暴等(请参阅本书第 7 章工程学杂说，那里有更详细的叙述)。下面予以分别讲解。

1. 工程学的量、值、差、线

所谓“量”就是对自然界、物质世界的一种量度，自然界两个最基本的量就是时间和空间。比如说空间尺度的量度用“米”，此外还会有一些相应的细化：用千米来量度城市之间的距离、用米来量度人的高矮、用微米来量度集成电路内器件的大小。这些数字化的值的大小称为“数”“数量”里面有两个词，即是单位与个数的合称。

所谓“值”就是上面说的“数”，工程学的值包括真值与测量值，代表工程学的“理想”和“现实”。因为有了这两种“值”，就出现了“差”，有了一系列的误差分析法，而有效清晰的分析方法离不开把数据系统化，这就有了曲线图表，就是曲线，这些简称为“量值差线”。

(1) 量。比如 1 吨，1 是“数”，吨是“量”。比较细化的科学度量对应物理化学中各大门类，比如在物理学科中有六大物理类别：即电磁学、热力学、力学、波动学(声与光、微波等)、微观学(微纳、原子、量子等)与场论(引力场、电磁场)，简称“电热力波微场”六大门类。由此衍生出如表 5－1 所示的量度单位。表中列出了国际标准单位与对应的英制单位，这些不同的标准来自不同的文化背景与不同的历史变迁，比如说长度在国际单位中用米来量度，英制则是用英尺来量度。总的来说，国际单位有利于科学(科学记数法(scientific notation))，而英制单位(imperial standard)则便于生活，度量标准的本初都是为了生活和应用的方便。也有一些微妙的中西合璧，比如说英尺和中国的尺量度非常类似，因为早期的尺都是用来量度衣服和身高的；中国人讲一二三四，这个“四”就不用 IIII 了(四个横的重复)，罗马数为 Ⅰ Ⅱ Ⅲ Ⅳ，从四开始也不会用 IIII(四个 Ⅰ 的重复)，似乎都对应了中国人说的“道生一、一生二、二生三，三生万物[①]”。

表 5－1　物理学中的度量单位

	SI (metric) Unit 国际单位制	English Unit 英制
Length 长度	meter 米	foot 英尺
Mass (artifact)质量	kilogram 千克	lb 磅
Time 时间	second 秒	second 秒
Electric current 电流	ampere 安培	ampere 安培
Temperature 温度	开尔文	Rankine 华氏底
Luminous intensity	candela 坎德拉	candela 坎德拉
Amount of substance	mole 摩尔	mole 摩尔

(2) 值。工程学的值包括真值、测量值。真值即真实值，即在一定条件下被测量客观存在

① 取自《易经》。

的实际值①。真值通常是一个抽象量,比如理论真值、规定真值、相对真值。理论真值也称绝对真值,如三角形内角和为180度。约定真值也称规定真值,是一个接近真值的值。它与真值之差可忽略不计。比如0.01秒和0.011秒,这个差别对于人眼对动感的识别可以忽略不计(电影放映在一秒钟有24祯,所以人眼分辨不出电影胶片实际是不连续的)。实际测量中以在没有系统误差的情况下,足够多次的测量值之平均值就作为约定真值。相对真值是指当高一级标准器的指示值即为下一等级的真值,此真值被称为相对真值。真值是一个理想的概念,在一般情况下是无法得到的,所以我们在计算误差时,一般都用规定真值和相对真值来代替作为理论值。

测量值,顾名思义,是通过测量得到的数值。通过测量,我们将非量化的实物进行了量化。在得到多个数据之后,我们想要使测量值和真值相差小,还要进行一系列的处理,通常的处理方法包括为取平均值或是取中值。平均值和中值的区别在图5-3中可见一斑,总的来说,中值对应理想值对应测量的准确度(Accurate),平均值和理想值的关系则主要是精确度(Precise)。我们得到的值,既要准确又要精确,在图5-3中看到两者的区别和联系。准确但不精确的意思在于,平均值非常接近标准值,但是离散性比较大,也就是方差比较大;精确但不准确的含义在于方差很小,但平均值远远偏离标准值。举个例子说,一个货物的标准重量是5 kg,做了三次测量,第一次的测量值是1 kg,1.5 kg,10 kg,它的平均值接近标准值,但误差差别比较大,这就是准确但不精确;第二次的测量值是1 kg,1.5 kg,1.1 kg,它的平均值偏离标准值,但是它的方差很小,这就是精确但不准确。

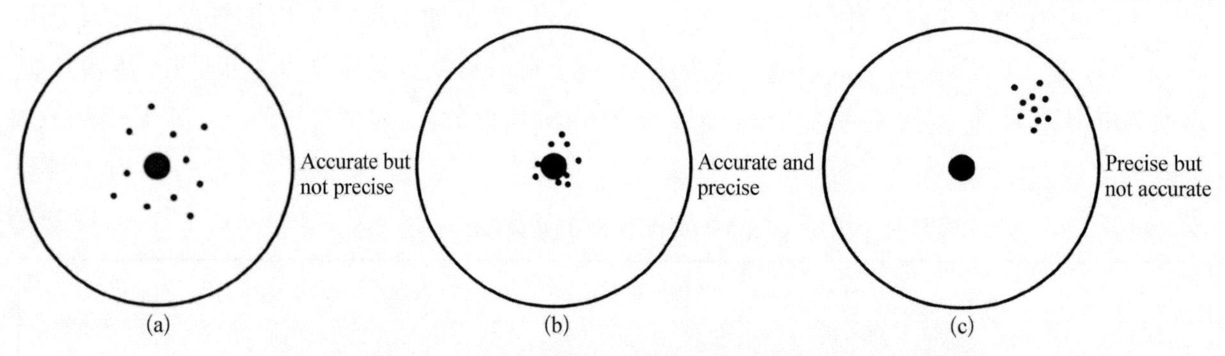

图5-3 准确(accurate)与精确(precise)的关系,中间的黑点代表理想

(a) 准确但不精确 (b) 精确但不准确 (c) 既不准确也不精确。

(3) 差。这里的"差"就是误差,指的是测量值与真值的差别,误差的分类有以下两种:一是相对误差与绝对误差;二是随机误差与系统误差。

相对误差与绝对误差是指测量结果 x 减去被测量约定真值$\bar{x}$,所得的误差 Δx 即为绝对误差。将绝对误差 Δx 除以约定真值$\bar{x}$ 之比乘以100%所得的数值,以百分数表示,即为相对误差。

---

① 百度百科关键词:真值 http://baike.baidu.com/

$$x = \bar{x} + \Delta x$$

$$\delta = \frac{\Delta x}{\bar{x}} \times 100\%$$

两种误差形式的表达各有其特点，根据具体的场合选用从而说明和突出问题的重点。例如用千分尺测量两个物体的长度分别是10.00 mm和0.10 mm，两次测量的绝对误差都是0.01 mm。从绝对误差来看，对两次测量的评价是相同的，但是前者的相对误差为0.1%，后者则为10%，后者的相对误差是前者的一百倍。而相对误差在这里比较“打眼球”，更能反映测量的可信程度。

再比如富人税①。2012年10月，法国政府考虑在2013年开始征收高达75%的富人税，对2013年至2014年间年收入超过100万欧元的企业员工征收50%以上的税款。这里的75%和50%都是相对误差。虽然这个比例看起来偏大，其实法国政府的这项规定并没有过多影响富人的绝对消费。因为富人的绝对收入还是比常人要多得多，而货物的普遍的价格又是一个绝对数目，所以富人和穷人收入的绝对误差还是很大，生活的消费额度比常人还是高出很多的。所以法国政府的这项策略是用“绝对误差”来和富人“讲道理”，说明虽然相对误差较大、但是对富人的消费能力影响并不大。

此外，相对误差更加着重于用户体验，而绝对误差更主要的是针对测量仪器的测量精度。绝对误差不仅指明误差大小，又指明其正负方向，以同一单位量纲反映测量结果偏离真值大小的值。

随机误差与系统误差，即random errors与systematic errors，它们的区别在于random errors是无规律的（如室温、相对湿度和气压等环境条件的不稳定），可以通过加大测量样本数来减小random errors，如样本大到与总体一样，random error则等于0，即所有随机误差正负互相抵消。systematic errors源于测量工具的问题（如一台磅秤永远短斤缺两）、研究人员的问题（如某人读秤永远看歪了）等造成，测量数据永远往一个方向偏差（故名“systematic errors”），样本再大都无法解决。系统误差可以通过多种测量工具的平均及其多种研究人员的平均得到适当的纠正。随机误差的平均值接近于真值，而系统误差的平均值可能会偏离真值。

误差评价常常使用均方差，其定义为在$i=1,2,3,\cdots,n$次测量中，各数据偏离平均数的距离的加方平均，用σ表示

$$\sigma = \frac{\sqrt{\sum_{i=1}^{n}(x_i - \bar{x})^2}}{n}$$

均方差规避了绝对误差项平均后正负抵消的弊端而只取误差值正量并进行平均，从而反映了一个数据集的离散程度。均方差对一组测量中的特大或特小误差反应非常敏感，所以能够很好地反映出测量的精密度。这正是均方差在工程测量中广泛被采用的原因。比如两组

① 富人税指法国政府向高收入人群加收个人所得税。

样本：

第一组有以下三个样本：3,4,5

第二组有以下三个样本：2,4,6

这两组的平均值都是4，均方差为$\sqrt{\frac{2}{3}}$和$2\sqrt{\frac{2}{3}}$，第一组的三个数值相对更靠近平均值，也就是离散程度小，均方差偏小。光从两组数的平均值和平均误差来看都一样，体现不出测量质量的差异。这就是均方差的物理含义。

误差分析方法。图5-4图示了集成电路工艺中氧化层的厚度测量误差，测量值被紧密的控制在标准值(CL＝center level)的范围内，并且尽大程度的远离容许的范围边界(USL和LSL，Upper and Lower Spec Limit)。

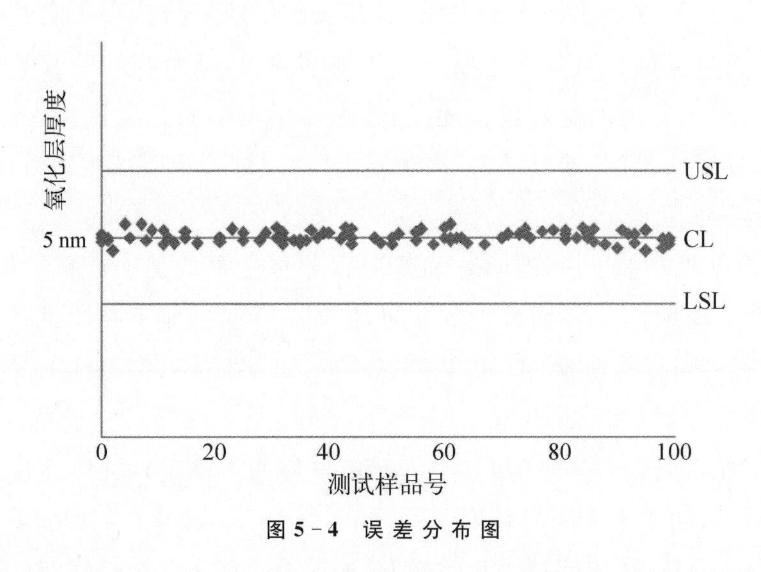

图5-4 误差分布图

对于满足统计学上正态分布(高斯分布)的随机误差，常常采用方差"σ"描述总体中的个体偏离均值的程度。很多源自不均匀的自然量测量误差都符合正态分布，如图5-4中的集成电路工程中的氧化层厚度测量，光刻线条的宽度、薄膜淀积与刻蚀的精度等，测量点的误差遵从高斯分布，即正态分布。正态分布的概率密度函数曲线呈钟形，因此人们又经常称之为"钟形曲线"，如图5-5所示。

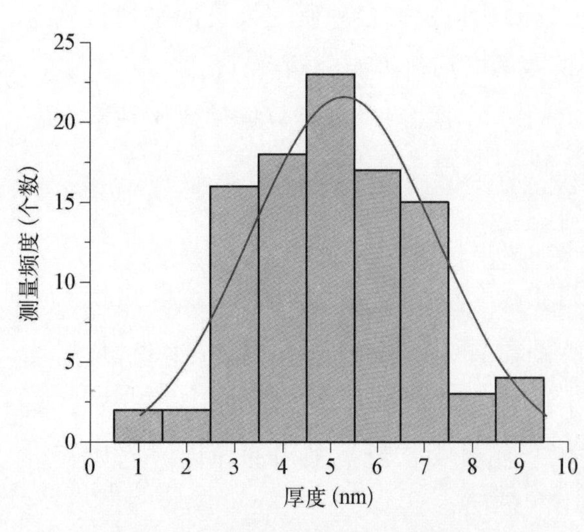

图5-5 测量数据遵从高斯分布的例子

6σ和Cpk。作为产品制造的质量控制，常常采用6σ的管理技术，也就是一种低误差的生产技术。正态分布的特点如图5-6所示，测量值的中心在u，而接近u值的68.2%测量点都处于－1σ～＋1σ之内，而对于测量值在标准值

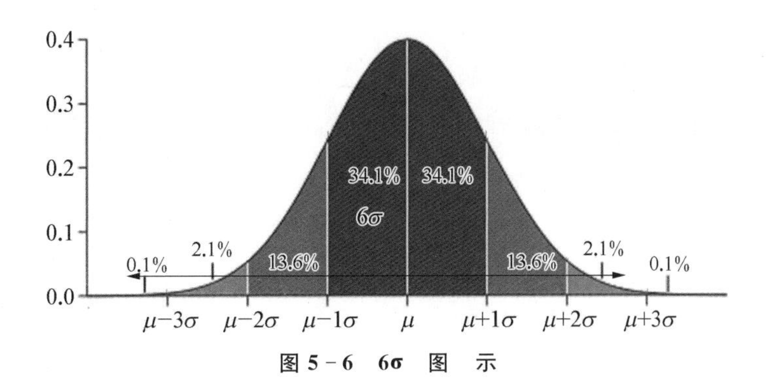

图5-6　6σ　图　示

6σ之外存在的概率只有0.27%。具体地讲，产品质量达到6σ意味着每100万件只有3.4件是次品。一个企业要想达到6σ标准，那么它的出错率不能超过百万分之3.4。

在工程领域中，常常引入Cpk的概念，Cpk是“Process Capability Index”的缩写，是现代企业用于表示质量能力的指标，即某个工程在一定时间里可控状态(稳定状态)下的实际加工或测量能力。它是执行过程中固有的操纵能力，这里所指的执行过程，是指操作者与机器、环境与工艺方法等基本因素综合作用的过程，产品质量就是工序中的各个质量因素所起作用的综合表现。工序能力越高，则产品质量特性值的分散就会越小；工序能力越低，则产品质量特性值的分散就会越大。Cpk是过程性能的允许最大变化范围SL(Spec Limit)与过程的正常偏差σ的比值，Cpk的大小代表了σ和SL的关系。如图5-7所示为Cpk的诠释，Cpk的值越高代表质量控制能力越强，代表绝大部分的成品率在产品容许的容差范围之内。Cpk=2对应的质量控制能力就是在10亿(10^9)的测量当中只有两次是偏离标准值的精准概率。图中也相应对应PPM数(Part Per Million)，也就是一百万之中有多少缺陷的意思。

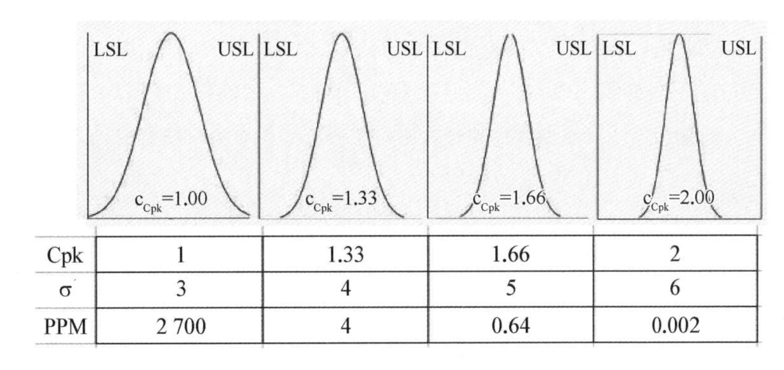

Cpk	1	1.33	1.66	2
σ	3	4	5	6
PPM	2 700	4	0.64	0.002

图5-7　有关Cpk的诠释

注：USL(Upper Spec Limit)和LSL(Lower Spec Limit)代表上下限，当Cpk=1时，钟形曲线的半高宽为3σ，以此类推。PPM代表Part Per Million。

(4) 线是指科学与工程曲线。有研究表明，大脑处理视觉内容的速度比文字内容快60 000倍，因而好的图能够让读者更容易理解你所要表达的内容。Origin和Excel是最为流行的绘图软件，通常来说，使用Excel进行数据处理，使用Origin进行绘图。虽然Origin也能处理数据，但是相比之下，Excel处理数据更好操作，而且一般人对Excel更熟悉。在绘图时用Excel把数据处理好，然后再将处理好的数据导入或者复制到 Origin 中进行绘图。此间要学会使用模板，这主要是为了提高画图的效率以及能保证多张同类型图的一致性，保证不同图之间的配色、字体、线型等一致，Origin 的模板功能就可以解决这一问题，只需将调整好的图表格式保存为模板，然后在画其他图时调用这一模板就可以了。模板的使用方法请自行百度[①]。

科学论文图表的制作原则主要是规范、简单、美观和专业，清楚地表达自己的数据信息。如图 5-8 所示，主要有两点：一是图表布局，图中的文字大小颜色、线条类型及颜色、标识、图表类型等元素的选择标准是要尽量让读者容易看清楚，这需要根据数据及图的大小来设计字号、线型、颜色、标识等，图中的内容要清晰可见。二是数据本身的问题，如果一张论文图表包含数据信息太多，过多的信息（尤其是包含与你要说明问题的不太相关的数据信息）很难让读者在短时间内（这点在 PPT 中尤其明显）理解自己所要表达的数据信息。图 5-8(a)就是一个反例：一是字号太小，看不清；二是数据量太大；三是不同组的数据不易区分。比较起来，图 5-8(b)就更容易让读者理解。

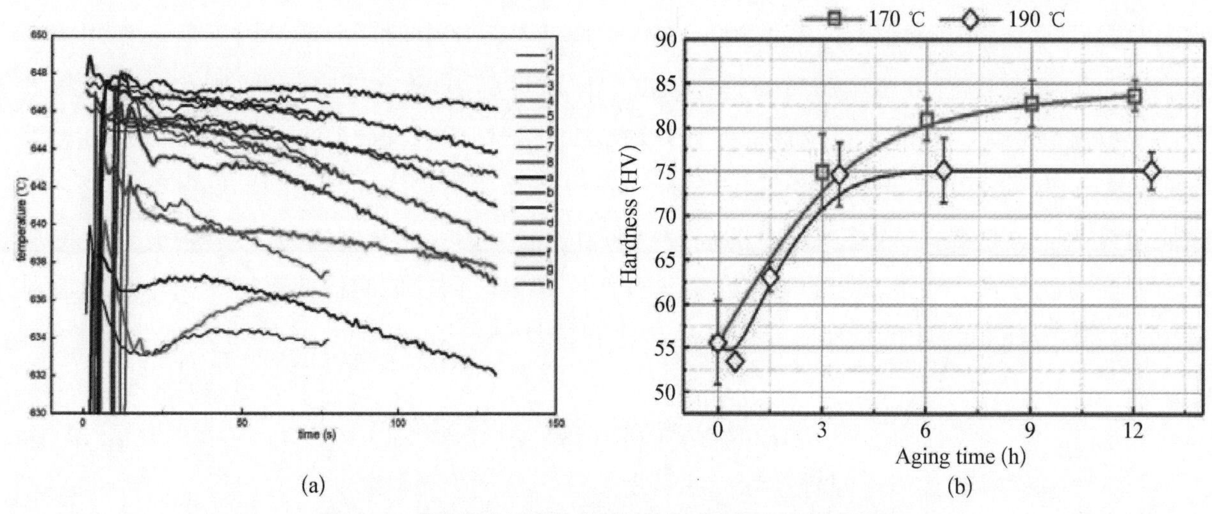

(a) (b)

图 5-8 科技曲线的比较右图是符合出版标准的科技曲线

画一条漂亮的曲线是工程学中必不可少的一项技巧。如图 5-9 所示，包含了 Inputs（温度（横轴 T）、材料厚度（图例）），及其 Output（电流密度（纵轴 J））。工程曲线要符合出版规则，图例、坐标轴及其相应的文字大小格式都要做到可视性和一致性，要符合基本的美感要求。用 PPT 讲解曲线时应该把曲线的几个基本部分介绍清楚（X，Y 刻度与单位）。一条标准的科学曲线应该包含如下内容，X 轴、Y 轴、刻度与单位，曲线与点（形状、颜色），及其图例说明。科学与工程的曲线要尽量做到“自圆其说”，也就是仅凭图与曲线本身就可以说明它自身的含义。曲线里的横轴 X 代表改变实验的温度，这是一个连续的变量，T 代表不同的材料厚度，这是一个不连续的变量；纵轴 Y 代表随之而来的电流密度的变化，是 IPO 的 O。这三组曲线的变化规律，则反映了实验里面的物理过程和物理规则。工程学曲线要表征的内容实际上就是前边工

① https://jingyan.baidu.com/article/ac6a9a5e10f25f2b643eac57.html.

程学的 3，即 IPO 的内容：曲线的 X 轴代表 I，Y 轴代表 O，中间的变量参数代表 P。所以从一个工程学的曲线中可以看到一个工程学实践项目的实验思路及其实验结果。难怪有人说，刊物的编辑们审稿的时候，第一先看的是标题，然后是摘要，第三要看的就是图和曲线，曲线＝实验设计＝IPO。如何规划这些自变量 Inputs 和如何实现 Output 的测量，则构成了这项工程的 DOE(Design of Experiment)，体现了科技论文的重点内容，比起文字而言，更能率先抓住编辑们的眼球，借此可以看出你的工作思路和路径是什么，基本结果如何。

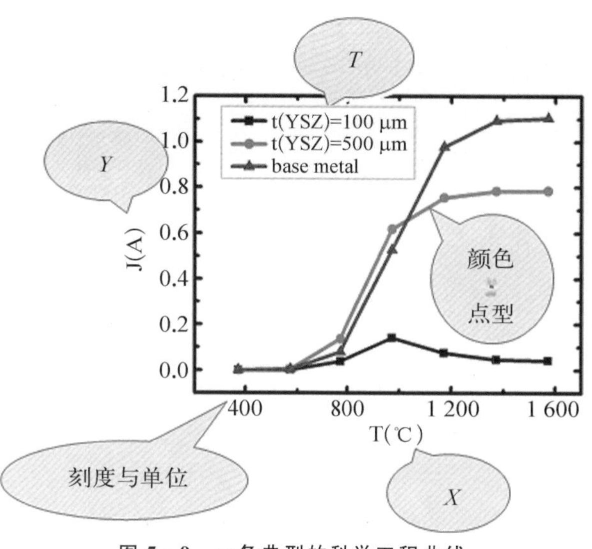

图 5-9　一条典型的科学工程曲线

下面讲一下曲线规范、曲线拟合、内插与外推。

画曲线的规范。除了要表现内容以外，科技曲线该满足基本的出版规范。图 5-10 图示了一条标准的科技曲线，作为对比，图 5-10(a)是一条不太规范的科技曲线，请读者试着比较它们之间的细微差别。这些细小的差别在于图内的线型与符号、数字与文字比例搭配是否适当，整体构图是否美观等，总的原则是要求图示的文字和图形必须清晰可辨认。这里面需要说明的是电脑上看到的文字大小与打印出来的文字大小，感觉是不太一样的，最好的方式就是在文章写好之后打印一份，仔细观看一下纸质版本就可以有所体会了。还有需要注意的是在整篇的文章之中曲线的规范需要一致，也就是整篇文章当中各条曲线的线型与符号、数字、文字需要有统一，看上去比较整洁。

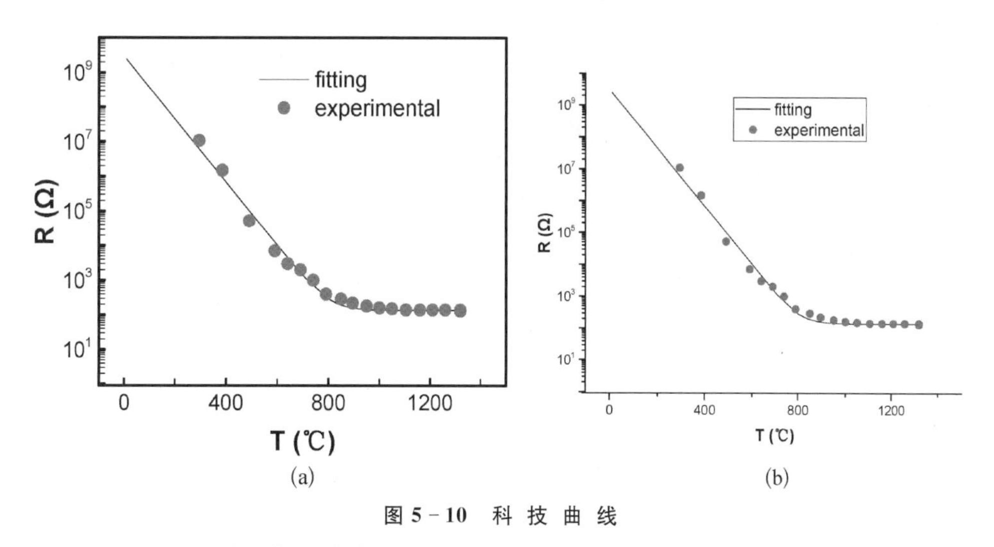

图 5-10　科技曲线

(a) 比较规范的科技曲线　(b) 不规范的科技曲线，主要的缺点是字体太小

对科技曲线细节的体会及其训练最有效的方法就是“照葫芦画瓢”。从《工程导学》教学的经验上看，要经过几个回合的练习，才能画出真正符合出版规范的科学曲线，具体练习请参考

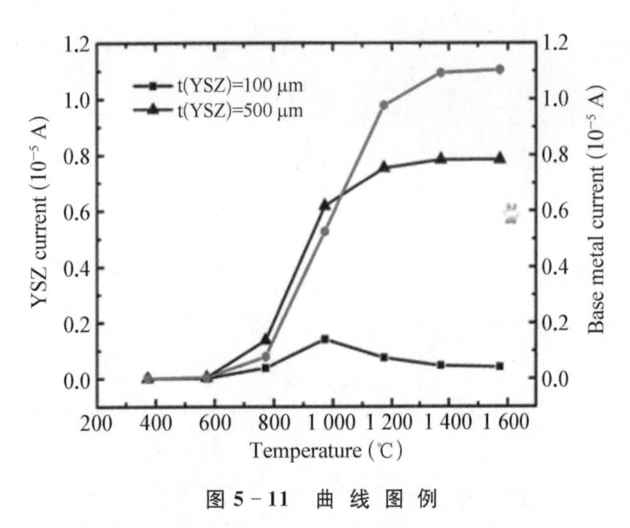

图 5-11　曲 线 图 例

附录中的相关范例。

科技曲线的最终目的是为了使文章更清楚、更明白，所以除了有相应的图下说明，在正文中还要对此曲线的含义做相关的讨论。例如对应图 5-11 文章内有如下描述与讨论。

This is proven in Fig. 5-11, where we do observe an increased substrate metal conduction current together with a falling YSZ conduction current when the ceramic film is thin (100μm) after 1000℃. This interesting phenomenon only occurs in our metal/ceramic/metal sandwich structures where electrons choose their preferred path to flow, either horizontal or vertical, depending on which way is easier. ①

对于双变量协同曲线，也可以采用 3D 曲线来表达，如图 5-12 所示，曲线中可以看出电流密度在厚度和温度同时增加的时候变得最大并且趋于饱和。

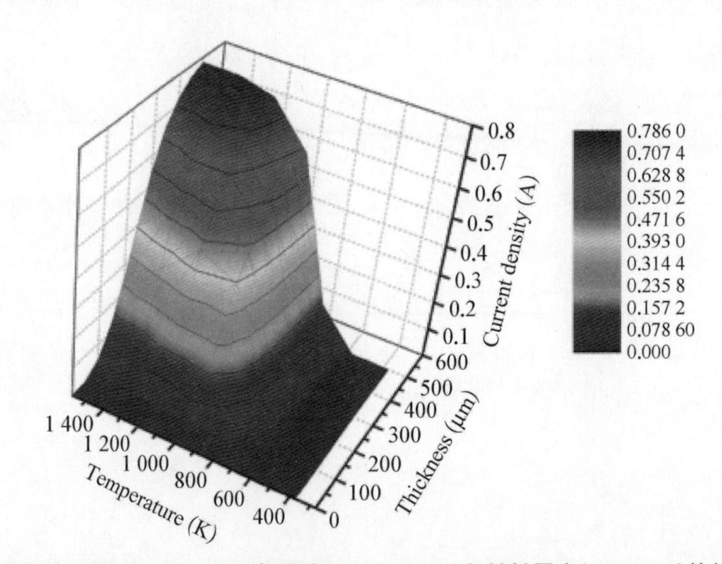

图 5-12　电流密度(current density)与温度(temperature)和材料厚度(thickness)的综合应变曲线

曲线的拟合和回归。曲线拟合指的是对一些数据按其规律方程化，就是对测试数据来求取近似函数 $y=f(x)$。式中 x 为输入量，y 为被测物理量。常用的函数为线性函数、二次函数、指数函数与对数函数，或者是以上几种函数的复合。比较有效的曲线拟合方法是先画出被测量的物理量和 x 的关系，然后根据这个曲线的大概走向，确定哪一类的曲线模型和这个走向

① Gao J, Duan F L, Yu C, et al. Electrical Insulation of Ceramic Thin Film on Metallic Aero-Engine Blade for High Temperature Sensor Applications[J]. Ceramics International, 2016.

比较类似。比如图 5－12 的曲线拟合，就是指数函数和线性函数的组合，因为当温度达到一定程度的时候电阻值达到饱和，而在温度较低的时候，电阻和温度成指数变化关系。所以，拟合函数满足

$$R = a + bt + ce^{-kt}$$

其中 a、b、c、k 是拟合常数。而确定曲线拟合的常数，和确立最佳拟合的曲线的常用方法是基于最小二乘法（Least squares），是使求得的数据与实际数据之间误差的平方和为最小。如图 5－12 的线性回归所示和下面的均方差方程所示

$$\min \quad \sigma \sum_{i=1}^{m} \delta_1^2 = \sum_{i=1}^{m} (\varphi(x_1) - y_1)^2$$

按偏差平方和最小的原则选取拟合曲线的最佳参数，最小二乘法曲线拟合根据给定的 m 个点确定拟合的曲线方程，但并不要求这条曲线精确地经过这些点，而在于这这条拟合曲线与这些离散点的平均距离最近（见图 5－13）。这是一个线性拟合的例子，拟合的目的在于使这些误差的小方块儿面积的总和最小。最小二乘法已经被成熟的应用在各类商用的软件之中，比如 Excel、Origin 等等。最小二乘法的关键在于选对数学和物理模型，也就是说，数学模拟曲线的基本走向和测量数据点的趋势基本一致，而软件工具的作用在于优化拟合的最佳参数，从而得到误差最小的拟合方程。

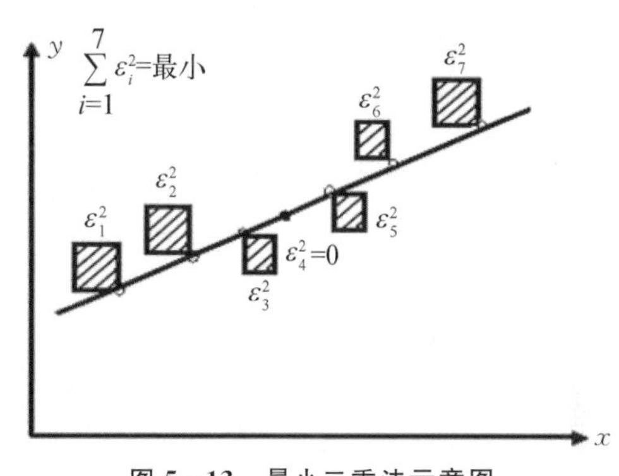

图 5－13　最小二乘法示意图

曲线拟合的作用：内插和外推。曲线拟合的作用不仅在于选对适合的物理和数学模型，而且在于数据预测，这种预测有两类，内插和外推（见图 5－14 和图 5－15）直线内插法（y 值等于 10）与曲线拟合（抛物线拟合（y 值等于 9））的差异，有接近 10％的误差。

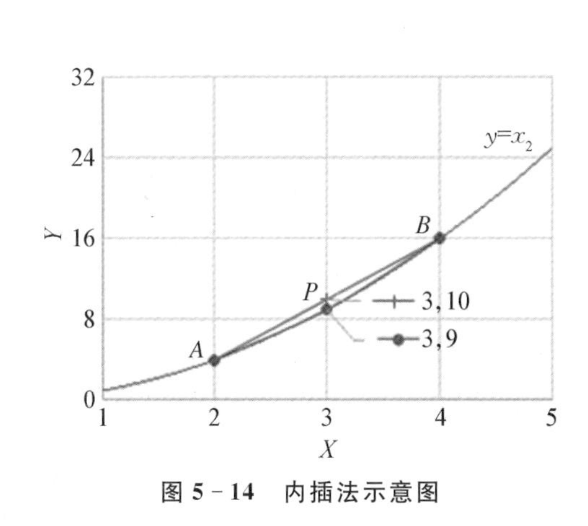

图 5－14　内插法示意图

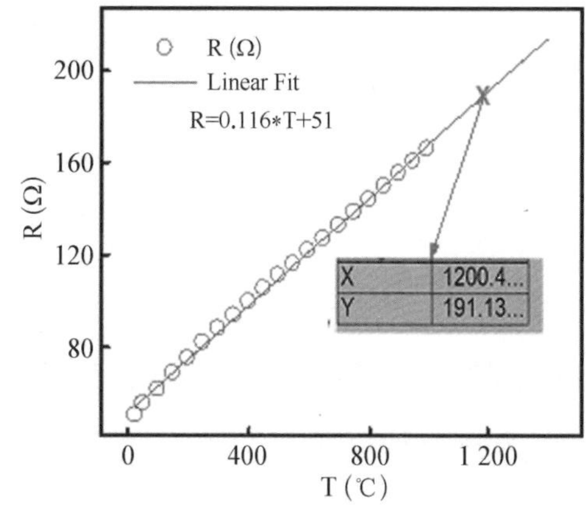

图 5－15　外推法估算高温情况下的电阻值

内插法也称为插值法，是用拟合函数的 X 值和与它对应的函数值来求其他值的近似计算

方法，在缺乏拟合函数的情况下，常常用直线的方式来近似，即“直线插入法”。其原理是：若 $A(i_1,b_1)$，$B(i_2,b_2)$ 为两点，则点 $P(i,b)$ 在上述两点确定的直线上。而工程上常用的为 i 在 i_1，i_2 之间，从而 P 在点 A、B 之间，故称“直线内插法”。而使用拟合函数的值可以提高数据点预测的精度，如图 5－14 所示，拟合曲线与直线内插法存在一定的差异，这个差异随着 A，B 两点之间的距离会变小，也就是说在比较密集的两个点之间使用直线内插法的精度才会比较高。在可能的情形下应该采用曲线拟合的方法进行数据预测，方法是在可能的情况下尽量取更多的数据点，并通过这些数据点进行数据函数拟合。通过拟合函数得到的内插值，精度才会比较高。

外推法(Extrapolation)是曲线拟合的另外一种用途，外推的方式如图 5－15 所示，外推法是根据过去和现在的发展趋势推断未来的一类方法的总称，用于科技、经济和社会发展的预测。外推法的理论依据在于过去和现在的已经发生的事实和数据有内在的物理定律和构成规律，而这些物理规律也将左右未来发生的事件和预估将来产生的数据形态。用拟合曲线进行外推预测的准确程度取决于所拟合模型的拟合优度，最小二乘法以其所拟合模型的预测标准误差最小的优势，使其拟合的曲线成为趋势外推一个有效工具。图 5－15 是一个利用外推法来预估热电阻的例子，受限于实验室的实验条件，我们的实验室数据只能测到 900 度，所测得的数据满足很好的线性回归，由此，我们可以根据曲线的外推法预测 1 200℃的电阻率。

2. 工程学的 DOE

DOE(Design of Experiment)方法，是一种有效安排实验操作的方法，是研究与处理多因素试验的一种科学方法，即设计最佳的实验输入参数的组合对试验进行合理安排，通过较少次数的试验得出优化的结论，达到减少质量波动、提高产品质量水准、大大缩短新产品试验周期的工程学目的。试验设计源于 1920 年代研究育种的科学家 Dr. Fisher 的研究，而使 DOE 在工业界得以普及与推广的是日本科学家 Dr. Taguchi(田口玄一博士)[①]。实施 DOE 可以用相关软件达成，比如 JMP 软件[②]，就能为用户提供强大、易用的功能，用以进行高效的设计和分析。

下边举个日常生活中的爆米花的例子来诠释 DOE 的魅力[③]。我们基于 JMP 来寻找使用微波炉加工一包爆玉米花的最佳工艺参数，即研究那种工艺条件(如参数，火力、时间和玉米品种)会爆开最多的可口的玉米粒数。

首先要确认爆米花制作输入变量 I(input)，即工艺条件和参数，火力、时间和玉米品种。然后我们确定重要因子的合理范围，加工爆玉米花的时间(介于 3～5 分钟之间)，微波炉使用的火力(介于 5～10 档之间)，使用的玉米品牌(A 或 B)。选择 IPO 的 O，输出参数为玉米的“爆开个数”。根据这三个输入参量 I 选定相应的档次，然后利用 JMP 软件设计出 16 次对应的实验。这里 DOE 的体现是这 16 次试验是精心策划过的有系统的实验，是对这三个输入变量联

① Genichi Taguchi，https://en.wikipedia.org/wiki/Genichi_Taguchi.

② JMP 统计发现工具软件 https://www.jmp.com/

③ https://wenku.baidu.com/view/7c9b52fea0116c175f0e48b0.html.

合实验的最佳组合。根据设计方案加工爆玉米花并计算每包中爆开的玉米粒的数量。最后，保存结果至数据表。实验的设计方案及对应的结果如图 5-16 所示。

	品牌	时间	火力	爆开个数
1	B	3	7	20
2	B	5	5	150
3	B	5	8	374
4	A	5	8	370
5	B	4	7.5	340
6	A	3	10	400
7	B	3	10	350
8	A	5	5	250
9	A	4	9	370
10	B	3	7	30
11	A	3	7	120
12	B	5	5	120
13	A	4	6	170
14	B	5	8	420
15	A	5	6.5	440
16	A	3	8.5	370

图 5-16　利用 JMP 软件根据输入参数及其变化范围所设计实验计划得出实验结果

然后我们使用 JMP 软件中的“预测刻画器”分析因子组合的变化如何影响爆开玉米粒的个数(图 5-17)。预测刻画器显示了每个因子对响应的预测轨迹，移动红色虚线，便能查看更改因子值对响应产生的影响。例如，单击“时间”图中的红线并左右拖动，当“时间”值从 3 转移至 5 时，“爆开个数”也在发生相应的变化。同时，随着时间的增加和减少，时间和火力预测轨迹的斜率也随之改变，表明确实存在时间和火力的交互效应。最后通过“预测刻画器”寻找出最优设置，即最合意的设置。我们根据试验分析结果而推荐的方法是：使用 A 品牌，加工 5 分钟，并将火力调为 6.96 级。试验预测在此种设置下加工，玉米粒 445 个以上都爆开了。

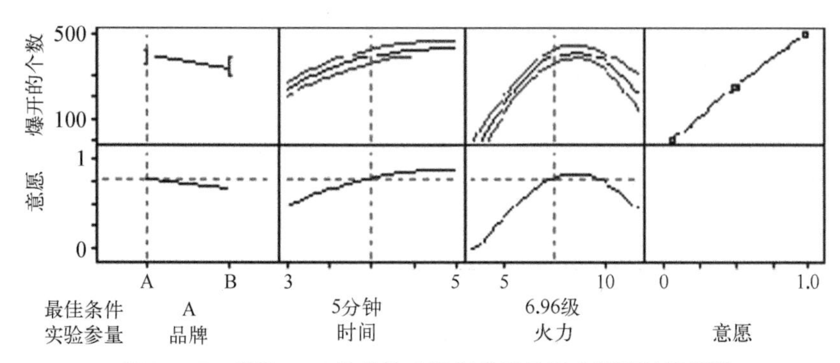

图 5-17　利用 JMP 软件构建数据模型并形成“预测刻画器”

类似这种爆玉米花的多因子与响应变量关系的例子在我们日常的工程学实践中也是非常常见的，可以将遇到的问题抽象成一个 DOE 模型，然后借助 JMP 这样的专业统计分析软件设计最佳的实验设计方案。通过合理地挑选试验条件、安排试验、并通过对试验数据的分析，从而找出总体最优的改进方案。

3. 质量和可靠性

质量(quality)和可靠性(reliability)是两个不同的概念。质量是“时间零”时的故障率。换言之,一个客户在收到产品,或者很短的试用期内就发现坏掉了,这个就属于质量(quality)的问题。而可靠性通常指的是随着使用时间的推移而出现的故障率,一个客户在收到产品使用一段时间后才坏掉了,这个就是可靠性的问题。衡量质量的故障率以 DPM(百万分之缺陷)或 PPM(百万分之一)来衡量,而度量可靠性常用 FITS(Failures In Time per billion device hours 每十亿设备小时数的失败的时间),换言之,测量的件数越多,可靠性出现错误的概率越高。

(1) 如何提高质量?有直接法和间接法两种。

直接方法就是“先做好自己”。即提高企业内部产品制程的质量控制,也就是常用的 6 sigma 质量控制法,提升 Cpk(请参照前边的章节)。Cpk,即“Process Capability Index”越高,处于控制状态(稳定状态)下的实际加工能力,工序保证质量的能力越强。这里所指的工序,是指操作者、机器、原材料、工艺方法和生产环境等五个基本质量因素综合作用的过程,也就是产品质量的生产过程。产品质量就是工序中的各个质量因素所起作用的综合表现。对于任何生产过程,产品质量总是分散地存在着。若工序能力越高,则产品质量特性值的分散就会越小;若工序能力越低,则产品质量特性值的分散就会越大。

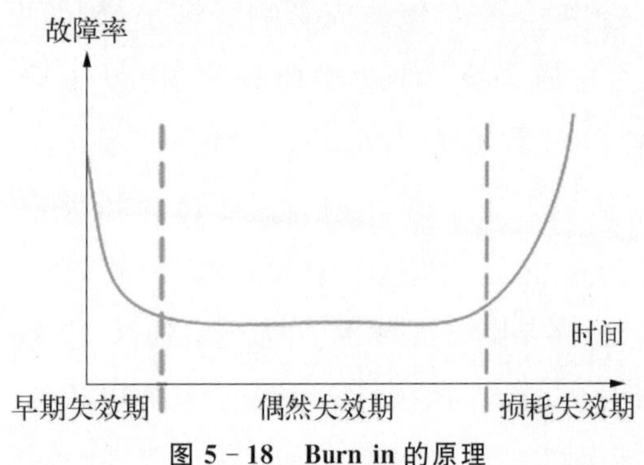

图 5-18 Burn in 的原理

间接方法就是“避开失败”。提高质量还有一种常用的技术,就是利用加速实验(Burn in)过滤一些不合格的产品,避免这些易坏的产品先漏到用户手中。如图 5-18 所示,其中偶然失效期的时间(往往以年为单位)远远大于早期失效期与此号失效期(往往是以天为单位)的时间。这个加速实验的依据是以下的浴盆曲线(Bathtub curve,也称失效率曲线),是指产品从投入到报废的整个寿命周期内,如果取产品的失效率作为产品的可靠性特征值,它是以使用时间为横坐标,以失效率为纵坐标的一条曲线。因该曲线两头高,中间低,有些像浴缸,所以称为“浴缸曲线”。曲线的形状呈两头高,中间低,具有明显的阶段性,可划分为三个阶段:缺陷失效期,偶然故障期,本征失效期,而通常两头的缺陷失效期和本征失效期比偶然故障期要短得多。这个加速过程将迫使某些由制作缺陷产生的故障在产品出厂之前提前发生,从而降低产品在用户手中出现失败的概率,从而间接地“提高”了产品的质量。

(2) 可靠性。讲过了质量,再讲一下可靠性。可靠性的定义是:元件、产品或系统在一定时间或者一段旅程(如汽车的公里数)内,在一定工作条件下,无故障地执行指定功能的能力或可能性。为便于记忆,图 5-19 显示了可靠性(reliability)的四大要点:

- 可靠性是指故障的可能性或出现概率,其倒数为平均故障时间即产品使用的寿命;
- 可靠性的量度条件 1:功能参数要达到的标准;
- 可靠性的量度条件 2:可靠性的量度与时间(或者工作距离)的长短;

- 可靠性的量度条件3：工作条件苛刻程度。

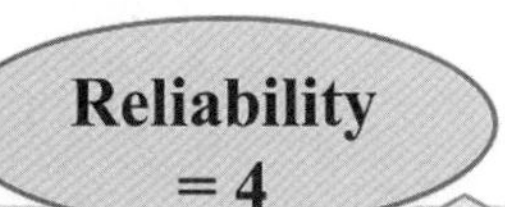

图5-19　可靠性的4个要素

可靠性的量度三个条件缺一不可。比如说一个晶体管，在1 V和2 V的偏压之下它的可靠性是不同的：1 V偏压之下的寿命要长一些，可靠性要高一些(这里指的就是工作条件)；而功能参数的标准指的是晶体管目前的导通电流值不能低于初始值的10%，因为电流的降低意味着整个系统功能的降低；而这里面的时间或者寿命，指的是晶体管的导通电流会随着使用的时间下降，那么导通电流值不低于初始值10%的多长呢？显然，这个年限越高，可靠性就越高。

虽然不可靠出现的概率很低，但是可靠性对企业具有非常重要的意义，主要表现在以下四个方面。

一是公司的声誉和名誉。这个是显而易见的理由，不可靠的产品会给公司带来不利的口碑，也是公司内部管理不善的一个体现。

二是产品的质量对于整个产业链的影响。比如计算机的整机是各个组件装配的一个综合结果，如果其中的微处理器出现了质量的问题，整个的计算机都会产生质量问题，作为计算机的使用用户只会找计算机的整机厂家算账，但实际上真正的始作俑者是生产微处理机的厂家。欠人情的滋味不好受，各个组件的可靠性的问题牵扯到一个责任链的问题。

三是人的心理效应，人们常常对于失败的印象更深。这是人的基本的心理学规律：一个人做十件事，有九件好事一件坏事，这一件坏事可能平衡掉前面做的九件好事，所以应该全力避免出错。

四是厂家之间的竞争因素。客户在讨价还价的时候，往往会援用第三方的可靠性数据作为谈判的筹码。在多个供应商的竞争的环境下，与同行之间的质量和可靠性的PK是一个非常重要的因素。

通常正规的公司都有专属的质量与可靠性部门，他们直接报告给公司的上层建筑。可靠性部门是生产部门的制约机关，他们是专门找设计与生产部门的弱点与软肋的，是提出质疑和“找茬”的单位。尽管“不喜欢和不情愿”，设计和生产部门必须针对产品和用户反映的质量和可靠性的问题予以足够的重视和应对，这也是公司的上层从宏观考虑必须要提出的要求。所以质量和可靠性的问题牵涉到整个产业链条上的所有的工程人，包括产品失效分析和质量工程人,也包括设计与生产设备各个部门的工程人。

可靠性估算方法——加速失效实验。公司提高可靠性的前提是建立在对可靠性的预估之上。可靠性的估算方式,即可靠性测试称为加速寿命测试(Accelerated Life Test),加速的原因是显而易见的,比如一个产品的寿命是10年,我们不可能将一个产品在10年之后才投放市场,所以必须加速它的失效过程。同时一个产品的寿命也不可能短到几天或是1个月。加速实验的科学原理在于高温、高压、高速等超载荷环境会加速器件失效,但是加速试验也有一个理论前提是加速试验与正常运行的失效机理和模型一致。比如由于热电子注入引起的MOSFET器件源漏电流降低,其机理是热电子注入表面SiO_2层。加大电压会加速这个注入效应,从而加速器件的老化,这种加速法是合理的。但是,如果电压过大,造成了MOSFET的雪崩导通,这种加速的失效机理和以上的热电子注入是不同的,因此这种加速法是不合理的。通常,在加速试验之前,需要进行一系列测量来确定加速方法成立的上限,比如在上例中,电压最大可以加到几伏,温度是多少,等等。

关于可靠性的另一项重要领域就是对于失效机制的研究,这是对可靠性进行评估的理论依据,也有助于建立对于可靠性评估的和失效模型。例如,对于场效应晶体管失效机制主要有三大类:与时间相关电介质击穿,直接关系到栅氧化层可靠性,HCI热电子注入直接关系到n型场效应晶体管的器件性能,NBTI负偏压温度不稳定性直接关系到p型场效应晶体管的器件稳定性。这些失效机制都对应了相应的理论模型和公式,有利于建立失效模型,从而对各自产生的失效机制与可靠性作出预估。

提高可靠性,可分为直接与间接两种。直接的方式和提高质量的思路是类似的,就是“做好自己”。而间接方式则包含根据市场需要调整标准和利用冗余技术。

由于提高可靠性的代价直接关系到提高生产成本,比如说集成电路芯片的生产,如果芯片的,可靠性,寿命是十年,那么可能良率只有30%,如果把可靠性的寿命降低为三年,良率可能升至为70%,也就是说可靠性越高,生产成本越高,所以必须在可靠性与生产成本之间取一个平衡点。所以利用提高生产来提高可靠性的代价比较高,虽然意义很大,但是也不一定划算。

另外一个人提高可靠性的一个间接方法,就是利用冗余与容错的技术。冗余(Redundancy)通常指通过多重备份来增加系统的可靠性,容错(Fault Tolerant,FT)则是利用冗余硬件交叉检测操作结果,如果发现失效元器件,就启用替代硬件。比如现代的存储器技术某一列的存储单元出现问题,可以用冗余的存储系列来代替,并且启用适当的算法激活。集成电路的芯片系统是由上亿个元件组成的,其中如果有一个元器件产生问题,整个的芯片都会有问题,而同时出现两个器件的问题的概率会小很多,所以使用替代元件会大大增加产品的成功率。现在的优盘存储器的价格降低了很多,原因之一就是成功地引入了冗余与容错的技术从而低成本的、大大降低了产品的失败概率。

5.2.2 团队的意义

1. 团队的意义和基本规则

引用乔布斯讲过的关于团队一段话,在这段话中,他讲透了团队的重要性与重要意义,即团队成员的相互配合，协同工作(teamwork)。

> The second thing, is, you gotta be a really good talent scout. Because no matter how smart you are, you need a team of great people, and you gotta figure out how to size up people fairly quickly how to make decisions without knowing people too well. And hire them and you know, see how they do and refine your intuition. And be able to help to build an organization that can eventually just build itself, because you need great people around you.
>
> —Steve Jobs

乔布斯认为，不管你有多聪明，你都需要一个伟大的团队，在创业开始，你必须就快速学会组建一个团队：如何在不太了解别人的情况下信任他们、依靠他们，如何形成一个团队自建系统，依靠自建机制把整个系统扩大成更大的团队。

乔布斯的这一段即兴发言[①]很是精彩，把团队的作用和组建规则讲得非常深刻。考虑到翻译会损失原意与韵味，但所以还是引用了他的全文来供大家体会。

团队是为了一个共同的目标，将几个相关人员的IQ+EQ组织起来的一个有机体，既然是有机体，就有一个1+1>2的增值效果，也就是要根据项目的性质和个人的特点做有机的组合和有机的配合，就好像一个足球队，有的人速度快适合做前锋，有的人反应快适合做守门员，但是目标只有一个，就是有效的赢球。一个正确的团队需要有使命感、价值观和共同的目标[②]。

- 使命感，指团队的“志向”是否志存高远。公司的一切战略和决定要吻合使命感。比如生意人、商人、企业家眼光的区别在于：

  生意人=钱，商人=商业目标，企业家=社会责任与完善社会。

- 价值观。对于不同的人来说是不一样的：

  企业=干净+透明+公平，和客户第一；
  做人=诚信+敬业+激情；做事=团队+拥抱变化。

- 共同的目标。最好要做到“心往一处想”，至少要做到“劲往一处使”，团结就是力量。从公司的上层决策和规划就要一致和明晰，并具备可执行性与可操作性，且要有足够的交流来进行磨合和化解歧义。

作为一个创业者，应当做到客户第一、员工第二、股东第三。如果不能为社会和客户创造价值，你企业存在的价值不是很大。这个创造价值的核心主体是员工、不是股东。西方导致金融危机的很重要一点就是股东利益主导公司发展方向，常常注重的是短期利益，而不是以创造伟大的工程学产品和为人民服务为先导。所以一定要回到“谁是你的客户，你为他创造了什

① 视频：Steve Jobs and Bill Gates Together in 2007 at D5：http://km2000.us/mycollections/stevenjobs.html.

② 视频：马云使命感价值观共同目标 http://www.tudou.com/programs/view/sDYozOKdiCs/

么”。谁为客户创造了价值，是员工，股东应该排在后面。

2. 团队的中庸原则：刘关张团队和唐僧团队

刘关张团队是精英团队。他们武功那么高，又很精诚团结，后又碰到军师诸葛亮，再加上赵子龙，这是标准的精英团队。这样的团队很难找，是“千年等一回”，此外就是往往不长久，“出师未捷身先死”[①]。

唐僧团队是最佳组合。在这个团队里面有孙悟空、猪八戒和唐僧。唐僧是一个很“轴”的领导，只知道“获取真经”才是最后的目的，像唐僧这样的项目带头人，什么都不要跟他说，他就是要取经，他可以没有什么能力，但是他有坚定的信念，可以不忘初心；孙悟空武功高强，品德也不错，但唯一遗憾的是脾气暴躁，单位常常会有这样能力很强，但是EQ比较低的人；猪八戒有些小狡猾，也很可爱，是生活和工作中的润滑油，是精英的陪衬物，没有猪八戒，生活和工作少了很多的情趣；沙和尚，他不讲人生观、价值观等高大上，只管干活，干完了活就去睡觉，这样的人单位里面有很多很多。

许多人认为最好的团队是刘关张团队，其实最好的团队是唐僧团队，因为唐僧团队最靠近“中庸”[②]。在唐僧团队之中，有坚持信念和不忘初心的人，有能力很强、帮助团队渡过难关和攻克瓶颈的人，有充当润滑剂、文武之道一张一弛的、使工作成为快乐过程的人，也有苦干实干勤于日常操作的人，就是这样四个人，千辛万苦，最后取得了真经，得到了整个团队的成功。看起来取经的成功主要归功于唐僧的信念和孙悟空的直接作用，但是实际上，少了谁也不可以，有了猪八戒才有了乐趣，才有了快乐工作；有了沙和尚就有人担担子，各个方面互补，人缘相互支撑，关键时也会吵架，但就是这个中庸的团队最后实现了取经的总目标。反过来看，称之为精英团队的刘关张的精英组合倒是缺乏长久，之后的结果是“出师未捷身先死，长使英雄泪满襟”。开局很好，但是结尾并不理想。究其原因，刘关张团队中间出现了很多情商方面的错误。比如说关羽的走麦城，刘备在失去了关羽和张飞之后去打东吴。关羽和张飞都是能力很强，但是情商偏低，因为自大和傲慢，而导致战争的失败和手下的反目，他们两个都是IQ高、EQ低的典范。而刘备在失去关张之后去打东吴不仅脱离了联吴抗曹的总体方针，主要的一点是出兵东吴的动机有情绪化的成分。当时诸葛亮赵云等人都不赞同刘备的这种做法，可规劝无效。否则如果刘备不失败，多活几年，三国演义的结局可能会随之不同。总之，IQ与EQ不平衡不符合中庸的原则，中庸的事业才能持久。

相比之下，唐僧的团队比较中庸，这种团队是最佳的组合，这样的企业才会成功[③]，这样的团队无疑比“刘关张”的团队更能够精诚合作、同舟共济，也更加平和中庸。这就是团队的精神，有张有弛，最好的团队，应该符合中庸的原则。唐僧团队才是中庸的团队，也是最普遍的、最容易碰到的团队。团队当中“唐僧”似乎是一个最没有用的人但却是一个最重要的

① 语出杜甫《蜀相》，诸葛亮六出祁山以图统一天下，未能达愿。

② 本书第7章7.1内容。

③ 马云：关于团队的视频 http://www.v1.cn/2015-04-21/1728829.shtml.

人，有坚定的信念、有不忘初心的“轴”，圆梦的路在于初恋般的热情＋宗教般的意志。团队里不仅要孙悟空的IQ，还需要有猪八戒才有了乐趣，有沙和尚做routine[①]的工作，互补、相互支撑。人的生命1/3是在团队（单位）中度过的，所以于工作与家庭的比重而言，快乐工作更为重要，劳动者都希望有一个好的环境，希望度过美好的时光，所以苏联人才说，“劳动是光荣的，劳动可以让人变得高尚”，有一种每天都期待要上班的感觉。

3. 团队的组成：组长和组员

团队组合的原则，一个团队是一个有机的组织结构，其中有团长和团员即（Team leader和team member），这个团队的行为就称为Teamwork，这是英文工程学里面常常用到的一个词。Team leader和team member只是“革命分工”的不同，而不是高与低的问题，也就是说当官的不是比当兵的优越。人们往往存在一种错觉，常常会羡慕一把手被关注的亮丽感觉，但是如鱼得水，冷暖自知，身居高位的高处不胜寒，如果没有亲自体会，他的理解就会片面化。

长官和士兵的地位是平等的，常人都有一种心理错觉，都想做官，不想当兵。其实从人性的角度上来说，两个人只是分工的不同，而不是高低的不同。从平均的性价比来说，长官多劳心，但是责任大；士兵多劳力，但是心理压力比较小。官儿的名与利似乎会更多，但是这个“名”是一种历史责任，不要只羡慕他们的名望，而更要看到的是他们的责任带来的压力。常人的工作与生活是朝九晚五，有周末、有假日，私生活也自由一些。而高层领导人相对的自由就要少很多，在紧急状况的时候、在出国访问的时候是没有假期的。平时，不仅要对自己严格要求，自己的亲属也要做出牺牲。比如说杨澜采访克林顿的时候，克林顿说他很高兴因为终于付完了最后一次银行抵押贷款，买到了纽约的一所房子。随后克林顿又讲到，他从总统退下来之后，没有接受其他公司董事会的邀请成为董事，而是用他辛辛苦苦演讲赚到的钱来付房贷。实际上做完了两届的总统之后，他是有很多的关系可以利用的，可以利用这些权与钱之间的微妙关系。所以作为国家的领导人，如果真正做到为人民服务，做到人民公仆的话，自己需要做出一定的牺牲的。如果名不副实，想做成一个贪官，那么他们的人生就要付出相应代价。此外，从中庸的道理上讲，“名”的反面就是牺牲了自由，而“利”的反面就是被诱惑的机会变多，对意志力的考验更多。对于名利的感受是“如鱼在水，冷暖自知”的。

实际上也没有绝对的组员，组长和组员其实都是相对而言的，组长也有他的上下级，所以他是他的上级的一个组员。工程学是一个链条，组长和组员都是链条之中的一个环节，从这个角度上看组长和组员实际上是没有区别的。这里所述的组长和组员实际上强调的是处理好组长和组员、组员和组员、组员和组长之间的关系，即如何面对你的上级、如何面对你的下级、如

---

① 黄昆在信中写了他突然悟到的一点体会：“最和你感想相同的是，我也发现做研究大多一半的时间是做routine……科学史表明，大多数科学上的重大突破，是整天泡在实验室里和整天在研究第一线苦思冥想的研究人员依靠科学直觉和洞察力”而偶然发现的，是苦干加上一点机遇干出来的。朱邦芬.读1947年4月黄昆给杨振宁的一封信有感——纪念黄昆先生90诞辰[J].物理，2009，38(6)：4-6.

何面对你的"邻居",包括你的同事及其相关部门。

一个真正的官,必须先要当过兵,有过"兵"的体验。习总书记就是从村官做起。他在陕北插队的时候,和乡里的老乡同吃同住,针对插队村落的具体情况,开发沼气,挖沟建渠。他说当年在延川农村插队,是过了"五关"的历练:跳蚤关、饮食关、生活关、劳动关、思想关,"插队以后是获得了一个升华和净化,个人确实是一种脱胎换骨的感觉。如果说有什么真知灼见,如果说是走向成熟、获得成功,如果说我们谙熟民情或者说贴近实际,那么都是感觉源于此、获于此"①。因为一心一意的为百姓做事和平易近人,习近平克服了"文革"给自己带来的瓶颈,入了党,然后成为村的党委书记。1975年被保送入了清华大学,临行前,梁家河百姓依依惜别,如习书记在采访中所描述②。

> **记者:** 那么您到现在为止,回想起这二三十年以前的那七年的插队生活,您觉得最难忘的一件事情,印象最深的一件事情是什么?
>
> **习近平:** 很多,最难忘的事情很多,举个例子来讲吧,我还是觉得临走的那一刻。临走的一刻这七年的酸甜苦辣,最后形成了梁家河群众对我的这种依依惜别。前一天晚上是跟我一起聚会、聚餐。陕北的聚餐就是杀一只羊,家家派代表来跟我话别。当时的习惯是送临别的纪念都是一个笔记本,一个塑料皮的笔记本,里边写上祝福的话,收了一大堆笔记本,等于每家送一本。然后第二天离开的时候,我因为睡得比较晚,早上一起来推开门呢,外面都站满了老百姓、乡亲们,但是都没有吵我,因为我在里边睡觉,(他们)静静地等,反正我那次是哭了,可能那是我到延安插队以后,最多是第二次哭,这七年之中我是第二次哭。第一次是我那个大姐去世,我正在那儿挖防空洞,接到信以后,那个时候哭了,哭了但是大家也没有看到,都是找一个地方去哭,这一次是当众哭了,就是当众丢脸了,但是我从来没哭过。

1979年从清华大学毕业后,习近平被分配到国务院办公厅、中央军委办公厅工作。1982年,当一些年轻人开始下海经商、出国留学的时候,他却主动放弃北京的优越条件,来到河北正定县任职。这个县1981年人均收入不到150元。刚开始,不少人对这个初出茅庐的年轻县委副书记将信将疑。低调务实的他,住在办公室,吃在大食堂,和大家一起排队打饭,一起蹲在树下吃饭聊天,并总是骑着自行车往乡下跑,深入到老百姓当中拉家常、问寒暖,和大家打成一片,很快成为县委书记。从1985年6月,32岁生日那天,习近平到福建任厦门市副市长,习近平在福建任职17年零5个月,是其"人生中美好的青春年华"。从特区厦门到"后排老九"宁德,再至省会福州和省委省政府,从副厅级成长为正部级的官员,始终一步一个脚印稳步迈进。福建省人民出版社政治理论编辑室主任江典辉评论说③,从一个副厅级成长为一个正部级的官员,应该是习近平人生经验积累最为重要的阶段。"习近平的每一步都很踏实。比如他从60

① 中央党校采访实录编辑室.习近平的七年知青岁月[M].北京:中共中央党校出版社,2017.

② 2004年习近平接受专访:我是延安人 http://v.ifeng.com/v/news/xjpzqsy/index.shtml.

③ 习近平福建18年执政轨迹[J].凤凰周刊,2015,557(28):[EB/OL](2015-10-07)http:chuansongme.com.

分到 70 分，慢慢地发展，不像有些人今天 60 分，突然升为 80 分，到明天掉下去又是 60 分。他就是 70 分、71 分、72 分，一步一步往上走。他的人生轨迹就是这样”。从下放知青到军委办公厅秘书，从军队大机关到基层的河北正定，从内陆正定小县到开放特区厦门，习近平是当过了很多年的“兵”之后才开始做“官”的，作为国家的第一把手，没有这些谙熟民情或者说贴近实际亲身经历是没有办法做到真正的“为人民服务”的[①]。

无独有偶，会归零的 90 后耶鲁学生秦玥飞，毕业后回到中国的乡村做（央视的最美）村官，也是从基层开始做起，给老百姓修电器，给农田修水渠……

总之，组长必须有过组员的经历，不然难以体会下情。不能将心比心，就不能有效的为人民服务。

（1）如何做好组长。作为组长，Team leader，需要处理好对上和对下两项任务。

对上，一要及时汇报，二要明确目标，这两项任务缺一不可。通过及时汇报可以反馈本组的执行状况，这是组长的职责之一，而明确目标，则需要适时的和上级领导进行沟通和交流，这些沟通和交流有正式的会议及其非正式的社交来往等，有的时候实现的目标有了改变或微调，组长必须在第一时间及时地了解到，从而对组内的相关运作做出相应的调整。

对下，一是要进行组织，根据团队的特点和结合整个项目的要求，确立目标的实施步骤、阶段性目标和组员分工，设计进程安排表，确定责任与权限。二是要协调，组长要学会做好组员的思想工作，协调好组内成员之间的关系，桥梁、沟通、协调组长与组员、组员与组员、组内与组外的关系。三是要监管、反馈，监督各项任务的完成情况，利用周会、月会、随时抽查等方式和本组成员的沟通，小组同伴的学习情况，及时和组员互动和反馈。四是要不忘初心，坚守目标，组内的成员可能有各自的利益或者冲突，组长有责任协调这些利益，和解决这些冲突，但是不能被这些利益所左右而偏离自己的行进方向，必须坚守自己的目标，完成对于上级领导和总目标的承诺。

作为一个组长，需要了解你的上下级和邻居及其和它们之间的关系。下面举个例子，怎么做农业部长。

● 对上：你的上级单位？你要向谁汇报工作？作为农业部长，你的上级就是中华人民共和国国务院，你要向总理汇报工作。

● 对下：要了解你的下级是谁？比如说你是农业部长，你的下属单位为：

（管理层面）人事劳动司，产业政策与法规司，农村经济体制与经营管理司，市场与经济信息司，发展计划司。财务司，国际合作司

（技术层面）种植业管理司，畜牧业司，兽医局，农垦局，渔业局……

● 左邻右舍：还有就是要关注你的“邻居”：如果你是农业部的部长，你的邻居则是如

① 中央党校采访实录编辑部. 习近平的七年知青岁月[M]. 北京：中共中央党校出版社出版，2017.

下的部门：

中华人民共和国国土资源部，中华人民共和国人力资源和社会保障部，中华人民共和国国家发展和改革委员会，中华人民共和国水利部……

(2) 如何当好组员。那么如何做组员呢？作为 Team member，要做到以下几点。

首先要明确分工。有了角色身份也就明确了自己的任务，组员就会形成角色定位，就会感觉到这个实验或这件事缺少他就会完不成就会体验到自己在小组中不是可有可无的，而是不可或缺的，如果是这样，Team member 就会拥有主动的动力。

其二要有担当，承担起自己的责任。养成找方法不找借口的良好习惯，有些时候承担责任，在短的时期会吃一些亏，但是从长远来讲会得好可靠的口碑，赢得团队和老板的信任。在一个团队中，很多时候信任比能力更重要，尤其是在公司的上层，越往上面走，信任越重要。

其三是要定期汇报，和组长做足够的有效的沟通。和领导的沟通也要注重掌握中庸的原则，不能完全缺乏主动性，领导不问就不说，工作的完成情况也不和领导讲，这样做，你的领导会很累，经常要问你事情做得怎么样了，做完了没有等。也不能过于频繁地去骚扰领导，关于这个度因人而异，要根据具体的情况，细致的观察，才能做好到位的应对。比较好的方式是多利用短信与微信，约定之后再访问，周末节假的时候尽量不要打扰领导，除非是紧急的情况。

在《工程学导论》课程中有关于团队的联系内容，比如全班分成小组并以团队为单位合作完成一个子课题，还有就是换位练习，“如果把你放在电院院长的位置你要怎么做”等，具体可参见习题与附录部分。

工程学的实践部分(Practice)与下面(Report)过程是互相紧密交织在一起的，Report 是对 Practice 的一个正或负的反馈过程，避免走偏方向，提高项目执行的效率。

5.3 Report -驻足

Report 包含过程中的汇报、讨论与磨合，也就是如何对近期的实践成果，对团队和领导做一些简单的小结和汇报，沟通与调整下一步的计划和目标、解决方案等。在 PPRP 中，P 和 R 所占比重很大，它们是实践与汇报反馈的互动过程。这项活动不仅贯穿整个项目执行的始终，并且按照不同项目的复杂程度，存在多级汇报、层层汇报的上下级反馈管理系统，即含有多级汇报反馈的分层(hierarchy)体系。

5.3.1 必要性

“汇报与沟通”有利于工程进度的监控和跟进，及其新思路的萌发。这种讨论也有助于团队成员互相“借脑”对实践过程中难点进行攻破与瓶颈(bottleneck)的突破。汇报和沟通的环节是指将工作结果与相关过程告知相关人员，与对方共享信息，有助于减少由于相互的想法与价值观的差异而产生的误解。在遇到问题、发现隐情以及自己难以判断的时候，征求上司和同事的参考意见与建议，依靠组织的力量来解决问题。

做日常汇报也是为了将来写整体的论文和整体的总结做准备的，要边汇报边实践，不能到最后才开始写。这一点在做研究生的过程中尤其重要，研究生就是第一项工程学实践。有些研究生到了最后才开始写论文，造成的问题是有些科研上的问题、实验过程的漏洞是在书写的过程中才会发现的，如果书写的过程和实验的过程同步，并且每周和导师都有“汇报和沟通”，可以来得及修正实验过程的偏差，让实验做得更完整、更完美、更严谨。切忌把写论文拖到最后才进行，也因为平时没有练习，专业词汇语法也缺乏积累，导致论文写作很不专业，也会经常卡壳。必须早点进入写作、整理思路和积累素材阶段，从几百字、几千字循序渐进的积累。

5.3.2　常规汇报与临时汇报

汇报有两种，一种是常规汇报，往往是每周或是每个月(具体沟通的周期和方式要与老板事先约定好)的书面汇报。另外一种汇报方式是临时汇报，临时报告是发生在工程项目进行的节点上和转折点上的，比如接受任务制定计划时、收到有用的信息时、出现异常情况时、完成了阶段任务后，都需要随时的、实时的、立刻的做一个汇报。没有受过工程学训练的大学本科和研究生常犯的毛病就是不注意记录、采集实验结果(尤其是自认为失败的结果)。下面讲一段小故事来说明“任何工作，没有报告就没有结束”。

故事5-2　汇报

部长下午两点约了去A公司和他们的张总见面，这是很重要的一次会谈，好不容易才约上的。早上上班后，部长向鲍莲裳作了关于今天工作的一系列指示，最后说：“替我确认一下，下午两点钟我去A公司拜会张总的日程有没有问题。”

上午鲍莲裳真是忙坏了，但她没忘记给A公司打电话确认这件事。张总的秘书回答：“日程没有变化，张总下午两点在公司等候。”得到了确切的回答，鲍莲裳放心了。于是抓紧做部长交办的其他工作。

下午1点钟部长问鲍莲裳预约好了吗？鲍莲裳：没问题。部长：那你也告诉我一声啊……☺☺

5.3.3　轻重缓急，层次与次序

汇报分轻重缓急四个区域，指的是重要性和紧急度如图5-20所示。汇报的内容和细致度可以根据这四个区域进行调整。

做汇报的时候，要需要注意讲的层次，如图5-21所示，一般都是要优先讲结论或结果、要点，其次才是讲过程、举例和原因。当然具体情况具体分析，要看当时的重点做适当的调整。

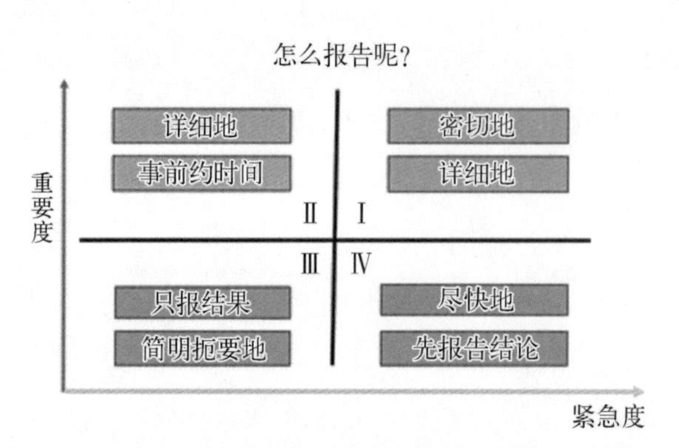

图 5-20 做汇报和报告的重要性和紧要性的四个区域图示

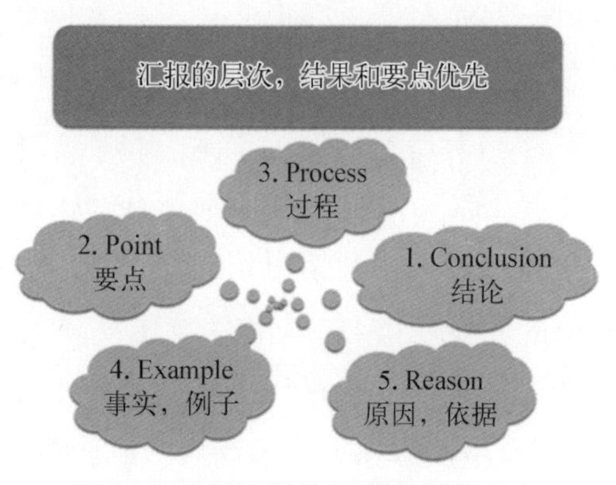

图 5-21 要汇报什么,做汇报的次序

5.3.4 直白、规范、软规则

写汇报文稿时很重要的一点是文笔要清楚直白,无须花俏,“清楚”是最高指导原则,不美观倒在其次,因为这些“report”主要是给自己和工作伙伴看的。要足够详细,包括实验步骤等重要实验细节。这和 PPRP 中的最后一个 P(presentation)是不同的,一是听众不同,二是目标不同。

在书写这些中间结果的时候就要刻意的养成遵从学术格式或工程学规范的写作习惯,所用的模板、脚注、格式,在一开始进入研究或者是工程的阶段就要培养,成为你生命中的一个部分,如果这个习惯没有养成,人家就会觉得你不专业,之后修改要花很多的时间。因此要在一开始就养成好习惯。

除了这些汇报与沟通的“硬件”之外,还需要留意一些“软规则”,比如着意避免影响员工在老板心目中口碑的问题:从来不会主动来汇报,经常带着借口来而很少带着对策来,说不清重点或不够全面(找不出关键问题)等。

5.3.5 举例

每周或是每个月和领导一对一的书面汇报和最终的发表论文,或工程结束后的总结发言是不同的,不需要把具体的背景意义一一讲明,前因后果都不需要,只需要讲清楚更新的地方在哪里,瓶颈卡在哪儿。可以是一段简单的文字,但是要条理清晰,比如图 5-22 所示,是一个 IC 工程师在公司做项目时候的一个例子:你在负责几个项目,这几个项目在这一周或者一个月内有什么进展,有什么要解决的难题,正在进行的方案等,在这个汇报当中,它的主体部分在 what 和 how,也就是做了什么,怎么做的。在杂项(misc)的地方可以讲明一些项目之外的事情,比如度假培训等。

整个工程项目的实际运作像一个枣核或是一个橄榄,两头小,中间大,PPRP 这四大部分中“P”和“R”的部分占用了工程学项目实践的主要时间。它们是 IQ 与 EQ、硬件资源和项目团队有机结合和磨合的产物,其中充满了喜乐悲欢、权衡利弊、让步调整,每天都会发现新问题,也会产生新灵感。这个过程很重要,刚开始时许多绝妙主意,最后可能会变得面目全非。所以不

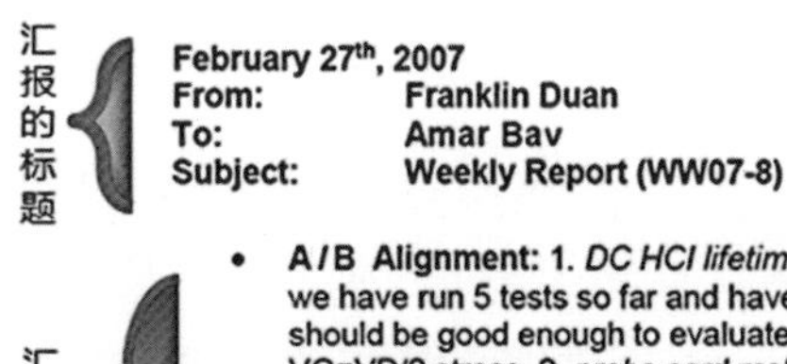

February 27th, 2007
From: Franklin Duan
To: Amar Bav
Subject: Weekly Report (WW07-8)

- **A/B Alignment:** 1. *DC HCI lifetime comparison of VG=VD and VG=VD/2 stress:* we have run 5 tests so far and have used up all the dies on the wafer. But the result should be good enough to evaluate the difference of lifetime between VG=VD and VG=VD/2 stress. 2. *probe card making:* we received the dummy wafer of Typhoon I. Probe card was requested and shall be ready in 3-4 weeks.
- **Thick DGO Rel. Evaluation:** 1. the DGO test structure was verified and it is okay. 2. we have conducted 5 tests (VG=VD/2=1.3V) and result looks good. 3. we are running the test using VG=VD=2.6V stress condition.
- **ZRAM:** effort of transferring the ISi test system is ongoing. The goal is to set up proper system for AMD's ZRAM evaluation and qualification.
- **Fab7 65nm qual:** 1.wafers were sent out last week and shall be ready this week. 2. Bonding plan and test plan were sent out to Rick. 3. The AC HCI dummy run for the Syntx system looks okay. System is ready for qual.

Misc:
One week on vacation

图 5-22 给领导写每周汇报的例子

是说一个新的创意就是整个工程学，它只是一个开始而已。工程学实践的过程就是通过这些相互碰撞、辩论、对抗、争吵、破解、打磨彼此的想法，通过几个月或是几年的时间反反复复磨合之后，才会形成一项伟大的成果。

5.4 Presentation-告捷

项目结束了，有了重要的工程学成果，下一步就是总结与展示，向相关的上级和部委做成果汇报。这是最终的成果展示，面对的听众基本都是上级领导、专家和同行，也就是和自己平时不太熟悉的人。所以要注意正式和规范。在 PPT 的展示过程中还要注意时间的把握，对内容要进行归纳和提炼，而不是像上面的汇报(report)，菜单一般的罗列结果，要排列重点，在受限的时间内达到最佳效果。很多种情况下，这些专家和上级领导都是从远地赶来，不光是从地域上、而且要从时间上把这些相关的人员凑在一起，时间是很宝贵的。所以，对汇报的内容要经过多次的提炼，对汇报的过程要进行提前的演练。汇报时你所面对的观众不光是内行与工程技术人员，也可能有一些不太懂得专业的“外行”，所以表达方式注意“科普”、要深入浅出、简洁，更要突出项目的亮点，着重项目的结果和效益。很多项目的结题与展示都是为下一个项目做广告，都不是结束而是新起点。

工程学项目的结果展示部分，其提交的方式、方法大有技巧。对待设计很好的一个产品，却没有一个客观的和完美的介绍，是一种非常大的损失，也就是故事没有讲好。“你烤了个非常棒的蛋糕，却在外面糊了一层狗屎”，这是乔布斯在做 NEXT 展示时对他的设计师讲的话。意思是你做了一个很漂亮的产品，但是你却没有把它讲得很漂亮。

乔布斯本人有非常好的演讲才能。他在 2007 年的 iPhone 发布会上的演讲堪称经典。这里举一个例子，看看乔布斯是怎样介绍 iPhone 的①。这里的重点词是“利用对比”和“掌握节

① 乔布斯 2007 年 iPhone 发布会全程中文字幕 http://www.pps.tv/w_19rqw2asd9.html.

奏”。要达此效果必须要实现经过 n 次的预演。

乔布斯首先采用了对比法把之前的传统的手机先“贬低”了一番。这用的是“对比法”，比平庸叙述给观众留下的印象要深，如图 5－23 所示。

图 5－23　对 比 优 劣

“一般的智能手机问题出现在手机下面 40％的空间，这里总是被键盘占据着，不管你需要不需要！我们要有不同的操作按键，不能再加新的东西。”乔布斯嘲讽道。

最后，乔布斯当场利用 iPhone 实物来演示 iPhone 的强大功能，他熟练掌控节奏，如图 5－24 所示，为了向观众展示 iPhone 用地图定位的强大功能，乔布斯当场用手里的 iPhone 定位到旧金山的星巴克，然后打给星巴克一个搞怪电话，订了 4 000 份的咖啡外卖（在美国星巴克是一份一份的当场卖的，4 000 份的咖啡不知道要做多长时间的，乔布斯这是在搞笑）。

图 5－24　讲 解 触 屏

在这个展示中，他用了对比法、悬念法，采用直观的、音像的展示方式呈现了一个全新的革命性的产品 iPhone。看得出来，他对发布会这个展示重复过很多次，做过很多演练，iPhone 不光是从技术和产品上做得非常优秀，展示的方式也是非常的标新立异。这是一次非常成功的产品发布会，乔布斯做到了：我烤了一块非常好的蛋糕，上边也装饰了非常漂亮的奶油图案。

结果展示和呈现主要有两大类：一类是科技论文，另一类是 PPT 的展示，包含写和说两部分技能。

5.4.1 科技论文

写科技和工程学论文有如下几个部分(见图5-25)。

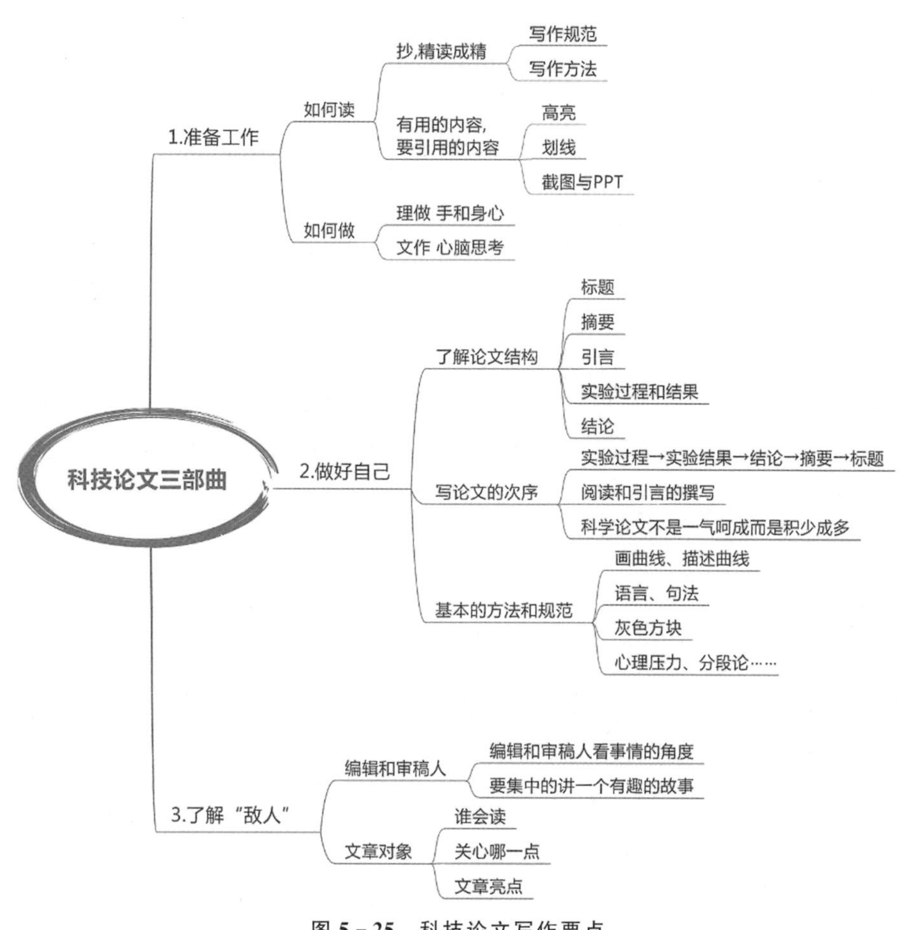

图5-25　科技论文写作要点

1. 读

科技论文的写作应该先从读开始。"读书破万卷下笔才有神",这个万卷,不一定是一万本不同的书,它包含"一本好书重复精读了n次",在"读"当中应该处理好"慢"和"快"的"中庸"。

(1) 慢读。即精读。精读成精,顾名思义,就是要细细地、慢慢地读,可以用小声朗读的方法,一个字一个字的读出来,甚至可以从"手抄"来体会这个"慢"字,在抄的过程中体会文章是怎么写出来的,最后才能成精,即下笔如有神,才能进入写作的佳境。这个"抄"不是抄袭,而是体会。我们发现很多的学生文章精读的分量不够,所以"下笔没有神"。这里的读和抄就不是指"泛读",而是指精读。

实现精读的第一步就是要选对精读的书或文章,值得读上好多遍,值得抄录的文字。有两类值得精读(好书或是好文章)。

第一种就是书写得非常严谨、层次结构非常规范。这种书值得精读、值得效尤。对于这种书，它的内容可能不是很重要，甚至可能不是你的专业书籍，但是值得读很多遍，甚至值得让你用笔去做抄录，在细心抄写的过程中，体会好的文章是怎么写出来的，严谨和思维的逻辑是如何形成的，这里也要注意的是，怎么去勾画思路，也是非常重要的一点，就是要多练习，要多用手来写，而不是在电脑中用 copy/paste。培根曾经讲过写作的重要意义：

读书使人充实，讨论使人机智，笔记使人准确。

Reading maketh a full man; conference a ready man; and writing an exact man.

慢读或精读的方法可以是，每天精读其题目、摘要、和 Introduction 的第一段，如有必要每天朗读（就像中学早读一样）。还有一个方法就是抄，这样大概持续一周，培养语感，这个过程可能要重复 n 次。可以找 5 篇左右的顶刊文献或所学领域权威期刊（比如引用次数很多的）文献。

第二种就是书的结构和编写不够严谨，但是内容非常具有启发性。这种书籍有两种作用，一是激发你提问题，因为这种书里面矛盾和问题都很多，可以激发你的思考，激发你内心的冲动去改正它里面的错误；二是启发你的灵感，经常拿来翻看，就会每次得到一些启示。这种书不值得效尤，但是值得多读。

选适合于精读的第一种好书可以参考下面快读中推荐的“检视阅读”方法，往往要通过对比几本书才能选出来。

(2) 快读。也叫检视阅读，这又是一个重要的学习方法。快读就是泛读，这里讲三点：一是一目十行，二是抓一段中的主句，三是提纲挈领的读书方式。快读的目的在于选择精读的“点”：哪里会有你要的东西，哪里需要精读，此本书、此篇文章值不值得借阅、下载和精读。

一目十行速读能力的培养。一目十行也就是所谓的“余光眼、余光远”的能力，开车的人都知道，一开始学开车的时候，因为紧张的缘故，眼睛往往会盯着一个地方，放松了之后，眼睛就放得远了，不会盯在一个地方、“似看非看”，方能把车开好。我们注意到：当我们的眼光集中在一点的时候，往往会忽略大局，看不到其他的地方，一目十行的道理也是如此，可以把控全局，快速地略读一段文字、一篇文章或是读一本书。如何一目十行呢？一是词汇量，二是眼球训练。对于词汇量，里面隐含了对词的反应速度，比如在背英文单词的时候，我们会注意到有些单词似曾相识，要想个一二秒才能反应过来，严格意义上讲，这些词汇都不能算背下来了，在一个段落中如果有很多这样的生词，就不可能做到一目十行。要达到这个阅读水准，对于词汇量要达到“烂熟”的程度才行。至于眼球的训练有多种方式，可以参阅 2014 年由新世界出版社出版的《神奇的眼脑直映快读法》[①]。在这本书中采用的训练方法是，在一堆数字之中快速地找到一个特定的数字，以训练眼球的移动速度。

此外也可以通过相应的体育活动进行培育，如用乒乓球与羽毛球训练在动感中用眼球和直觉抓球的能力。

---

① 关于“扩大视野宽度的练习，提升眼球速度练习视野宽度和字群阅览，眼脑直映和鸟瞰全局”。胡雅茹. 神奇的眼脑直映快读法[M]. 北京：新世界出版社，2014.

需要指出的是，过目不忘与检视阅读有微小的区别，在很多阅读答卷的考试当中，过目不忘不仅要求检视而且要求记住，而检视阅读旨在搜寻关键词，并且根据读到的内容进行联想和思考，然后判断要不要进行精读，这本书或这篇文章值不值得继续看？

段落的第一句话。我们要掌握一本书、一篇文章或者一个段落的写作的规律。对于一个段落来讲，其段落大意往往不会超出前面两句话，一般都在第一句上，如图 5-26 所示，从第二段开始，从第一句话中可以判断，这一段讲的是交大历史发展；由第三段的第一段话判断，内容应该讲的是交大历史上的著名人物的一些关键细节……借此判断这一段有没有你要的内容，如果没有就跳过去。

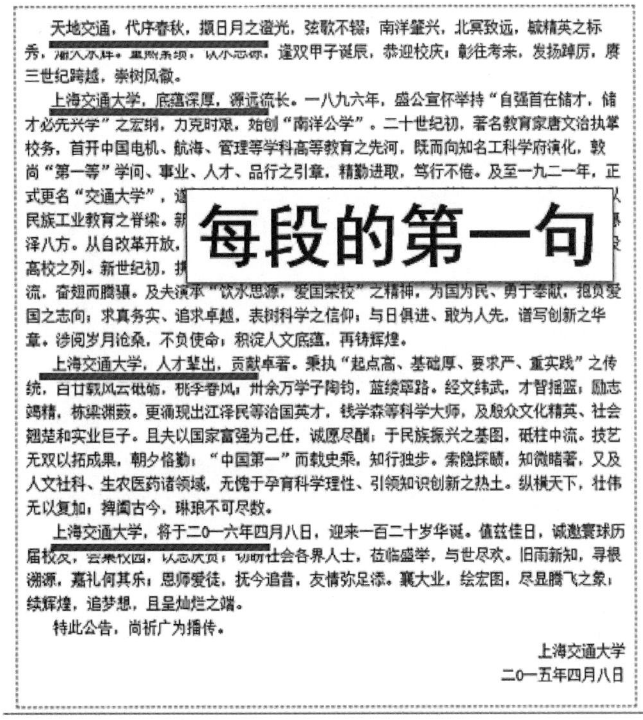

图 5-26　一段介绍交大的文章

提纲挈领的阅读。对一本书可以采用提纲挈领的阅读的具体步骤与方法如下。

先看书名，如果有序就先看序，然后是目录页，如果书中附有索引，出版者的介绍，也要先检阅一下，这几部分加在一起，总共不超过十页，对这十几页进行检视性思考，决定要不要继续读下去。如果还不确定，把书打开来东翻翻、西翻翻，眼光多留意小标题、黑体字、图表等。对难点或觉得重点的地方，要做一下勾画和记号，用这样的方法把全书翻过一遍，随时寻找主要论点和留意主题的基本脉络。不要忽略最后的两三页，所谓掐头去尾，大部分作者都会在结尾将自己认为既新又重要的观点重新整理一遍的。这样，你已经很系统地略读了一本书了。

重要的是，不要第一遍就从头读到尾读，也不要停在难点上做深度思考状。应该是先粗略速读完一遍，碰到不懂的地方先不要停下来，不要停下来查询或思索。这是一个阅读习惯的培养，请记住这一点，有些问题是没有必要问的，有些难题是没有必要去解的，读书是为了服务于你的目的,而不是为了读懂这本书的每个点。在决定了精读点之后,最后才进入章节的细节部分,以便深入理解其内容。把一本书先略读一遍的能力,也是清华学霸陈大同推荐的方法。

这个“检视阅读”方法可以用来快速找出你所需要精读的图书。在我们进入到一个新的领域之前,我们要选一本好书来进行精读。我们常说读万卷书,行万里路,实际上这万卷书呢,不一定是一万本书,它可能是一百本书,每本书读了一百遍,这就是精读的含义。进行精读的筛选过程必须要有效率,不能花费过多的时间,就可以用检视阅读的方法来实现。

精读的好书的原则在于,第一是名家所著,第二你要喜欢它,这两件东西合在一起、意与境,才能成为意境,对你来说才真的有帮助。好书不是用来摆设的,是为你所用的。名著是一个需要你提防的陷阱,大部分人阅读名著的促动力往往是“名著”本身(我们从小被教育要阅读名著),而不是你是否适合读这本书,尽管它是世界名著,但是如果和你没有缘分,你怎么都不会喜欢上它。“好之者不如乐之者”,如果你不喜欢,你学习的效率、吸收的效果就会降低。尽管书很好,但是它不适合你,就像鞋子一样,无关好坏,只有适合和不适合的问题。

最后,要注意把握泛读和精读的平衡。精读主要是为了我们的科学研究中正确的积累科研素质和培育内功,泛读是为了积累行业知识,在这个过程中,要注意用知识树来有机地积累,特别在我们这个知识爆炸的年代。

总的来说,在科研和工程初期要注重知识和科研素质的综合积累;但到了科研和工程的成熟期,过度的泛读科技论文不是非常的重要,甚至可能会迷惑你的思路,往往都是在写作、最后总结项目与写作论文的时间需要阅读一些最新的文献、了解和引用正在发生的课题情况。比如这类课题有谁在做,做到哪一步,主要应对的是工程和科技论文里面前言部分和最后引用的参考文献。

2. 写

写科技论文是工程学和科研结果的一项重要呈现方式,它的重要意义在于它的间接的推荐作用和广告作用。杂志和刊物的编辑以及审稿人基本是以第三方的角色出现,其结果一定要具有可信性和公正度,因为它是一种第三方的验证。这种验证有别于论文答辩和公司内部报告,有别于“老王头卖瓜自卖自夸。”它的说服力比较强,能间接地证明“我有做过这一类的工作,我有这样的能力。”当前,网络非常发达、搜寻功能非常强,只要你发表的这些成果在正规的核心刊物上,谷歌和百度都会搜得到、查得到。

(1) 期刊选择。可信度比较高的科技和工程类的期刊收录和查询主要有三大类:SCI、EI和核心期刊。

SCI(Science Citation Index)[①]即《科学引文索引》,是美国科学情报研究所(Institute for Scientific Information,简称 ISI)出版的一部自然科学领域基础理论学科方面的重要的期刊文献检索工具。SCI 里边文章的档次分为 A 与 B,I 区还是 II 区,影响因子等,详细请参阅具体说明。

① SCI https://en.wikipedia.org/wiki/Science_Citation_Index.

工程索引 EI（The Engineering Index）[①]即《工程索引》，由美国工程情报公司 Elsevier Engineering Information Inc. 编辑出版。主要收录工程技术领域的论文，其中大约 22%为会议文献，90%的文献语种是英文。

核心期刊[②]是期刊中学术水平较高的刊物，是进行刊物评价而非具体学术评价的工具。

（2）科技文章的结构。科技论文的写法，首先是结构分析，一篇科技文章和工程文章，分为以下几大部分：

0　前言和绪论

0.1　why？为什么要做？

0.2　who、when & where？有什么人在这之前做了什么东西？

0.3　what？总结一下我们在这篇文章的贡献

I　实验

1.1　方法（怎么做的）

1.2　表征（怎么测的）

II　结果与讨论

2.1　结果

2.2　讨论

III　结论

这是写科技论文的总体思路。论文的具体内容取决于工程学的行业与专业。科技论文中，文章的主体是描述 5W1H 中 why、what、how，而 who、when、where 在作者、期刊出版日、单位（组织）里都已经描述过了。所以主要是把科技论文里的 why、what、how 搞清楚。对于不同的科技刊物，报道过程和结果的次序有所调整。比如对于生物类的科技文献，会把结果放在前边（如左面：清华大学生命科学学院颜宁团队的发表在国际著名期刊《Cell Research》的一篇英文文章[③]），而对于电子类的工程杂志往往把实验的细节放在前边（右面：中国科学院微电子研究所陈宝钦团队在《压电与声光》中文核心期刊上的中文文章[④]）。换言之，生物类的科学更看重结果（5W1H 中的 what），而电子类的工程学技术更侧重实验的细节和操作过程（5W1H 中

① 工程索引 The Engineering Index https://www.engineeringvillage.com/

② 中国知网，核心期刊导航. http://navi.cnki.net/KNavi/Journal.html；中国人文社科核心期刊和 CSSCI 来源期刊。

③ Gong X, Nieng Yan, et al. Structure of the WD40 domain of SCAP from fission yeast reveals the molecular basis for SREBP recognition[J]. Cell Research, 2015, 25(4): 401.

④ 赵以贵，刘明，牛洁斌，陈宝钦. Ebl 制备用于气体传感器的 saw 延迟线的方法[J]. 压电与声光 2010，32(3)：340-342.

的 how)。

(3) 标题和摘要。标题和摘要,这两部分都是科技论文的很重要的部分,虽然它们是处在文章的首要位置,但它们不一定是一开始就形成的,因为这两部分需要细致的推敲与提炼。应该尽量的在这两部分中,把这篇文章中的,what、why、how 讲清楚。

一个好的题目,里边包含了 what、why、how 三个成分。好的标题应该:① 让读者明白做了什么和如何做的;② 尽量做到有新意,就是要打眼球。这里举一个好的标题的例子。

*Advanced passivation techniques for Si solar cells with high-j dielectric materials*①

在这个标题的简短的文字中包含了 why、what、how,是写得比较成功的一个标题:

what: *Advanced passivation techniques*

why: *for Si solar cells*

how: *with high-j dielectric materials*

一般的题目常常只会看到 what,有些标题里面还有 how。原因之一是标题有字数限制,在有限的字数之中把这三大主要部分讲清楚,需要有文字精练的功夫才可以办到。但是至少应该用简练的语言把这三部分都写在摘要中。对于读者而言,有了这三部分才可以把握文章的主要的点(写标题的练习可以参照附录的示例)。

摘要(Abstract)应该用简练的语言把 why、what、how 三部分都写在摘要中,有了这三部分内容,才可以把文章的主要点讲清楚,让读者(编辑)在第一时间内掌控文章的内容。摘要这部分很关键,对相关的读者和编辑决定要不要读和录用起了很重要的作用。摘要一般的大纲和次序是这样的:

首先 why

其次 what

再次 how

最后 what(results)

下面还是以文章 *Advanced passivation techniques for Si solar cells with high-κ dielectric materials* 做一个例子来讲解摘要部分内容的撰写。在阅读过程中,我们可以发现,虽然各个学科用的专业词汇不同,但是他们的写作方法和思路是类似的,忽略专业词汇,我们注意到下边的重点关键词,就会大概把握摘要书写的脉络。请留意加粗字体的部分。

Abstract

Electronic recombination losses at the wafer surface significantly reduce the efficiency of Si solar cells. Surface passivation using a suitable thin dielectric layer **can minimize** the

① Geng H, Lin T, Letha A J, et al. Advanced passivation techniques for Si solar cells with high-κ dielectric materials[J]. Applied Physics Letters, 2014, 105(12): 042-112.

recombination losses. **Herein advanced passivation** using simple materials (Al_2O_3，HfO_2) and their compounds H(Hf)A(Al)O deposited by atomic layer deposition (ALD) **was investigated.** The chemical composition of Hf and Al oxide films **were determined by** X-ray photoelectron spectroscopy (XPS). The XPS depth profiles exhibit continuous uniform dense layers. The ALD-Al_2O_3 film **has been found to provide** negative fixed charge 6.4×10^{11} cm^{-2}，whereas HfO_2 film provides positive fixed charge 3.2×10^{12} cm^{-2}. The effective lifetimes can be **improved** after oxygen gas annealing for 1min. I-V characteristics of Si solar cells with high-j dielectric materials as passivation layers indicate that the performance is significantly improved，and ALD-HfO_2 film would provide better passivation properties than that of the ALD-Al_2O_3 film in this research work.

具体的，前三句话讲解了为什么要做(Why)这项课题，请注意以下的关键词：

Fabricating ... requires the use

However，most of the ...

While for the ordinary ...

随之，以 Herein 作为导引，在一个句子中概括了 what 和 how(请留意斜体字的部分)。

what： *Herein，advanced passivation* using simple materials (Al_2O_3，HfO_2) and their compoundsH(Hf)A(Al)O deposited by atomic layer deposition (ALD) *was investigated*.

how： Herein advanced passivation using simple materials (Al_2O_3，HfO_2) and their compounds H(Hf)A(Al)O deposited by atomic layer deposition (ALD) was investigated.

又在下边的句子中补充了一下 how 的内容。

The chemicalcomposition of Hf and Al oxide films *were determined by* X-ray photoelectron spectroscopy (XPS).

在以下的句子当中，在摘要允许的字数范围之内，扼要的总结了这篇文章的主要结果(what)(请留意斜体字的部分)。

The ALD-Al_2O_3 film ***has been found to provide*** negative fixed charge whereas HfO_2 film providespositive fixed charge. The effective lifetimes can be ***improved*** after oxygengas annealing for 1min. I-V characteristics of Si solar cells with high-j dielectric materials aspassivation layers indicate that the performance is significantly improved，and ALD-HfO_2 filmwould provide better passivation properties than that of the ALD-Al_2O_3 film in this research work.

通过阅读这个摘要，我们留意到，由于专业之间的差异很多单词我们是不认得的，不过尽管如此，我们也是可以确定摘要的基本结构(关于写标题与摘要的练习题可以参照附录的示例与练习方法)。

(4) 正文。正文部分要根据前面的大纲按顺序填写，虽然一篇论文的顺序是① Abstract -② Introduction -③ Experiment -④ Results&Disscusion -⑤ Conclusions 或者①②④⑤③，但是在实际上写的时候先写最容易的 Experiment(其实就是实验报告那种，相对比较流水账，不需要动脑子)，接着根据自己的喜好去写其他四部分，Abstract 一般是最后写。实验报告平时就要写，把流水账做好，可以按照文章的标准写流水账。写作的过程要提早进行，也就是在论文工作、实验工作没有进行完之前就可以先行。采用“先挖坑再种萝卜”的方法，即在缺乏数据的情况下做到“无中生有”。它的过程为：

在写论文、写书的时候，在内容不太确定、实验结果不清晰的地方，可以先用方块、灰色方块来代替，然后等有了内容以后，再往里添。在数据不全的情况下，怎么先把这篇文章“编”出来，就可以用这个办法。

这也是工程学、做科研的一个方法，这里面的潜台词是：不能因为这个地方的空缺打断你的前行，你还是可以把下边的东西先做完，然后再回来做这一部分。就像高考当中，如果第七道题做不出来，可以先做第八道、第九道，然后再回来做第七道。这种方式的另一个好处就是，可以根据未来的预期的结果对前边实验的方法及思路做微调，避免实验路程上边的偏差。

在杨定一的《静坐的科学医学与心灵之旅》一书中曾经提到，当时正在哈佛读书的女儿杨元宁曾经为其写过一个序，用的就是这个方法。这可能也是哈佛人常用的一个方法，即在写科技论文的时候，在内容不太确定、实验结果不清晰的地方，用灰色方块添加了杨定一在演讲时引用的补充资料，然后继续下去。这个灰色方块里边的具体内容，等有了结果并且证实后再塞进去，这就是写科学论文的一个方法，先挖坑再种萝卜。

3. 投稿

当然首先是你的稿子要写得好，除此之外，讲一些关于审稿人的心理。这里面讲两点：第一就是编辑们喜欢看什么，你的故事只需要一个亮点。佐治亚理工学院有一个著名的教授胡立德，他曾经这样描述的。

你知道，大部分期刊编辑其实都很无聊的，他们也想看到有趣的、不同寻常的东西。

我们实验室到现在发了 30 篇论文，这只算是平常数量，但有 7 篇上了《自然》(*Nature*)、《科学》(*Science*)、*PNAS* 这三个顶级期刊，基本上我的每个研究生都发过这些期刊。顶尖的期刊总会在寻找不同的东西，总会在寻找新的领域。期刊自己也是在类似的东西一遍又一遍地过，每次只有微小的差异，他们也想要不同呀。其他的研究者也是一样，科学家也是人，也愿意看到好玩的东西。所以我得到的评论意见一直都很好。当然，最关键的是，我们确实做出了真真切切的新发现。一个领域再怎么好玩，如果你做不出新发现，你就没法发表。你总得找到点儿什么。

第二就是，你的故事核心只需要一件事就够了。

> 大部分科学家其实还是那样子，他们不懂！他们不知道你不可能在故事里把所有东西都讲出来。"但你没有提我的第三合作者！""你没有讲我的实验方法的细节！"论沟通，他们基本上都是要挂科的。他们需要明白，你的故事核心只需要一件事就够了。但是挑选这一件事很难。你不能把所有细节都塞进去，没人会看的，连科学家都不会看。

写作的一些注意事项和小技巧。首先是减压，减低写作的心理压力。想到写一篇文章时，会联想到"写下至少五千文字和阅读一百篇文献"，一刹那压力倍增，而且不知道从何处入手。而细分之后，所要想的仅仅是对某个方法的某个参数进行讨论，只需一个小段落的文字。这样简单得多，可以立即完成，没有太大压力。

科技论文写作，最常见的毛病就是写作的逻辑。这一点和语言无关，中国人和美国人写出来的没有区别。

> 一是顺序的逻辑性和一致性。比如先讲意义（why）的部分，然后是 when＋who＋where 的部分（这项工作由谁在什么时候，在什么地点做过）等。这个过程的描述要连贯，不要跳来跳去。常见的问题是逻辑次序混乱，如在讲上面的意义的时候跑题，掺入自己在本工作中做出了什么、如何做的。写作要先搭框架，也就是大纲，以免写作"随兴所至"而偏离了方向，失了重点，不要想到什么就写什么，不要偏题。
>
> 二是描述的因果关系也要保持一致和连贯。写作的连贯性是指：在写 A 问题时去思考 B 的问题。这里有两层意思，写作 A 问题时发现了对 B 问题有用的材料；另一层意思是，写作 A 问题时发现了 B 问题存在的错误、疏漏或者其他。这个时候，不要停下来，只需要用便签备注一下，备注完之后，继续对 A 问题的写作，直到完成。再回过头来，整理 B 问题。
>
> 三是图表和内容的取舍，最重要的是要讲一个"完整的故事"，不要把做过的实验事无巨细统统写出来：你自己做的你觉得重要，但别人不一定这么想，也不一定契合文章的中心议题；你在做的过程中，可能走过弯路，思路设计等都有过变化，这些弯弯绕绕就不要写了，别人没有和你一起走过这个过程，也不知道你的心历路程，你就"直指人心，见性成佛"即可。（当然，如果负面结果很重要，那当然要提一下，省得别人也走弯路。这个分寸如何把握，就是考较工夫的时候。）
>
> 四是句子不要太长，一个句子里若出现三个以上互相有逻辑关系的事物，普通人的耳朵就关上了，如果你把一个含两个关系的句子，分割成两个各含一个关系的句子，一般的科研人员就会觉得读起来轻松得多。从操作层面来讲，如果一个句子超过了 Word 文件的四行，你就一定要想办法或者缩减或者分割，三行其实都嫌长了套句说俗了的话；一定要"舍得"，有舍才有得。

5.4.2　工程学展示

PPT 是工程学展示不可或缺的工具。PPT 是 Microsoft Office 微软公司的演示文稿软件

PowerPoint做出来的演示文稿，其格式后缀名为：PPT或PPTX。用户可以在投影仪或者计算机上进行演示，也可以将演示文稿打印出来以供事后参考。利用Microsoft Office PowerPoint不仅可以创建演示文稿，还可以在互联网上召开面对面会议、远程会议或在网上给观众展示演示文稿。PPT的前身是幻灯片，也就是用图文并茂的方式来演示要表现的内容。与传统不同的是PPT可以用软件的方式实现，便于修改、便于交流、便于共享。演示文稿中的每一页就叫幻灯片，每张幻灯片都是演示文稿中既相互独立又相互联系的内容。和文章的表达方式所不同的是，制作PowerPoint幻灯片并不是要在一张幻灯片上塞进尽可能多的内容，幻灯片是为了在听众记忆里留下印象，引发人思考的。这意味着你甚至不用在上面写完整的句子，简单的描述就很好了。图片比文字表达效果更好，一张满页文字的幻灯片所含的信息量很难与一张仅有一幅图片的幻灯片相比。在幻灯片上放一张图片而不是一页的文字，然后讲解这张图片，人们会发现这样会有趣的多，而且信息也更丰富。

下边讲解如何写PPT和如何展示PPT，这是两种不同的技巧。需要指出的是，PPT常常面对的是具体的应用场合，需要具体问题具体分析、根据场合做一些微小的调整，不过基本的原则都是相通的。

1. 写PPT

如何写一个PPT文件呢？下面的内容主要分两部分，第一部分内容是构思PPT的结构，第二部分是通过对比来阐述PPT里面每页内容的正确的写法和构图，需要避免的缺陷和漏洞。

PPT的结构是典型的ABA’结构，也就是一个开头一个结尾加上中间的部分，要在A的部分讲清楚本PPT的重要贡献，并且在结尾的地方再重点强调一次，以期给观众留下一个比较深刻的记忆，所以把它称为A’，意思是具有某些程度的重复。当然，虽然在开头A的部分提及了工程项目完成的目标和主要的结果，结尾的A’不是完全的重复，所以加了一个撇。和科技论文的结构差不多，PPT主体是描述5W1H中的what和how。在引言(Introduction)部分主要是介绍，这个课题的意义，还有就是在什么时候(when)在哪里(where)做了什么东西，然后简要地介绍一下你做了什么(what)，有什么重要的成果。中间的部分主要介绍你做了什么和怎么做的。这PPT的主要部分，内容也最多，在各个内容之间要有承上启下的平滑过渡，需要考虑使用过渡页，集齐几段，这几段简短的言辞，帮助读者进入到下一个话题，中间的B和前后A、A’两部分，也需要相应的过渡言辞。最后结尾的部分是总结，精炼重复一下前边的结论，有些关键词可以完整的重复，重点在于，为听众留下一个很深的印象，在很多时候，因为内容很多，听众可能会对于要强调的点印象不深，最后一个A’的目的，就是强调这一点，听众往往对结尾的印象更深。在结尾这一部分，也可以提一下未来工作的目标和计划和想法。在文章的结尾，作为常规都是要给作者留下提问的空间，这个地方不要省略，几乎对于所有的、面对上级的PPT，都要有这样一个环节。

图5-27演示好的PPT图(a)和不太完美的PPT图(b)来诠释PPT的写法和构图，让大家通过对比来规避一些常见的错误。

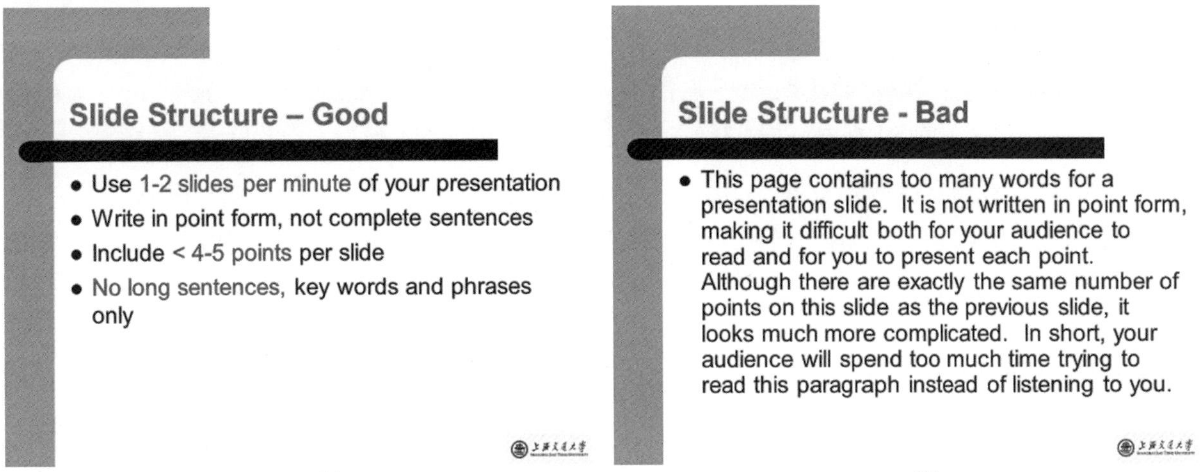

Slide Structure – Good

- Use 1-2 slides per minute of your presentation
- Write in point form, not complete sentences
- Include < 4-5 points per slide
- No long sentences, key words and phrases only

(a)

Slide Structure - Bad

- This page contains too many words for a presentation slide. It is not written in point form, making it difficult both for your audience to read and for you to present each point. Although there are exactly the same number of points on this slide as the previous slide, it looks much more complicated. In short, your audience will spend too much time trying to read this paragraph instead of listening to you.

(b)

图5-27 PPT的内容

第一就是界定PPT每一页的内容多寡与时间长短。一般来讲，一页PPT一般在半分钟到一分钟左右。其次，要注意，不要写整个的长句子，要善于用关键词来概括。比如图4-40(b)是一张不太完美的PPT，所有的内容都挤成一个段落，让大家很难快速的阅读和分清你所要讲的要点是什么。

此外就是重点突出，也就是说某页的PPT只讲一项要点，这样有助于帮助听众集中思路，也会避免让听众的思想“提前阅读”，也就是让听众思考下面要讲什么。正确的PPT应该是让听众把注意力集中在你正在阐述的事情上面。

PPT的字体选择也很重要。PPT的目的是为了讲清问题，所以，不要采用具有比较艺术化的英文字体，最好采用标准的字体。如英文用Times New Roman，中文可以采用标准的黑体和仿宋，避免使用隶书，或者花样楷体作为正文的字体，但是可以把它们作为简短的标题(图5-28)。

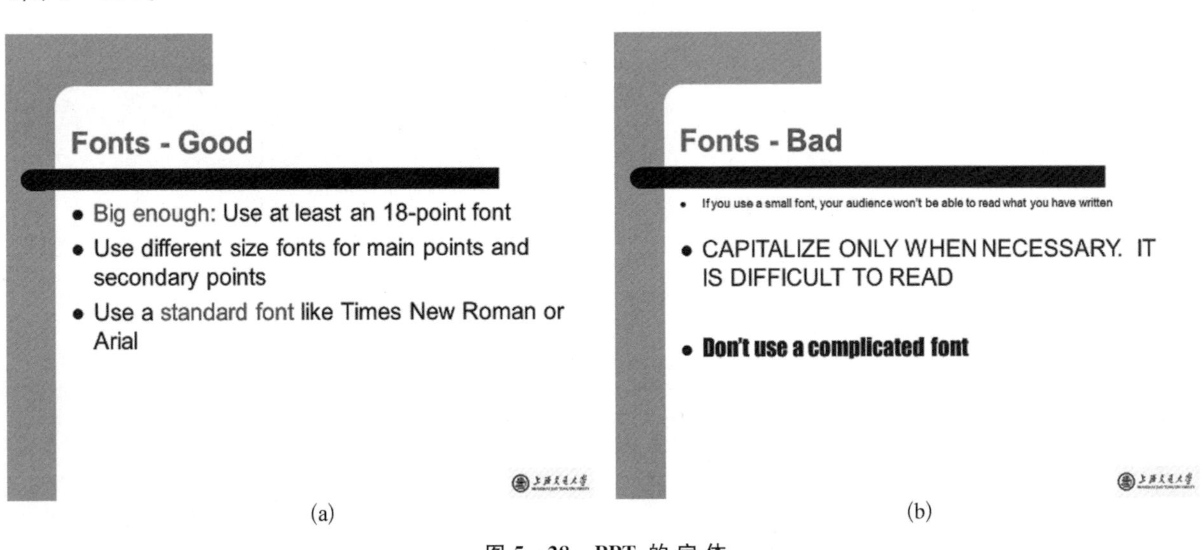

(a) (b)

图5-28 PPT的字体

相比较而言，图 5－28(b)的字体就是不太合适的(中文的规则也是类似的)，读起来感觉很累。这些问题都是需要规避的，“美感”是这里边的关键词。

对于颜色的运用，需要使用对比度强烈的字和背景，便于观众的阅读，尤其是方便坐得比较远的观众的阅读。使用颜色的时候，要注意颜色对比的逻辑性。比如标题字的颜色可以稍微浅一点，对于着重字与词颜色的使用，需要花点心思，找重点，一般不要超过一到两个。下边的例子是一对比较，图 5－29(b)的 PPT 会让观众看得很累，也不清晰，也看不到重点。当然这个例子比较极端。

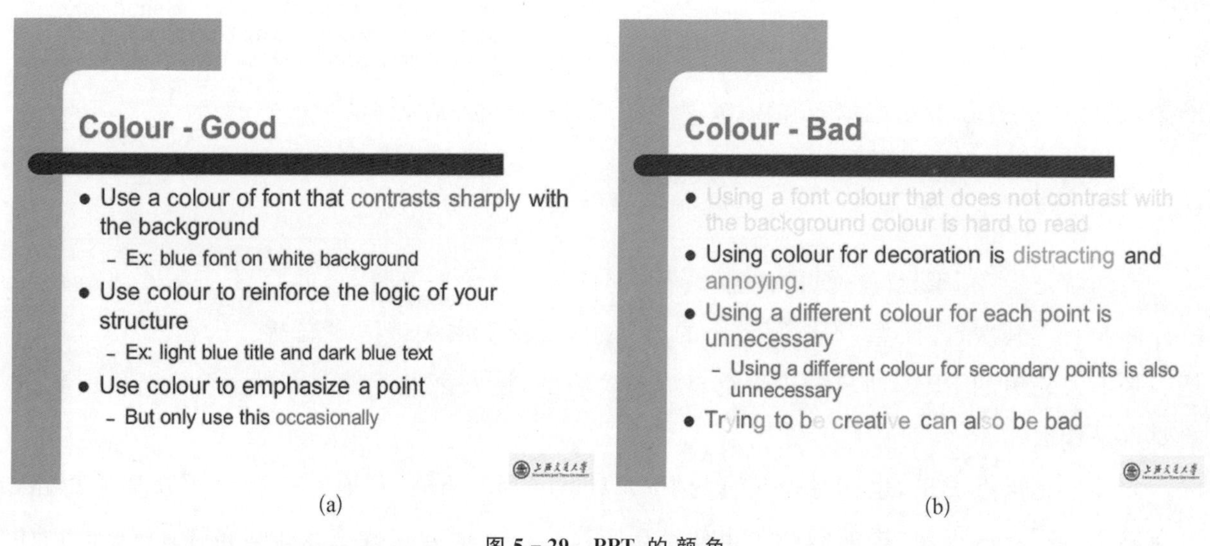

图 5－29　PPT 的颜色

图 5－30 是关于背景的选择，跟前面字体的选择类似，需要选用对比度强的背景，把前面的字和内容衬托出来。避免使用亮丽的背景，使用白色和灰色的比较好，当然也可以使用偏黑和深颜色的背景，对应的字体的颜色最好是浅色的，形成明亮的对比。使用偏黑颜色的背景要考虑，PPT 将来的印刷及其彩色与黑白的转换。基本原则是，尽量使用简单的颜色。图 5－30(b) PPT 是一个不好的颜色使用。

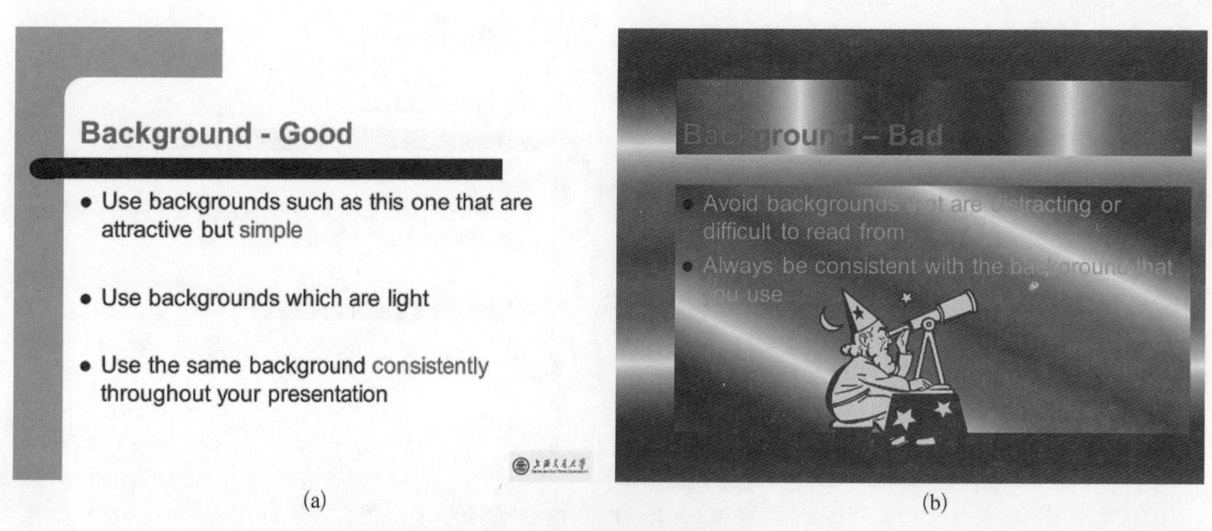

图 5－30　PPT 的背景

图和表是 PPT 里面常用的，也是推荐使用的演示方式，图或者曲线表达的结果非常直接，也会在观众的头脑中留下比较深刻的印象。一张曲线和图，应该包含以下内容：图的名称，X 轴和 Y 轴的内容，主要的要点。对于表格，其特点是形成直观化的对比，通过对比来留下深刻的记忆，了解了这个重点便于构思表格的结构。曲线和图大的原则是要清楚、可见和简洁。图 5-31 是一张图和曲线的例子，在这个曲线中，包含的题目，包含了 X、Y 轴和相关的变量，其次就是要注意到，图的字要清晰可见，一般而言，字体的大小要在 14pt 或者三号字体以上。

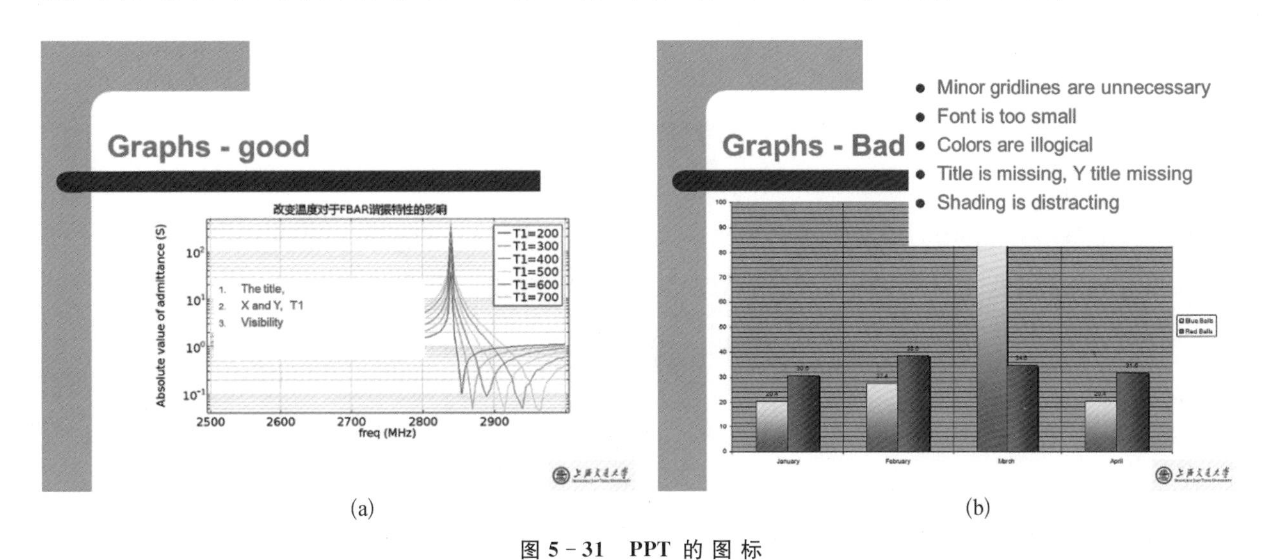

(a)　　(b)

图 5-31　PPT 的图标

图 5-31(b)例子是不好的，主要错误在于：栅格又黑又密，视觉效果不好，也不利于阅读；字体太小看不清；颜色也不合逻辑，阴影也影响了视觉；没有标题，要表达的意思不清楚。总体上，就是感觉非常不好。科学论文图表的制作原则主要是规范、简单、美观和专业，科学论文图表的关键在于清楚地表达自己的数据信息。

PPT 的长短篇幅要根据场合而定，短的一般只有五分钟，如面试前边的简短介绍；而长的有 20 到 30 分钟，要根据篇幅准备相应的页数。

2. 讲 PPT

如何解说 PPT 也是一门学问。首先是时间的掌控问题，前面我们说过有两类 PPT，一类是短的，可能 5 分钟，长的一般是 15～30 分钟，要先在 PPT 展示之前就要确定自己实际展示的时间。通常的问题都是 PPT 讲的过长，避免发生超时的最直接的方法就是先做演习以确定时间无误。一般第一次都是不成功的，需要做第二第三次，可以邀请一些朋友当听众，也可以对着镜子练。演习要跟真的一样，要大声念、大声讲。

PPT 演示总的原则是，每分钟大概要讲完一到两页，在文字页的陈述部分，要呈现的要点不超过 3～5 个，对于图和曲线页，要着重讲一个基本点，在讲解 PPT 的时候，注意声音要洪亮和清晰，讲话的语速通常情况下每分钟 180 到 200 字之间，在衣着等方面要注意整洁和洁净，这是对听众一个基本的礼貌。

PPT 展示的开头有一些开头语和问候语，可能是：“各位专家，各位领导，早上好(下午好)！

很荣幸给大家做这个演示,很荣幸给大家介绍这个产品……"然后简要地介绍一下你自己,你是谁?在哪个单位?对于课题的开场白,可以是一段故事,可以是一段背景。PPT的开头跟一个文章的开头差不多,可以参阅相关的文献,怎么做一个开场白与开头对于推广类型的PPT甚为至要。

然后是PPT的纲要部分(outline),需要对整个的PPT做一个简要的概括性介绍,这一部分的讲解,要注意语速不要太快,要把这一页说清楚、讲明白,把整个PPT的重点讲清楚。通常的毛病在于这一页走得过快。要利用这一页把你今天要讲的这个PPT的结构概括到位,包含why,what,how,what。在讲解的方法上,不一定沿用刻板的词语和模板,比如why we do this, how we did it...,要根据具体的课题内容做相应的调整。比如图5-32的例子,就是针对PPT的标题"High Temperature Embedded Sensor Built on Aero-engine Turbine Blade",根据前面这个基本结构来改写成的适合于这项标题的Outline。在这四大项内容当中,第一项的内容讲的是背景,第二项的内容讲的实验是怎么做的,第三项内容讲的是实验的结果,第四项是总结。这样的写法既不显得枯燥,内行的人也看得懂你要讲什么,几个部分都代表了什么。

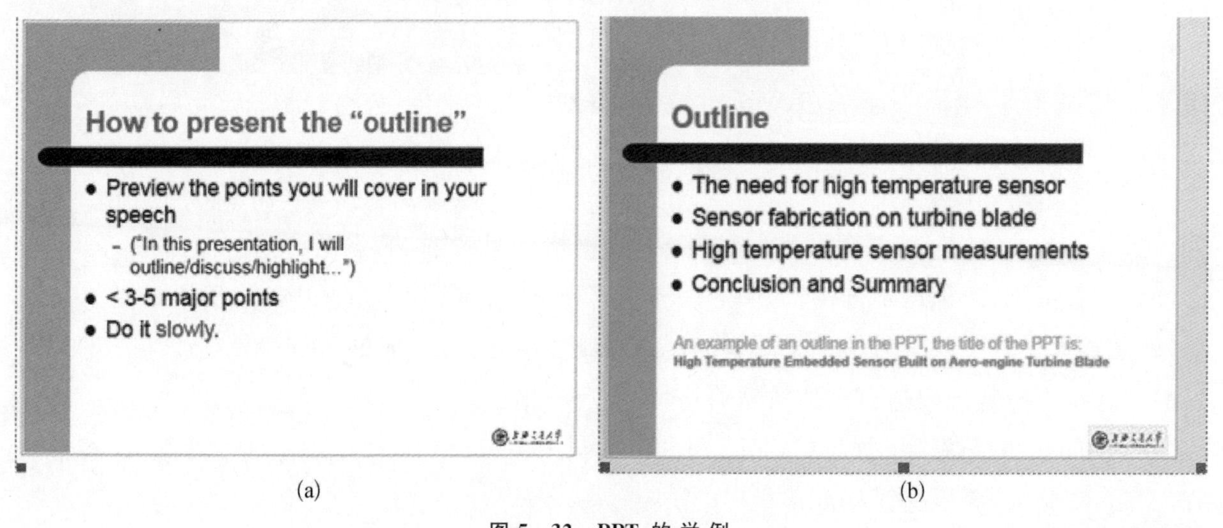

(a) (b)

图5-32 PPT的举例

PPT的具体内容部分的基本脉络就是,首先介绍课题的背景,也就是why的部分,然后引出要达成的基本目标what,在PPT的主体部分,讲清楚详细的how与what,也就是具体的事情是怎么做出来的,怎么衡量的?基本的结论与结果讨论,最后要做一下总结,并对重要的成果作一下强调。

对于科技类的PPT而言,正确地解释图表是非常重要的一项功课。以图5-33这张PPT为例解释一下内容的展示方式。在这个讲解的方式中,应该包含三个部分的内容,具体如下。

(1) 概述。这一张PPT向大家展示的是我们在航空发动机涡轮叶片上制作的MEMS高温温度传感器。

(2) 解释这上面的图是什么。图5-33左边的这两张图展示的是使用交大的校徽制作的高温温度传感器的图案,以及三维的轮廓图。图5-33右边的曲线图展示的传感器器件薄膜厚度在发动机涡轮叶片表面的分布。当我们在航空发动机涡轮叶片的曲面上沉积薄膜的时候，由于表面的曲度会造成薄膜厚度的变化，所以我们要预估一下薄膜厚度的变化范围。曲线里面有一个小图，在这个小图里边可以看到，我们利用一个倾斜的硅片来测量不同的薄膜淀积厚度。

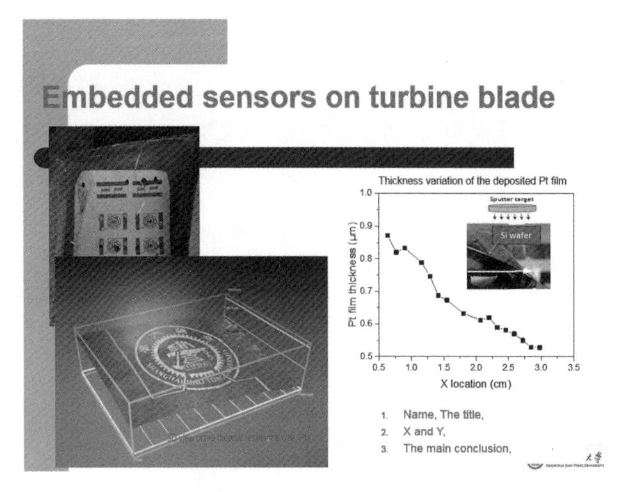

图 5-33　PPT 曲线图例

(3) 解释曲线的 X、Y 和内容。曲线的横轴 X 代表页面的不同的位置，Y 轴是薄膜的厚度。我们可以看到，距离溅射靶材比较近的位置，沉积的薄膜比较厚。厚度变化在 0.5～0.9 微米之间，也就是厚度的变化是 0.4 个微米。这个范围符合我们的制作要求。

虽然不同学科的科学曲线有不尽相同的方式，呈现的过程和内容大概都是参照这样的思路的。

然后就是关于 PPT 各个层次之间的过渡，比如在完成了 PPT 课题背景的介绍之后，就要进入到课题完成介绍和主要细节的部分，在这两者之间需要有一段过渡性的语言。此外，在介绍课题完成情况的当中，可能有几项子课题，他们之间也需要相应的过渡，这样的过渡一两句话就可以完成了。比如可以用，我要说的第二点是……刚才我们讨论了经济问题，现在我们讨论一下经济问题可能带来的影响……

最后就是关于结论部分的呈现。人有一种心理效应，就是对结尾的东西印象会比较深刻。利用这个心理效应，要在结尾这个不，把这个 PPT 里面强调的重点突出一下，以期给听众留下一个深刻的记忆。可以用“在这个讲座中，我们讨论的主要有以下几点……我们得到的重要结论是……”等类似的语句来呈现结果和结论的部分。陈述结论之后应该对相关的人和事表达感谢。

PPT 结尾的部分都有一个观众提问的环节，作为礼貌要对观众提出这种邀请。作为一种认真的学术态度，应该对观众的提问持欢迎态度，而不是持保护性的态度，很多提问对启发自己的思路和对下边课题的进行是有帮助的，所以对于问题不需要采用回避和找借口的态度。可以向观众提出这样的邀请：“我的汇报结束了，现在欢迎大家提问。”在提问当中，要注意仔细倾听，不要打断观众的提问。不需要马上就对问题作出回答，可以有简短的间隙供你思考和缓冲。如果思考的时间过长，可以讲一些缓冲的话，比如，这个问题提到了点子上，这个问题很有趣，或者，没有特别听清你的问题，可不可以重新讲一遍。

5.5　本章小结

与前面所讲的方法论和工程学的模型不同，这里面讲的是一些具体的操作方法（比如工程学的量值差线，提高工程学实验效率的实验方法(DOE)，也就是通过最少的实验次数确定主要的影响因子是什么)和操作工具(例如画曲线的软件)。这是工程实践方法最关键的一部分，尤其是作为工科系列的学生，要掌握的一些实用和常用的技能。比如什么是工程学的数，什么是工程学的量，误差、质量可靠性等。这些内容非常具体，非常接地气。

本章叙述做一项工程需要的几个大的步骤：立项、做项目、团队之间要互动和沟通、论文的写作与项目最后的总结与汇报。这里边需要指出的是，虽然逻辑上是从立项开始，到最后项目结束(结果汇报和科技论文发表)，但是在实际的工作当中，你所做工作都不是“空穴来风”，项目的申请往往是在前期项目的结果的呈现和汇报之后，有了一定的影响力和话语权的条件下，才有资格去提出项目申请，也就是说人家同意给你项目做，往往是基于前期原有项目的基础。

本章讲述团队在项目中的重要作用。工程学是一门 IQ 加 EQ 的学问，这是它和科学与艺术的最大区别，后两者都可以闭门造车，在系统工程当中，工程学的运作必须依靠团队。在一个团队当中如何进行有效的沟通、如何确定你在团队当中的位置、发挥你的作用。团队的构建模式、操作模式、如何衔接。

最后一部分是关于结果呈现。包括怎么写一篇科技论文，也就是说把做的东西能够有效的、有条理的、有逻辑的表达出来。很多的科学工作者和工程人、研究生等，他们可以把实验做得非常好、工作做得很细致，可是他们“只会做、不会说”，也就是表达能力欠佳，不会写论文、不会做 PPT、不会讲 PPT，不仅会影响未来个人能力的拓展，“不光是做不好产品的广告”，对于他们将来科研和工作的方向也是一个限制：写作、表达、征集不同的意见，有助于梳理行进方向和解题思路，让我们走得更远。

练习与思考题

5-1　项目申请书的写作练习。按照本节介绍的项目申请原则和步骤，针对你参与的学生社团或者其他活动组织起草一个项目建议书，要包含项目的目标、必要性和可行性及其索要申请的资源。比如，人员、资金、场地、时间及其分配状况。也就是要做什么，为什么要做，你具备的条件，你要申请的资源。

5-2　做曲线的小练习。先搜寻科学文献，用百度文献：http://xueshu.baidu.com/找到相关的文章后，用 Origin 软件在你所在的工程学领域中重复出一条曲线，注意画出的曲线需要和文章出版的尽量一致，包括字体大小格式等。

5-3　科学曲线与 IPO 关系的练习。学习使用 Origin 软件画一条符合出版标准的科学曲线，及其找出这条科学曲线的 IPO 对应关系和实验思路。具体做法也请参照本章和附录中的范例。

5-4　检视阅读的练习。确定你的工程学领域，然后找这个领域一个课题，再搜集这个课题的关键词。比如传感器关键词集：传感器，无线传感器，温度传感器，天线，信号，等等。然后在你的文章中，在整个段落当中，在整个页面的范围内，在一本书的浏览当中，快速移动眼球，快速浏览检视这些关键词，然后用笔把他们标定出来。几个同学一小组，请全组的同学同时在规定的时间内，针对同一篇论文进行关键词标定，然后对比大家的答案，让大家对自己的能力有一个评判，增加了练习的趣味性。

5-5　撰写科技论文的练习。改写一篇已经出版的小论文，包括标题，摘要，及其论文主体部分，不超过 2 000 字，不超过两张图，尽量使用自己提炼过的语言。具体的操作方法、要求请参见附录的范例。

第 6 章

树枝 2：工程学案例

我们把工程学的领域分为过去的工程学，现在的工程学和未来的工程学三大类别。传统的工程学分类方法大都是按科学领域来划分，这种分类方法缺陷在于：有一类工程学是在近代科学（指从 16～19 世纪这一时期的自然科学）产生之前其实已经就有了。比如水利工程，土木工程。工程学的起源不是科学，工程学的种子是科学、技术、人文这三只鸟播种的（见本书封面图和第 6 章 6.7 节，工程学 · 科技 · 人文）。由于工程学的门类过于分散缺乏系统性，所以在这里我们把工程学简化地分为：早期工程学（或者称为过去的工程学，比如农业和机械工程等）；现代工程学（也称为当代工程学、正在进行时的工程学，是科学成果的综合性应用，比如高铁工程等）；和未来工程学（以多学科交叉为特点、以应用为导向，比如现在的共享单车工程等）。工程学的每个阶段都各有特点：早期的工程学主要是为了生存，当代工程学是科学的应用，而未来的工程学是学科交叉点、新应用点。它们的特点可以用三个简单的关键字来描述，这就是试、猜和碰（如图 6－1 所示）。

过去的工程学 (Technique)	现代的工程学 (Science)	未来的工程学 (Art，dream)
试	猜	碰

图 6－1　工程学领域的分类的关键词

早期的工程学多源于技艺，通过不断的尝试而达到完美；现在的工程学是源于科学发现，猜想出这个发现会对人类产生什么样的应用；而未来的工程学是发自不同学科之间、科学与人文的相互碰撞。

在此我们对工程学的过去、现在和未来做一个较为详细的解读。

6.1　过去-生存需要

工程学经历了一个漫长的发展历程，早期的工程学，也就是 20 世纪初、科学理论建立之前的人类工程学。其中有些是为了生存的，如农业工程、机械工程、矿业工程、冶金工程、纺织工程等；有些是为情调的，如颐和园（建筑与土木工程）、满汉全席（食品工程）等；还有国家层面的，如长城工程、水利工程等。它们都是在科学[1]（主要是数理科学）[2]诞生之前就已经存在的工程学，它们的存在和演变是人类在顺应自然、征服自然、改造自然的过程中自然形成的。这里需要说明是，过去式的工程学不代表已经过时，比如农业工程还会延续到未来，机械工程外延为智能制造、电控和自动化的组分会越来越多。这里的过去仅指的是科学产生之前，人类因为征服自然和利用自然的需要所产生的工程科学，很多过去式的工程学还会继续发扬光大，农业要先进的机械化，水利工程需要更好地造福人民。

6.1.1　为了生存

人类的进化初期，生产力薄弱，人类在自然界中生存的能力是有限的。在"与天斗、与地斗、与人斗"的生存活动中，人类研发了农耕、纺织、土木、机械等工程学以达到人类生存的基本要求——衣食住行。例如水利工程，在中国的历史上有着非常突出的地位，从大禹治水开始，水利工程就甚为致要，黄河及其洪水泛滥造成的水灾饥荒，往往都是历代改朝换代的导火索。图6-2是水利工程的一个小结。它是"工程学导论"班级大一学生大作业的一个成果，这里仅供抛砖引玉之用。

在"过去的工程学"发展的过程中，工程学的基本思路是"trial and error"[3]，即"尝试→失误→改进"的循环过程，这里有一则草坪故事来说明 trail and error 的基本原理。

故事6-1　草坪的故事

保护草坪是很难的，因为草坪上的路往往并不是按人的方便性来修的。有一次一个设计师承接了一个项目，交付使用后在这个建筑物的周围全部铺上了草坪，没有路，任人去踩，几个月后，草坪上就分明出现了几条道：有粗有细，然后他就以此基础上修路，也有粗有细，结果可想而知。当然，这个故事有一个聪明的地方，就是利用大家的智慧来尝试，哪一条路比较方便，比较符合常识，要根据大家的习惯，做综合考究。

具体到选择适合自己的研究领域也可以尝试这样的方法。在开始的时候，你可以没有明确的目标，只要张开你的所有触角，去看、去读、去感受，你会不自觉地爱看一些东西，那是你的兴趣，也是你的知识结构决定的；日子久了，也会出现几条路，这些路也都可以通向你要追求的目标。本书上一个章节里面讲的"工程学的DOE"方法，就是一种有效安排 trials and errors 操作的方法，即通过最少的次数得出最佳的实验参数，可以用相关软件达成，这个就是现代科学

---

① 在西方世界直到17世纪，自然哲学（自然科学）才被认为是哲学的一个独立的科学分支。David C. Lindberg. The beginnings of Western science[M]. Chicago: Univ. of Chicago Press, 2007.

② ［英］牛顿. 自然哲学的数学原理[M]. 赵振江译. 北京：商务印书馆，2006.

③ 重复的、多样的"尝试-失败-反馈-尝试"直至成功是一个解决问题的基本方法。https://en.wikipedia.org/wiki/Trial_and_error. 参考阅读：蒂姆·哈福德（Tim Harford）. 试错力创新如何从无到有[M]. 冷迪，译. 杭州：湛庐文化，浙江人民出版社，2018.

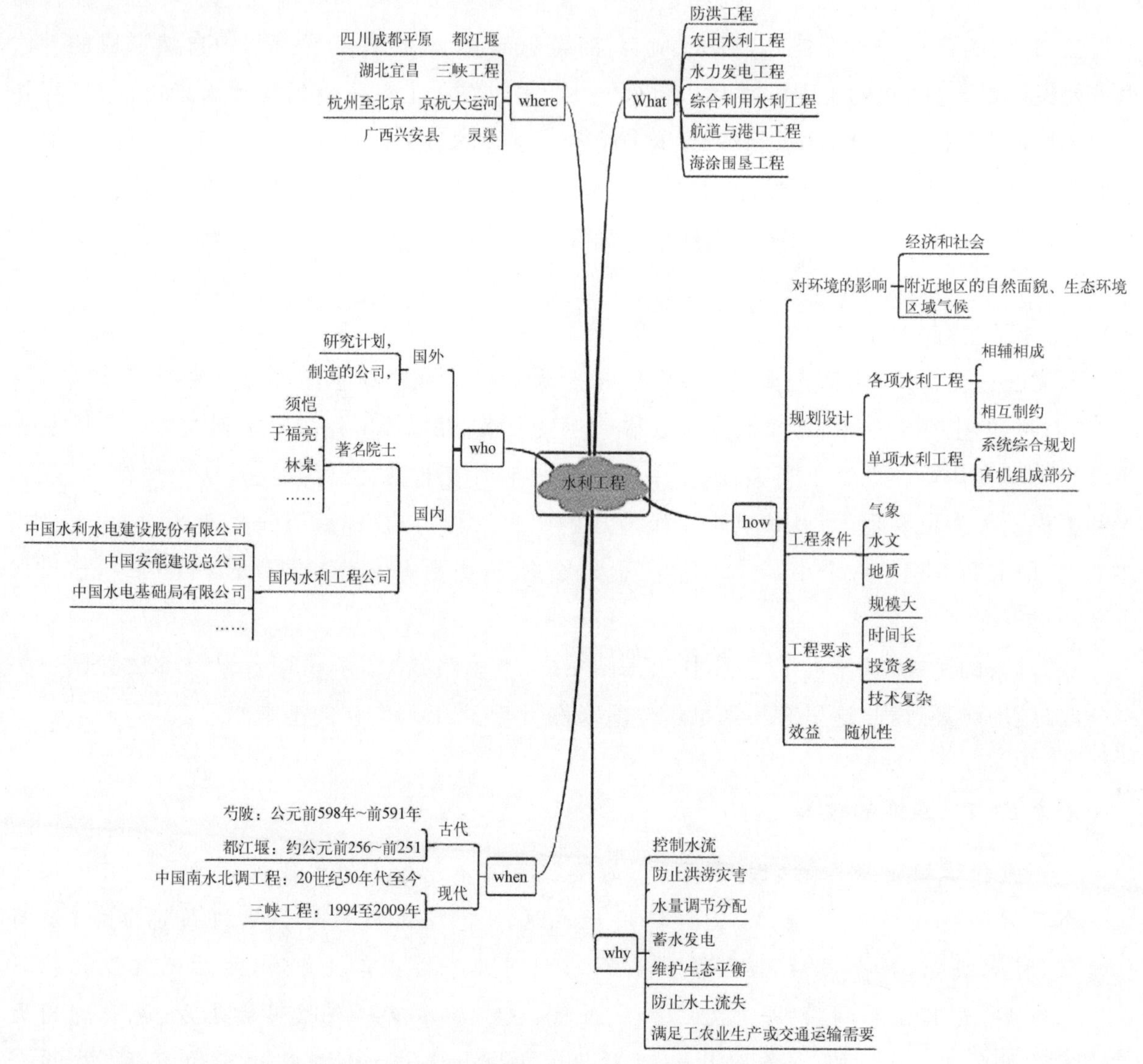

图 6-2 利用 5W1H 归纳的水利工程的方方面面

对“过去式工程学”方法的贡献了。

“试错法”这类工程学的操作方法并不是过时的，也会一直延续在现代与未来的工程里。它是人类进步历程中积累的智慧、会和像直觉、逻辑推理、心理学方法理论一样，结合科学发现与科学理论服务人类需求，被应用在以后的工程学实践当中。

6.1.2 为了“情调”

在过去工程学发展的过程中，某些工程有渗入各个时代的人成分。历代的社会结构与社会体系都有所谓的社会阶层和阶级，位于高层的社会阶层就有了享受的特权，工程学中加入了艺术、宗教等元素，由此也就衍生了一系列“阳春白雪”类的工程。如烹调工程、纺织工程、建筑工程和钟表工程。图 6-3 所示，是学生大作业的一个成果。

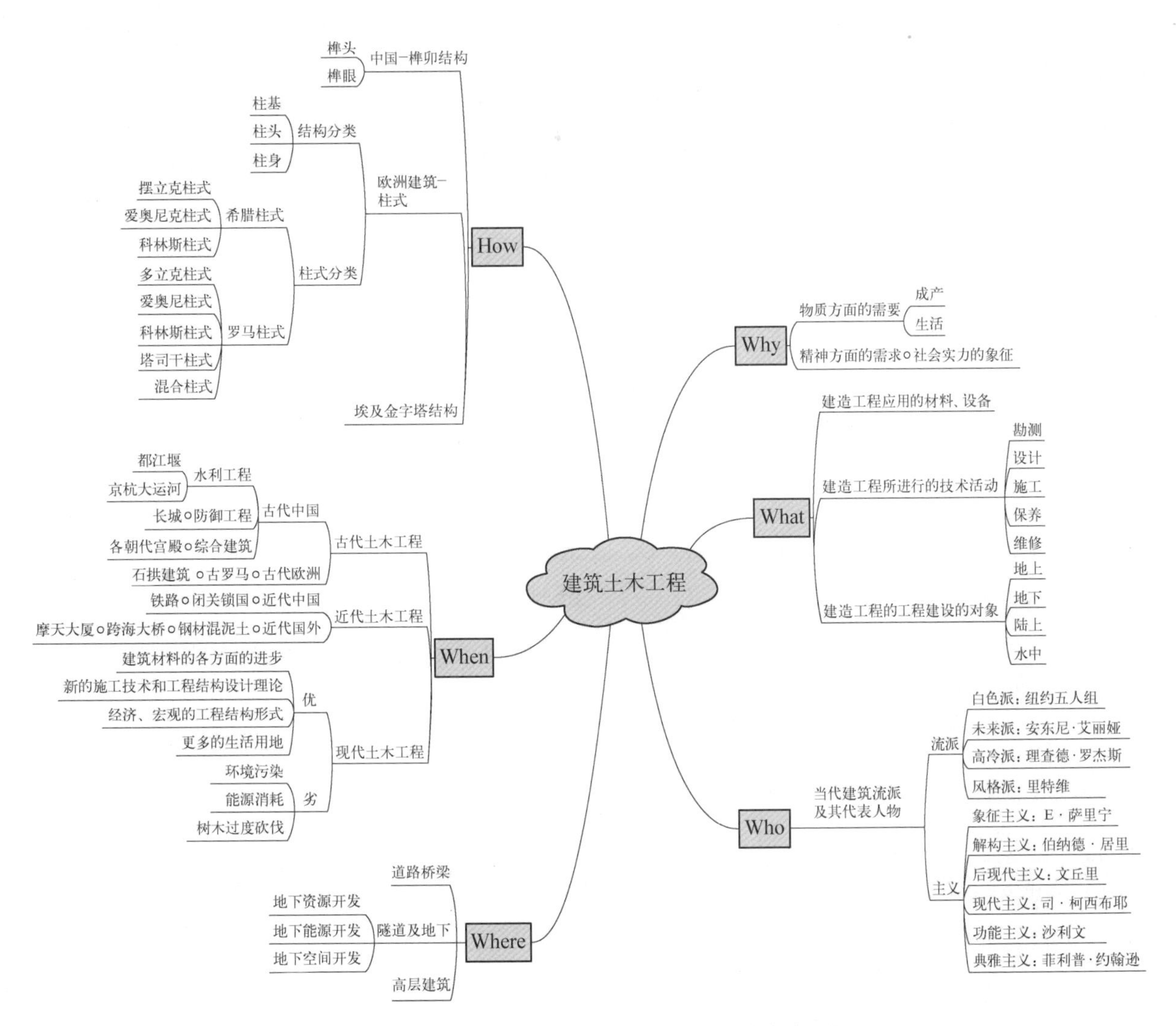

图6-3　利用5W1H归纳的建筑土木工程的方方面面

6.1.3　国家-维护国土主权

历朝历代、东方与西方，在管理国家的层面衍生出了一系列的工程。国家有维护国土主权、维护国民利益、帮扶弱势群体的社会和历史责任，历朝历代当政者为保障国民最基本的生存条件和环境，尤其是保障在自然灾害面前的生存和护救能力，由此产生了一系列“下里巴人”的“工程学”，就有了水利工程、有了中国伟大的万里长城、有了为郑和七下西洋的船舶工程。实际上在中国明朝朱棣年间的中国船舶工程比哥伦布发现美洲大陆还要早一百多年。那时中国的船舶工程已经世界领先了，只是中华文化之源头不是海洋文明的类型，没有继续进行海洋文明的开发之旅(如西方的哥伦布与马可·波罗的洲际之行等)。

6.1.4　过去的工程学还有未来

过去的工程学不是“过去式”，它们只是在科学发生之前就产生了，它的主要目的是为了生存。基于这个基本目的，这些过去的工程学并不代表它们不再往前发展，随着科学的发展和参与，这些工程学也在继续着它们辉煌的未来。比如传统的农业工程以人工耕作为主，就像故事6-2中描述的一样。

故事6-2　一日三餐的由来

在很早很早以前，传说世上的粮食是不充足的，所以天上的玉帝下了一道旨意，命金牛星到下界去传谕百姓。这道旨意是要百姓三天吃一餐，可是金牛的头脑比较笨，把这道旨意传成了要百姓一天吃三餐，金牛星把旨意传达后上天去回复，玉帝发现他传错了旨意，大为震怒，因此就罚他到下界去为百姓耕田，生产粮食，以其补过。所以以后每当老牛耕田归来，卧倒在稻草上时，都要叹口气，好像为他做出的事受罚而叹息。

21世纪，这个牛已经变成了"铁牛"，即拖拉机，然后引入农业机械化、大面积农耕的现代农业工程。这项工程不仅牵涉到科学技术，而且也会牵扯到人文及其政策体制。农业工程会与时俱进，会有更新的未来。图6-4是利用5W1H规划的整个农业工程的脉络，关于农业工程的一些总结。农业工程的why讲得直白一点，就是为了吃饭，这是人生存的最基本的需求。农业工程的who是农产品的产业链条，whom是它的市场。这个产业链条不仅包含了农民、也隐含了政府政策对于农业整体工程的引导。在我们国家，从打破地主对农民的阶级剥削到人民公社、到分田大包干，乃至现在的大规模农业机械化耕作，目的都是提高农业的生产效率，从总体和个体的角度利益国家和利益人民。农业工程的how是以前传统农耕手段，到现在的农业机械化及其农产品的二次加工等相关行业，如农业机械化、电气化与自动化工程、水土利用工程与生物环境工程、农业能源工程、农产品加工与贮藏工程等。

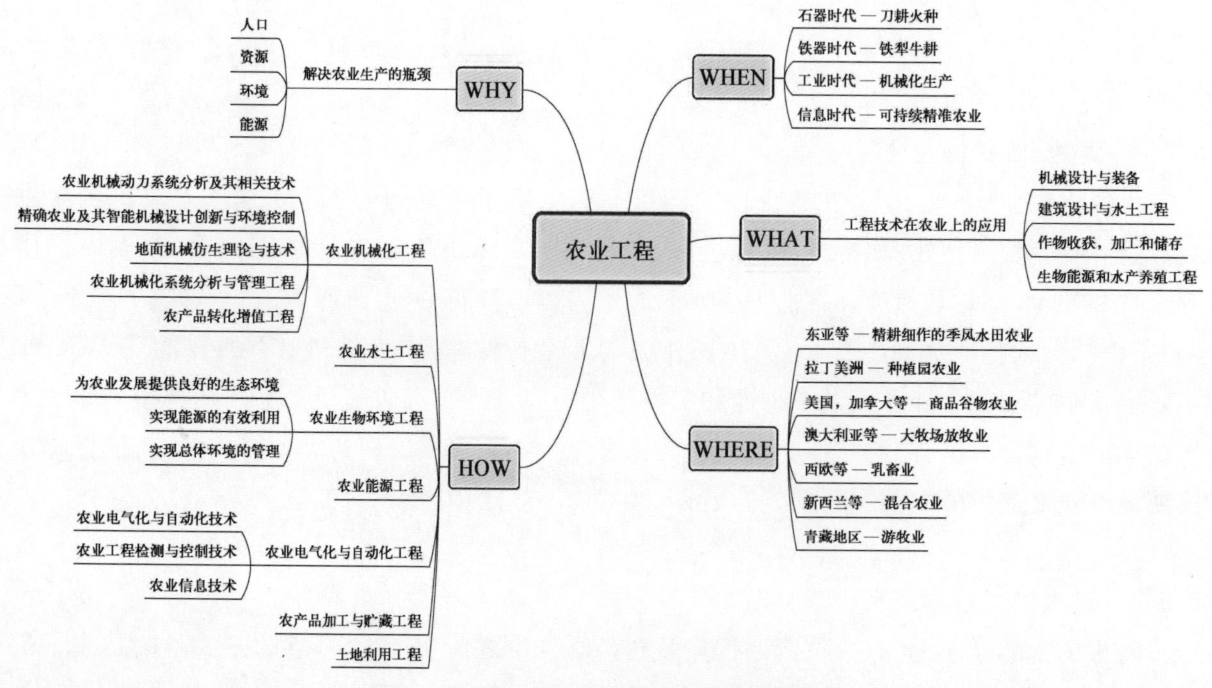

图6-4　利用5W1H归纳农业工程的方方面面

除了农业的机械化之外，各种转基因、各种生物工程在农业工程中的应用和影响讨论，都会给传统的农业工程带来新的含义，“旧瓶装新酒”。这些工程学和人的衣食住行密切相关。它们不会消失，只会越变越好，越来越自动化和智能化。而转基因等生物技术（见图 6－5）为传统农业的未来提供了其他的可能性。

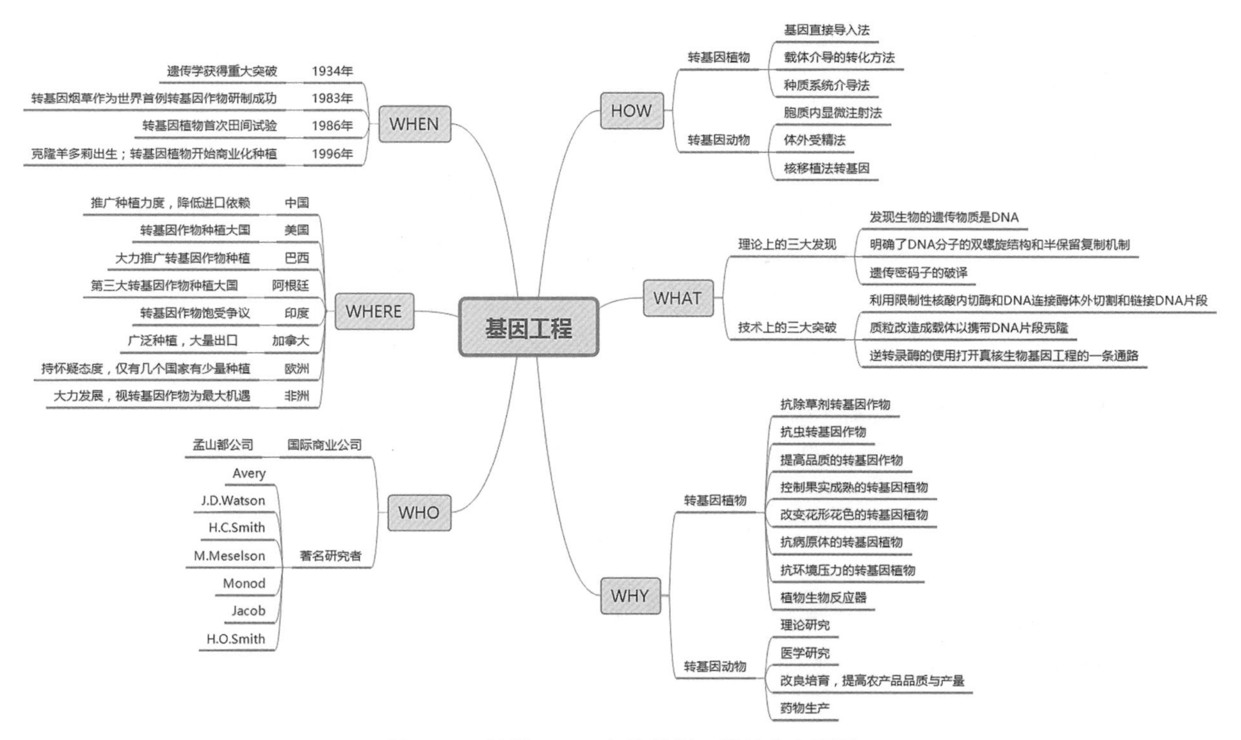

图 6－5　利用 5W1H 归纳基因工程的方方面面

以上都是“工程学导论”课程实践过程中学生的作业。作为大学本科一年级的学生，做这样的调研，只能是初步的调研结果，它的严谨性及正确性有待于进一步的探讨，这些图只是给未来的工程人提供参考思路。

6.2　现代—由科学演绎而来

工程学的“现在进行时”指的是现代工程学，大致从 20 世纪初到 21 世纪初。现代工程学的最突出特点是“现代工程学是由科学原理演变而来的”，是基于科学发现、运用数理逻辑推演为人类文明带来福音的一系列社会性很强、系统性很强的人类行为。现代工程学是由科学“变出来的”，是从科学（主要是数学和物理学）的产生与发展开始的，这里举一个比较典型的例子：微电子学。

纵观微电子学 30 年的历程，就像是用科学变了一个戏法，变出了微电子工程。它是物理学（尤其是量子力学）应用的产物，是薛定谔方程在固体物理当中推演的结果，“薛定谔方程”本身就是“编”出来的，它的产生像是一项“传奇”。图 6－6 显示了薛定谔方程是怎么“编”出来的。

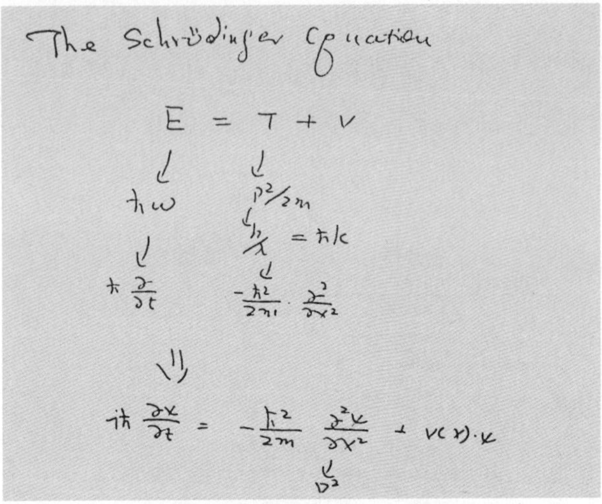

薛定谔方程最早的源头是传统物理学当中“能量等于势能和动能的相加之和”。然后薛定谔结合近年来量子力学的一些成绩，把这个动能和势能及其能量本身作了一些“改写”。这些量子力学的成绩主要由物理学家路易斯·德布罗意和爱因斯坦贡献的：德布罗意把爱因斯坦 1905 年关于光量子和物质的两个能量公式通过简单猜测的关系结合起来：$h\nu = mc^2$（其中 h 为 Plank 常数、ν 为频率、m 为质量、c 为光速），德-布罗意用他的思想预言了一束以动量 p 运动的电子应展示波动性，波长为 $\lambda = h/p$，这即是著名的德布罗意波长。在 1923 年末，薛定谔又受通过德布罗意波粒二重性的激励提出波动理论，即波函数 ψ 的概念。他发现，如果把动量换成作用于波函数 ψ 上的微分算符 $h/2\pi i\partial \cdot \partial x^{-1}$，那么方程就会来自经典的运动方程 $E = p^2/2m + V$。沿着同一思路，在 1926 年夏，薛定谔引入了能量算符 $E = -h/2\pi i\partial \cdot \partial t^{-1}$，因为 v 为时间倒数的量纲，并把含时间的波动方程式表示为 $H\psi = E\psi$，这里的 ψ 代表波函数，它不是一个实际的物理量，所以才说这个方程是虚构出来的，这些前期的量子力学成绩被薛定谔所用而推演出来“薛定谔方程”，由它推出的很多物理结论都是正确的，并且产生了很多新的理论和衍生出很多工程应用，所以才说，这个虚构的方程是神奇的，依靠它像变戏法一样，便出了如微电子这样的实际工程学应用。

图 6-6　薛定谔方程的演变过程

薛定谔方程被成功的应用到固体物理中并演化成“半导体物理”。这里面还有一项很聪明的科学技巧：利用数学原理虚拟了一个所谓的“K 空间”。K 空间是实际三维空间 R 的“倒空间”，物理空间称为 R 空间，代表物理意义上的尺度。

K 空间和 R 空间构成一对中庸之美，K 描述“动”，R 描述“静”。

K 空间描述的是动量，它不是尺度空间，而是速度空间，用于表征粒子的速度和动量的分布与行为，而三维空间 R 描述的是粒子在三维尺度中的分布与行为。由 R 空间导出粒子的浓度分布，而从 K 空间导出的是能带理论，能带理论的建立为半导体物理的发展奠定了理论基础。比如利用能带论的理论推演出为什么有半导体，而它最为特殊之处在于这个“半”字。台积电的创始人张忠谋先生非常喜欢这个“半”字和“半导体”这个词，而不太喜欢后来常用的“集成电路”这个词，就是因为半导体有一种“中庸的美”：半导体“能上能下”，即在半导体中能够调控其电阻率，从而可以轻易地将半导体变为绝缘体，或变为导体，所以半导体处在中间“可进可退”的位置，可以实现两个电学状态的转换，即形成“0”和“1”两种状态。利用半导体的这种特性制作了 MOSFET 晶体管，会产生“1”和“0”两个状态的转换，具备了存储器和进行二进制运算的基本特性。

半导体的这种特性与18世纪德国数理哲学大师莱布尼兹发现的二进制完美地结合了起来。二进制有一种"中庸"的美，因为它描述了一个"2"的世界。莱布尼兹从数学哲学科学的角度发明了二进制算术计算系统，是一位伟大的极具远见的科学大师。但是文献也记录了莱布尼兹对二进制的宗教与哲学解释。他第一次提到中国是1666年。他不仅对中国产生全面的兴趣，更为可贵的是，他一下子抓住中国文化的源头和核心著作——易经。中国的阴阳理论衍生出来的易经八卦，实际上就是二进制衍生出来的一些卦象组合。莱布尼兹可能是得到了阴阳与八卦的一些启发，成就了他的二进制计算体系。因此，莱布尼兹的思想和成就也称为中华文化的血肉组成部分。

以二进制体系为基础的软件系统与以MOSFET器件1与0为基础的数字集成电路系统不谋而合，两者的联姻造就了当今的微电子工程。因为MOSFET器件也有两个工作的状态，即高电平与低电平，电路的操作也只在两个数字信号0和1相互转换，其构建的数字电路简洁可靠。而对于模拟信号，即连续电学信号，比如电流、声波频谱，可以通过数模转换的方式变为数字信号，并且经过数字处理器DSP进行信息的处理、传输与储存。就这样，小小的半导体和莱布尼茨的二进制形成一对完美的"婚姻"，在这个"2"的世界里，MOSFET和1&0相爱、相恋并结婚，是微电子硬件与软件工程的完美结合。这对姻缘造就了当今的微电子与互联网+，并由此改变了21世纪的人类社会形貌，正如莱布尼兹本人所说：

> 1与0，一切数字的神奇渊源。这是造物的秘密美妙的典范，因为，一切无非都来自上帝。

总之，薛定谔方程是"编出来的"，但是这个"虚构"的方程为推演出未来"实际"的微电子世界有着不可思议的贡献，这一点可能需薛定谔本人也没有预料到。莱布尼兹偏爱中国的阴阳哲学，用0和1编织了一个2的数学世界。这两项科学都是"闭门造车"的基础科学研究，它们对未来的作用也都不是作者可预期的，表明了基础科学对未来工程学的长远作用。

微电子学不像传统的工程学，如土木工程源于人类的生活和文明的需求，人要有住的地方、要有交通、要有生活，所以需要住房、需要城镇；微电子工程是"奢侈品"，似乎没有它，人类也可以生存，某些国家的网络不发达，然而人民的幸福指数也不低。但是，微电子工程让人类更美好，微电子促成了千里眼和顺风耳，微电子工程使"世界很小，是一个家庭"成为现实。

如图6-7所示，以C919大飞机工程为例，C是China的首字母，也是商飞英文缩写COMAC的首字母，第一个"9"的寓意是天长地久，"19"则寓意C919大型客机运期目标最大载客量为190座。[①] 由中国商飞研发的首款国产大飞机于2016年5月5日进行下线后的首次飞行。C919中型客机是建设创新型国家的标志性工程，具有完全自主知识产权，它的发明极大

① 中国新闻网[EB/OL]. http://www.ce.cn/xw2x/gndxw/201705/05/t20170505_22548766.shtml.

地增强了国人的自尊心、自信心和民族凝聚力。这是工程班同学基于 C919 工程为航空工程学做的调研。飞机是科学的产物，没有一系列的热力学、力学、材料学的科学原理，没有整合这些科学体系的机构(航空航天院所)就不会产生飞机，这就是所谓的 3＋1 工程(对应高校里的热力学物理与工程系、机械系、材料系和航空航天学院)，所以航空工程学产生于科学的发展之后。

C919首飞	国家的标志性工程，具有完全自主知识产权，它的发明极大的增强了国人的自尊心、自信心和民族凝聚力。

What

航空工程（aeronautical engineering） 将航空学的基本原理应用于航空器的研究、设计、试验、制造、使用和维修过程的一门综合性工程技术。关于飞行及提供飞行保障的各种技术也是航空工程的内容。航空活动主要是在离地面30千米以下的大气层内飞行。航空工程以基础科学和工程科学为基础，广泛采用现代科学技术的最新成就。航空工程包括：空气动力（见空气动力学）、结构强度、材料与制造工艺、发动机（见航空发动机）、飞行控制、通信与导航、航空军械、风洞实验、可靠性与质量控制、安全救生、环境控制、航空仪表、飞机维护修理及垂直起落技术、电子对抗技术、隐身技术等。航空工程通常采用系统工程的理论和方法来组织实施。在研制的全过程中，统筹安排，求得整个系统的最佳效果。

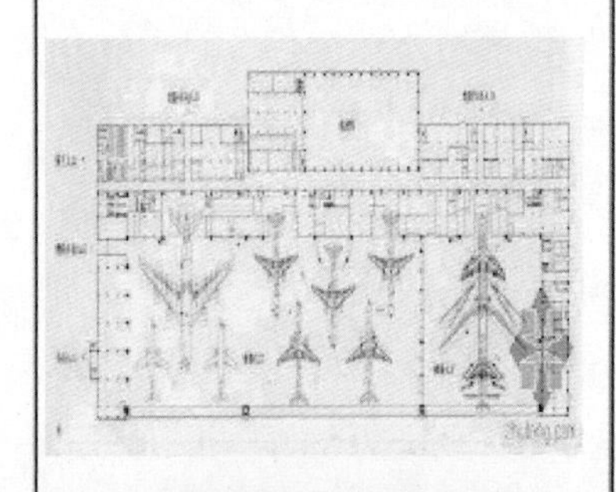

Why

飞机作为民用运载工具同样得到了迅速发展和广泛应用。民用飞机每天都在造福人类。
它在运输领域充分施展才能，加快了社会运转的速度，改变了人们的时空观，“缩短”了不同国家和地区间的距离。通用航空在国民经济和社会生活其他方面，也都大显身手。可以说，拥有飞机和直升机数量的多少，在一定程度上已经成为衡量一个国家经济发展水平的标志。

飞机带来了新的军事文明、新的交通文明、新的时空文明。人类与时间、人类与空间、时间与空间的关系已经并且还在因飞行而改变。航空的每一次进步，都是一次对自然、技术和人类生理与心理极限的挑战。但是，人类并不满足这些成就，探索未知的秘密，追求更大自由的脚步始终没有停歇，更大、更快、更好的飞机将会在新的100年中不断飞上蓝天，为人类造福。

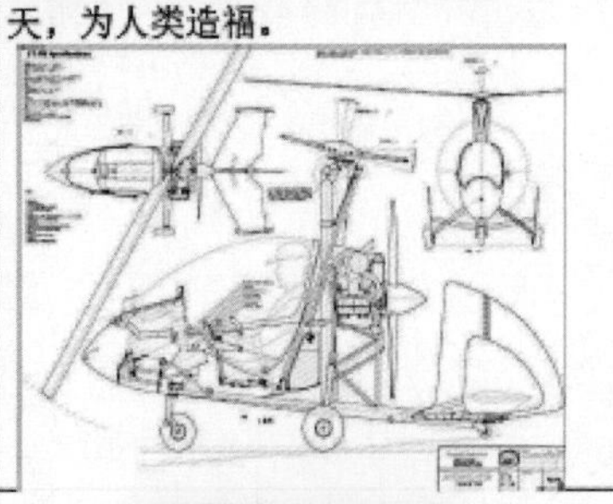

How

伯努利定理基本内容：流体在一个管道中流动时，流速大的地方压力小，流速小的地方压力大。
飞机的升力绝大部分是由机翼产生，尾翼通常产生负升力，飞机其他部分产生的升力很小，一般不考虑。从上图我们可以看到：空气流到机翼前缘，分成上、下两股气流，分别沿机翼上、下表面流过，在机翼后缘重新汇合向后流去。机翼上表面比较凸出，流管较细，说明流速加快，压力降低。而机翼下表面，气流受阻挡作用，流管变粗，流速减慢，压力增大。
这里我们就引用到了上述两个定理。于是机翼上、下表面出现了压力差，垂直于相对气流方向的压力差的总和就是机翼的升力。这样重于空气的飞机借助机翼上获得的升力克服自身因地球引力形成的重力，从而翱翔在蓝天上了。

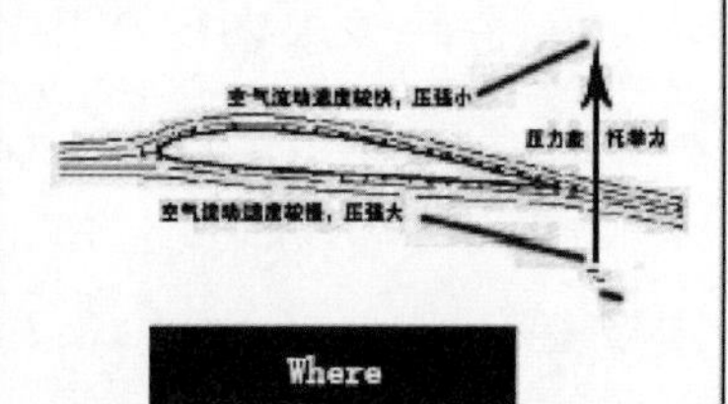

When

2006年1月，立项，将大型飞机项目列为国家中长期科技规划的16个重大专项之一。

2017年5月5日下午十四点，C919在浦东机场第四跑道成功起飞。代表的是中国首型中型客机最大载客量为190座。

Who

C919的合作企业主要包括霍尼韦尔国际公司(Honeywell International Inc.)、美国联合技术公司(United Technology Company)、UTC宇航系统公司(UTC Aerospace Systems)、派克·汉尼汾公司（Parker Hannifin Corp.）协助开发国产C919大型客机的主飞控系统，参与线控系统包括水平尾翼配平作动器与电机控制；副翼、方向舵、扰流器与升降舵助力器；远程电子组等和CFM国际公司。

Where

2008年5月，中国商飞在上海揭牌成立，总部设在上海。公司注册资本190亿元。
2008年11月，C919项目启动。
2009年12月26日，C919大型客机机头样机工程在上海商飞正式交付。
2016年12月25日中国商飞公司C919飞机首架机交付试飞中心。
2017年2月13日13:10，中国航油顺利完成中国商飞C919飞机首飞演练的供油保障工作。

图 6－7　利用 5W1H 归纳 C919 做的海报

现在工程学领域着重“科学”在人类应用中的演化过程。下面以两项中国骄傲举例(高铁工程与高压输电工程)，阐述科学在工程学中发挥其作用的过程。高铁工程的最初的科学原理是源于电学与动力学，是科学、土木工程与人文地理学的有机结合；而高压输电工程则是电学与中国的国土环境与人文经济密切相关的一项与时俱进的工程技术。

6.2.1 高铁工程

高铁给中国人民带来的巨大深远利益。高铁增加了各地区之间的经济文化交流，激活了中华民族的活力。具体表现在以下两个方面。

一是高铁放大了人们的时空观，使得长假变短、短假变长了。比如以前春节放假一般是一个多月，时间太长，假期的后半段很无聊，让人无事可做，人也变得懒散。而十一假期和清明节的假期都偏短，只有1到3天。现在，春节已经变成7～14天，十一假日变成了7天，清明节也调成了3天。国人利用这段适中的假期游历全国，使原来感觉远不可及的相邻两座城市在很短的时间内实现“同城化”。在“同城化”时代，随着来往人员和次数的增多，原来生活在不同城市人们的思想意识、工作模式、消费观念、生活习俗就会在频繁的接触中相互融合、得到优化，从而促进现代城市文明不断地进步。同时，高铁也刺激了经济的发展，增加了大量的工作机会，增加了中国出口世界的机会。

二是高铁树立了一个中国第一的品牌，这个“第一”可比第二、第三要超出很多(不像很多的高考分数、第一和第二只差一分)。比如高铁线路国土覆盖广度与难度这一项，中国高铁的线路总长度占世界60%，超过了全世界所有国家高铁总长度的总和，超出第二、第三很多，高铁成为一项中国骄傲。

从工程学的角度，高铁工程是两个工程的有机叠加：高铁机车与铁路工程。前者是电气与机械，后者是地理地质与土木工程。

1. 高铁机车

图6-8总结了高铁机车技术(工程班学生大作业的一个成果)。

高铁列车和传统火车是完全不同的两种驱动原理：传统的火车是利用瓦特原理或是内燃机原理，需要有一个车头、需要自带能源(比如说煤或柴油)，而高速列车的驱动是靠电力。高铁的“车头”也不止一个，有的是一个车头带动4组列车，可以分布在高铁各个车厢之间，架有电机的就是动车，没有电机的就是拖车。所以一开始高铁被称为动车。以CRH3动车组为例，全车4个动车，每个动车有两个转向架，每个转向架上有两台电机，CRH380AL是16节长编组列车，全列装有56台牵引电机，牵引功率达到2万千瓦以上。在如此强大的动力之下，列车加速到300公里/小时只需4分钟，加速距离为12公里。各个车厢集体同步加速，同步刹车，加速快、刹车快、稳定性高。从2004—2005年相继引进日本、法国、加拿大和德国的高铁技术，由2010年7月铁道部下属的工厂推出了中国第三代动车组CRH380，是世界上最快的有轮子的列车(对比磁悬浮列车)，这就是“和谐号”，它没有完全国产化，先跑起来、先“和谐”起来再说；在后来的短短7年间，高铁列车实现国产化和自主化。2017年“复兴号”开始运营，国产化的高

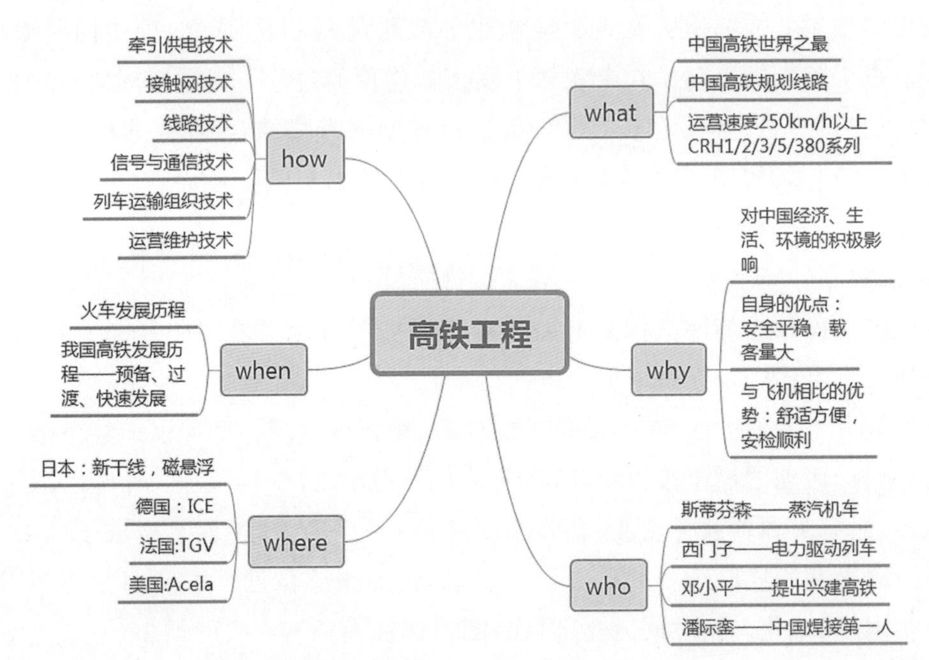

图 6-8　利用 5W1H 归纳的高铁工程的方方面面

铁列车叫“复兴号”，是中华民族伟大复兴的含义。

2. 轨道工程

高铁铁路工程又分为轨道土木工程和轨道技术工程两大项，这是中华民族精神力量和技术创新的结晶，建设道路很辛苦(尤其是青藏高原)，需要足够的耐力和吃苦精神，需要足够的精神力量；轨道技术是中国特有的无砟轨道和无缝焊接技术，这两项技术的关键点不一定是在于它的独创，难得的在于它的稳定和可靠性，尤其是在中国这样宽广与复杂的地理上建筑这么长距离的轨道系统。

(1) 轨道土木工程是指高速铁路的整体规划，中国高铁八纵八横的计划，是国土规划、国民经济、人文、地质地理综合考量的结果。轨道技术工程指的是高铁轨道的铺设，即无砟轨道(Ballastless track)和无缝焊接技术，这部分的工程与科学密切相关。潘际銮①作为中国焊接第一人功不可没。当时记者采访：“为什么过去的火车时速达到 100 公里都很困难，而现在可以达到 300 多公里？”潘院士回答：“因为是‘滑’过去的，钢轨之间焊接的接头没有了。”每节钢轨是 100 米，先在车间里将 100 米焊接成 500 米，再到线路上将长度为 500 米的不同钢轨铺成整个轨道。“对焊接口是有要求的，要非常光、非常平，像平路一样。”潘际銮连着用了两个非常，“就像高速公路一样，如果路面很平的话，车子就走得很稳。”我们还记得传统的火车通过的时候有咯噔咯噔的声音，还老感觉晃动，这就是火车通过钢轨接缝产生的声音，低速运行的时候这个还不是事儿，但是速度达到 400 m/s，就会产生各种问题，尤其是可靠性的问题。要高速运行，对轨道的光滑度要求极高。坐在飞驰的动车组上，这些现象却全然没有，这就是高铁轨道的魅力。

① 院士，清华大学教授。

（2）轨道技术工程。高铁轨道是我们国家高铁发展的关键技术之一，作为中国焊接第一人的潘际銮及团队，攻克了焊接点的温差应力的问题，就是众所周知的热胀冷缩问题。夏季轨道温度升高，钢轨势必伸长，如果延长就会转化为压应变，在钢轨内部产生压应力；冬季轨道温度降低，钢轨势必缩短，如果冷缩转化为拉应变，在钢轨内部会产生拉应力。这种因轨道温度变化而引起的应力称温度应力，也就是我们常说的热胀冷缩。以前解决这个问题的方法就是在两个钢轨间留个缝隙，而现在要焊在一起，解决铁轨之间的应力问题成为无缝线路正常运行的关键，这也是衡量焊接工程学结果的一项重要指标，其中隐含了一些科学与技术的关键攻关课题，由此也衍生了一系列的工程学方法。

6.2.2　高压输电工程

1. 民族利益

中国地大物博，资源丰富，绿色能源富足，且多在西部；中国人口众多，且多在东部。正如清华的校歌第一句这样唱到："西山苍苍，东海茫茫，莘莘学子来远方。"讲的就是中国的地理，中国的西部多高山，且地域辽阔；中国东接东海渤海，且人口密集。人口东多西少，资源却西多东少，这是我国人口与资源发展不平衡的事实。如今，雾霾已经侵占中国大部分地区，许多地区人民已经"自强不吸，厚德载雾"。而不清洁能源的燃烧是造成雾霾的一个重要因素。要解决这一问题，利用高压输电从中国西部的无人区输电到东部是我国的一大战略。

2. 工程学成就

高压输电工程也是一项由科学(也就是物理中的"电"科学)衍生出来的工程学。高压输电的科学原理是很直白的，输电线上的功率损耗 Q 正比于电流的平方(焦耳定律)

$$Q = I^2Rt$$

式中 I 是电流、R 是电阻、t 是时间。所以在远距离输电时就要利用大型电力变压器升高电压以减小电流，使导线减小发热能有效地减少电能在输电线路上的损失。由于发电厂发出的电功率 P 是一定的

$$P = UI$$

若提高输电线路中的电压 U，那么线路中电流 I 一定会减小，输电线损失的功率会相应减小，对于 1 000 千伏称为特高压的输电线路，升压比为 4 500 倍(1 000 000/220 V)，电流降低到原来的 1/4 500，线路中损失的功率就减少为 4×10^{-8} 倍，因此说提高电压可以大大地降低线路中的功率损失。在同样输电功率的情况下，电压越高电流就越小，这样高压输电就能减少输电时的电流从而降低因电流产生的热损耗和降低远距离输电的材料成本。这里有一个关键的元件就是变压器。图 6－9 显示了变压器的 IPO。

图 6－9 中 I(input)是指接在输入端的电压、电流以及功率。

图 6－9 中 P(process)是指变压的过程，其原理是电磁感应原理，通过线圈匝数的不同来控

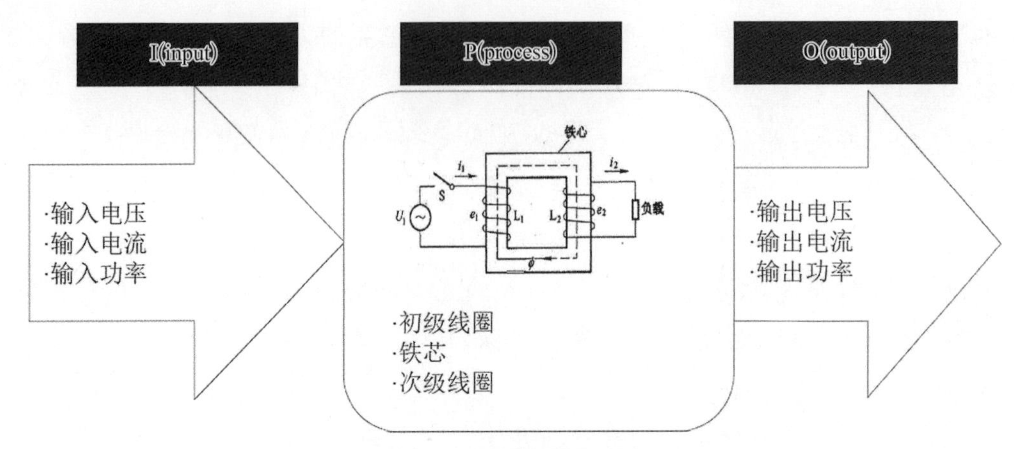

图 6－9　变压器的 IPO

制变压比。其中铁芯的作用是形成磁阻很小的偶合磁通的磁路，提高变压器的效率。

图 6－9 中 O(output)是变压器的输出电压、输出电流以及输出功率。在变压器理想的情况下，变压器的输出功率等于输入功率，即 $P_2=P_1$；输出电压等于输入电压除以匝数比，$U_2/U_1=n_2/n_1$；而输出电流刚好相反，$I_2/I_1=n_1/n_2$。

虽然科学原理很简单，但是对于工程实践与商业运营而言，必须攻克一系列的工程学难关。过去，美国、意大利等国家做过这方面的研究。俄罗斯和日本做过这样的工程实践。但是由于技术等方面的原因没有成功，也没有实现商业化运营。目前，我国已经全面掌握特高压交流和直流输电核心技术和整套设备的制造能力，建立了系统的特高压与智能电网技术国际标准，中国的特高压输电技术在世界上处于领先水平。2015 年中国率先开展特高压技术攻关与工程实践。在这个五年计划内，建立了一系列的中国第一，从运行 3 条到投运 14 条，不断刷新世界纪录，让中东部十六个省份近 9 亿人用上了来自西部的清洁能源，节省煤炭 9 500 万吨，大大缓解了东部环境污染。2017 年 6 月 22 日，2 383 公里世界电能传输最远距离于再一次被刷新，有了清洁能源电网，湖南开展了工业上煤改电，整个湖南可以少烧 159 万吨煤。跨越三千多公里的输电技术让跨国跨洲联网成为可能。在亚洲，形成中国、东北亚、东南亚、中亚、南亚、西亚六大联网组成的新格局。高压输电工程，成为适合中国国情的一项“中国骄傲”工程。

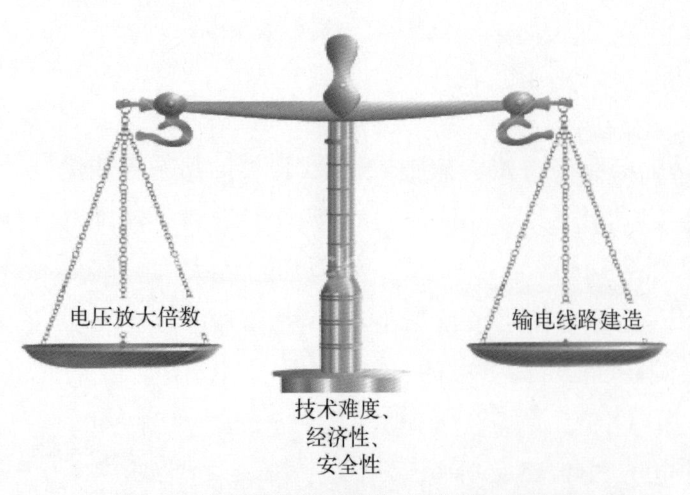

图 6－10　高压输电工程是一项“中庸”的工程

高压输电工程是一项“中庸”的工程，必须平衡“高压输电性能”与“可行性”这两大项工程学内容（如图 6－10 所示）。

使用升压变压器升压后输电可以减少在输电线路上的功率损耗，但升压变压器不可以只追求一味地升高电压，因为输电电压愈高，输电架空线的建设，对所用各种材料的要求愈严格，线路的造价就愈高。因此，线路的架设是一个工程学的中庸，既要在实际允许的范围内尽可能大地升高电压，又需要考虑经济、技术、安全等因素，需要达到一个最为经济的平衡最佳状态。在不同时期制约其发展的因素不同，但它的发展总趋势是不会变的，一直处在波动曲折的进步轨道上。从我国自 2010 年的工程实践结果上看，我们完成了性能与造价等一系列的关键突破，实现了造价合理、高性能可靠的高压输电工程学目标。

高压输电工程隶属于能源与动力工程学，它的科学含量及其普适性却远远不如后者，所以作为未来的能源工程学，如图 6－11 所示。该图是“工程”班的学生经过调研，采用思维导图的方式，展示出能源与动力工程学的总体框架，较为清晰地显示能源与动力工程学的组成。

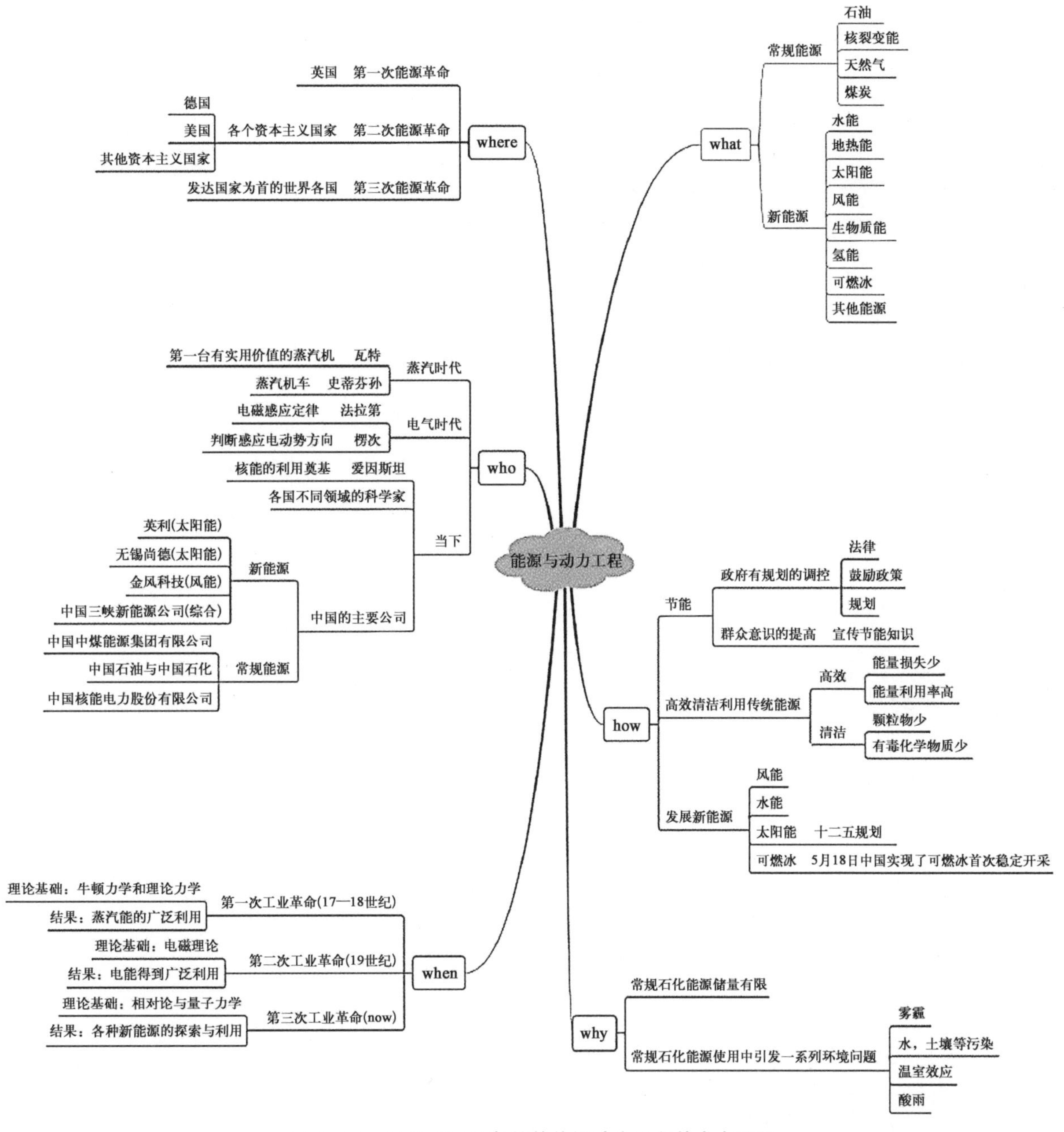

图 6－11　利用 5W1H 归纳的能源动力工程的方方面面

3. 能源工程学

一方面，常规能源正面临着巨大的挑战，其自身储量的有限性以及使用过程中带来的如雾霾，酸雨水污染等一系列问题，近些年来正受到越来越多的关注。根据官方资料显示，中国能源结构仍以传统能源为主，当下中国石化能源消费仍占总能源消费的81%，而其中燃煤是雾霾的主要来源之一，又占总能源消费的63%。如何清洁高效地利用常规能源仍然是当下的重大课题。另一方面，新能源将引来发展的机遇，中国也在努力提高新能源占比，预计于2030年，中国石化能源占比将会被下调至68%。可见，大规模发展新能源是能源与动力工程转型的机遇所在。

总之，现在的工程学在持续地发力，为人类造福。其他一些正在进行时的工程学，比如像：

- 电气工程；
- 材料工程；
- 太阳能电池；
- 化学工程；
- 计算机软件工程；
- 交通与运输工程；
- 航天工程；
- 机械工程；
- 自动化、智能化技术。

这些工程学都是渊源于科学，没有科学，也就没有这些工程学。科学的产生是在17世纪之后，没有科学、没有科学理论的演绎，就没有这些工程的产生，这些工程都是源于科学原理的应用。相对而言，现代工程学对应的科学类别交叉性不太明显，而对于未来的工程学，各个学科的交叉性要明显得多了。

6.3 未来-科技·人文·白日梦

未来工程学有三个显著特点：① 基于学科之间的交叉(如微纳工程)；② 基于发现人类社会新应用点(如微信，共享单车)；③ 期待新的科学发现及突破(引力学与飞碟、无线能量传递、全息……)。与未来的工程学相关的专业或领域有：

- 互联网+工程[微信平台(手机支付、滴滴打车等)、阿里巴巴]；
- 无线传电无线发电 Tesla 工程；
- 纳米工程；
- 全息3D投影；
- 3D打印；
- 太阳能工程；

- 科学性主观与客观的互动工程、水的故事；
- 纳米酵素催化工程；
- 生物工程，GMO；
- 共享单车；
- 医学工程（医未医）；
- 教育工程学；
- UFO引力波工程；
- 金字塔工程。

他山之石可以攻玉，各个学科之间的借鉴和交叉嫁接会产生新的果实，未来的工程学更加对接人类将来的应用。正如尼古拉斯特斯拉所说的："发明创造的根本目的，在于利用自然力，满足人类的需要，用智慧掌控物质世界。"工程学的目的，在于造福人类。

6.3.1 利用学科交叉发现新的应用点

在前面两个世纪，从自然哲学分支成为众多的自然学科科目。典型的如数学、物理、化学这些学科，如树干上生出的枝干逐步细化，变成了遥遥相望的邻居，虽然本是同根生，却成了分立的花果，并且已经在枝节上走了很远，这些枝节上面的果实互相张望。在张望的时候，发现"他山之石可以攻玉"。多学科之间的相互交叉和借鉴，会衍生出一些很有意义的交叉学科和工程学，实际上数学"之石"在物理上"攻玉"的例子不胜枚举。例如"数学物理方程＋量子力学"推导能带论衍生半导体物理学与微电子工程，就是典型的数学与物理的交叉。实际上，早期的牛顿物理学专著取名为《自然哲学的数学原理》（*Mathematical Principles of Nature Philosophy*），里面并没有"物理"这两个字，因为那时还没有物理这个词。在一个新的学科和工程学的产生之初，其实可能并没有一个合适的名字。在工程学的发展历程当中，这种例子也不胜枚举。火车就是一个例子，以前是通过燃烧来驱动车轮，现在是用电来驱动，但是我们沿用了火车、火车站这类传统的名字。相比来讲，英文的名称就比较科学，列车（train）里边没有火，只有火车的形象（火车像一段链子一样）。

交叉学科有奇妙，熊和猫交叉变成了熊猫，而熊猫的可视性比熊和猫都要多很多。多学科之间的交叉会衍生出一门很有意义的学科和工程学，下面举几个交叉工程的例子。

1. 互联网＋

互联网＋也叫物联网，就是把"除了可以用眼睛和耳朵"表达之外的"物"传递给对方，比如"味道"。我们都知道，人类有所谓"六触"，即"眼耳鼻舌身意"，而互联网仅仅是传达了这六触中的三项，也就是视觉、听觉及其一部分"意"，既情感和思想。物联网指的是其他三项，比如马云的阿里巴巴与淘宝网购，不光可以把蛋糕的样子传达给你，也可以通过淘宝、通过快递把蛋糕送到你的家，从而全息地传递了鼻舌身（意）这四部分的体验。物联网给人类带来全方位的体验，这就是互联网＋工程学。

2. 共享单车

现在流行的 ofo、Mobike 和阿里巴巴的 LuckyBike 共享单车也都是未来工程学的产物。它们首先是以多学科交叉为手段(how),然后是以新的人类应用点作为目的导引(why)的工程学活动。未来工程学是人文科技白日梦(《一席》脱口秀节目)的有机组合。共享单车是一个交叉学科+应用导向的典例,这个交叉学科为

共享单车的技术交叉=互联网+大数据+GPS+夕阳工业+技术升级

其应用导向为

社会价值=解决大中城市的绿色出行问题+一种新颖的城市文化

如果要盘点 2016 年两会的热门话题,共享单车一定会榜上有名。这个以解决人们出行最后一公里为服务对象的共享经济模式,在 2016 年火爆了各大城市(见图 6-12)。从工程学的角度,共享单车是一个工程学的 Product。共享单车的本质还是自行车,加了"共享"两个字,它就具有了新的活力。共享单车首创无桩共享模式,利用移动 APP 和智能硬件开发,为大城市的地铁与公交等交通出行工具提供有利的出行工具补充。共享单车便捷、经济、绿色低碳、更高效率,让人们随时随地有车骑,提供方便、快捷的出行体验,以 1 换 n 的共享出行模式,缓解交通拥堵,减少环境污染,提高闲置自行车的利用率。

图 6-12 传统的大城市的共享单车

注:美国科罗拉多丹佛市。这种传统的共享单车必须停放在固定的停车点,而车锁是固定在停车点的位置上的。

这里值得一提的一点是共享单车的无桩共享模式。其实在中国的共享单车(ofo、Mobike、LuckyBike 等)之前,国内和国外的大城市就已经有了自行车的租车业务,比如图 6-12,就是美国科罗拉多州丹佛市的自行车停车站,这种服务模式没有火爆的原因,是因为受租车和还车地点的限制,必须把车停在指定的位置上,给出行带来了很多不方便;还有一点就是锁车和开锁的机关是停车点上的,而不是在移动的共享单车上。这两条都极大地限制了共享单车使用价值,所以尽管就有了这一类共享自行车的理念和设施,但是没有形成气候,使用人非常少,也没有达到真正的为人民服务的目的。中国的共享单车解决了这个瓶颈问题,首创无桩共享单车,即可以将车骑去市内任意的地方,随时停放,这归功于几项工程学成果的有机组合:一是通过手机的移动 APP 应用软件获得密码解锁单车,包括扫码的硬件和软件系统;二是支付记账功能,计时收费,用户使用完毕之后,把车锁好,使用时间完毕;三是利用了商用化的 GPS 定位技术,低成本地在每一辆共享单车上设置 GPS 导航系统,便于管理及防止丢失。其他还有很多细节技术,比如结实的车体、防

漏气的车胎、可调的车座，不坏的车铃等。

3. 80后、90后创业经验谈

有理由期待，借鉴于多学科的成熟与交叉，对于80后、90后，针对人类社会新应用点的创业概率、创新机会会大大增加，所以总结一下这些创业者的创业经验，对于大学生将来的创新成长很有启迪意义。总结一下胡玮炜的Mobike创业（参考附录中视频："Buick一席（人文＋科技＋白日梦）摩拜创始人胡玮炜谈摩拜的心路历程"），有以下几个特点及特质。

一是Passion。像比尔·盖茨，是对所爱的事情的一种激情，这是创业的根本基础。

二是心量要宽大。从小的立志要远要宽要大，胡玮炜所学的专业是记者，她的梦想是成为像法拉奇那样，做一个伸张正义的战地记者的（战地记者是有生命危险的，在和平时代作此选择并不容易）不畏艰险不畏牺牲，有无畏的冒险精神。

三是轴。这是一种专注的能力，一种不忘初心的能力、坚持的能力。

四是创业和by the way（顺便）。一开始可能并没有想到改变世界成为伟人，而是从一个很小的地方开始的。引用比尔·盖茨的话："我们一开始并不是要做一件伟大的事情，而是做一件需要做的事情，最后by the way才发了财，成了世界首富。"再引用马云的话："我们也不是要一下做这么出名的公司，我们就是要做一件对社会有价值的工作，我们的首要目的不是为了发财，最后by the way才出了这样的名。"

五是创业模式像乔布斯。iPhone的产生不光是取自于它的新意（new idea），更重要的是攻克了几个重要技术节点：精确的触屏技术，整合了手机、GPS和互联网及其AV。而Mobike几个技术节点、关键技术瓶颈的突破是：自动开锁（手机，APP，云系统，互联网），防雨（特别的材料，特别的工艺），防盗（GPS，云系统），两者有异曲同工之处。

六是交叉学科。胡玮炜是文科生，因为所涉及的共享自行车是人文＋科技＋白日梦，所以必须要与理工科交叉，在这个视频中你就可以看到胡玮炜对于科学与工程学的了解，这是她后来补的课。

七是工程学的具体性和可操作性以及对细节的关注。胡玮炜本科是媒体学，后来转为汽车类的商业记者，就要了解汽车，了解汽车的体验细节、专业细节。虽然胡玮炜不一定非常钟爱（她更喜欢自行车），但是她很敬业，了解和学习专业，从视频中看得出来，她对于汽车的工程学描述非常具体，很敬业。

八是正确处理竞争的关系。比如ofo是和Mobike同一时间的创业者，他们都是为社会服务、从实际社会需要来定位的，他们正确的处理了彼此之间的竞争关系。竞争是为了双赢与进步，是互相学习的，而不是为了谁吞并谁，竞争可以互相学习互相进步。比如，后来的Mobike也采用了链条式的自行车结构，这就是基于轴传导与链条传导自行车之间的价格和可靠性的中庸考量。竞争符合中庸的原则，符合阴阳理论，这个世界是由2组成的，有了矛和盾才会互相推进，在阴阳理论中，阴和阳也是共存的。

无独有偶，共享单车和美国著名的硅谷有着类似的发展思路与过程，可以发现这些梦想实现的共性：

① 这些梦想源自既有技术的不完美；

② 这些梦想本身并不宏大，从技术上是可以实现的；

③ 这些梦想在实现之前，很少有人会意识到他们对世界的改变是如此之大。

而那些怀有改变这些梦想的创业者们，因此也有着这样的共性：

① 有理想、超越名利，专注于所从事专业的追求；

② 有多年相关领域的(科学研究)背景；

③ 能够找到志同道合的参与者，并与之全力合作(团队)，这样的创业者才是真正的英雄。

"万众创新"，创业是要遵循一些普遍规律的，这里边有两个关键词，一是"轴"，就是要不忘初心和持之以恒；第二是"by the way"，它隐含了从小处做起，要有具体的操作点，而不要好大喜功。

4. 未来工程学举例

"基于发现人类社会新的应用点"的未来的工程学还包括软件工程，酵素工程，医未医工程，传感器和智能化工程，等等。

(1) 软件工程。软件相当于人的大脑。人是精神和物质的动物，精神和物质形成一对"中庸"。相对于计算机的硬件来讲，计算机的软件就相当于计算机的思想。没有思想，计算机就是一个死人，这就是计算机软件的重要作用。计算机的软件工程和硬件架构形成整个计算机工程的一对中庸。纵观计算机软件的发展历程，无一不是新应用点的导引：最早的是微软和Apple的计算机操作系统，先把计算机用起来；之后是基于互联网技术的应用点：搜寻引擎，出现了Yahoo!(手工打造数据库)后被Goolge(利用机器编码)替代，搜寻引擎大大地便利了人类生活；再后来是facebook的社交平台，也是一项无中生有，国产化之后发扬光大为微信平台(微信大大地拉近了人的心理距离)；再后来是淘宝和阿里巴巴支付宝网购平台，使"物"和"钱"通过网络来流动，"大有替代银行和商铺的趋势"。

(2) 酵素工程。酵素是一种生命的催化过程。酵素对于我们来说并不陌生，高端的葡萄酒、茅台，我们吃的馒头，都是发酵过程产生的。发酵的原理在于促进生命的正能量反应过程，它必须有两个基本的成分，一是淀粉或糖(C,O,H的组合)，另外一部分就是催化(主要是催化的外界条件，如温度、环境、催化剂)。开发利用酵素桶，催化生命反应，是未来的一个应用点。

(3) 传感器和智能化工程。传感器是智能化的第一个步骤，举个实用的例子，当人的手碰到火的时候，会缩回来，这就是一个智能化的动作。当手碰到火的时候，第一个动作就是感知火的温度；第二个就是把这个温度信号传给大脑，然后通过大脑进行数据处理；第三个就是把处理的信号再传给手，让手收回来，这就是一个简单的智能化的过程。所以，对于热的感知能力是传感器，传感器是智能化的第一个步骤。人通过眼(视觉)、耳(听觉)、鼻(嗅觉)、舌(味觉)、皮肤(触觉)五种感官来感知与接收外界信号，并将这些信号通过神经传给大脑，从而感知外界事物与信息。大脑处理信号后将执行命令通过神经指挥人的行为。人的五官就是人类感知外界的器官，是一种特殊的传感器。人类在认识和改造自然过程中意识到仅靠天然的五官获取信息还远不够，便不断创造劳动工具，传感器及测量系统的产生就是这种发展中的一环。传感器是一个新的应用点。

(4) 医未病工程。

故事6-3　神医扁鹊

世人都知道扁鹊是个神医，可你们知道其实他有两个哥哥比他的医术要高得多吗？扁鹊是春秋战国时期的名医。他的医术非常高超，被世人认为神医，然而人们往往会凭这一个人的名声，去判断此人的能力大小，不过很多时候名声会欺骗我们，今天这个故事就是如此。扁鹊有一次被魏文侯问道：老子听说你们家三兄弟都学医？谁的医术最厉害啊？扁鹊微微一笑说道：大哥医术最高，二哥其次，我最差。魏文侯吓了一跳：啥？我怎么只听说过你，他两个是何方神圣，竟然一点名气也没有？

我们的神医扁鹊说道：我大哥的医术高到可以防患于未然，他看一个人脸上有起病之色，便会用药将其调理好，世人都会以为他根本不会治病，所以名气一点都没有。我二哥的拿手能力是看到刚开始病的时候，就能够给治好，防止酿成大病，比如刚感冒咳嗽，就能立马治好，所以二哥的名气止于乡里，世人以为他就是个治小病的大夫。扁鹊又说道：我呢，医术最差劲，一定要等到这个人病入膏肓，奄奄一息，然后直接下虎狼之药，让他起死回生。这样，你们才以为我是神医。像我大哥，病人元气丝毫不损，二哥元气刚有破损就补回来了，而我，命是就回来了，但是元气大伤，您说，谁医术最高明？

这个故事的本意是想说明，往往通过名声来判断一个人的能力大小，事实也会偏离更远。但是扁鹊却想揭示一个简单的道理，也就是说很多的病只要早预防，都可以不用治的。医院里面人满为患，不是因为我们有了医疗保险，为了花医疗保险而要得病的。医学不仅是关于疾病的科学，更应该是关于健康的科学，这与中医"治未病"的目的不谋而合。为了适应未来医学从疾病医学向健康医学转变、医学模式从生物医学向生物-心理-社会医学模式转变的发展趋势，必须坚持预防为主、促进健康和防治疾病相结合的方针，实现疾病防治重心前移。因而，作为中医学特色和优势的"治未病"必然引领21世纪的医学潮流，指引医学发展方向。

6.3.2　期待新的科学发现及突破

新的科学发现与突破给工程学带来了巨大的应用潜能和应用前景，比如前面提到的量子力学中的薛定谔方程，可能就他本人也没有意识到他自己编出的这个方程衍生出将来的半导体物理对于整个信息工程产生的不可思议的作用。对于未来的科学发现，作者举两个可能会发生重大突破的领域为例子，一个是关于无线能量的传送，另外一个是有关人类关于引力的认识。以下内容听起来比较科幻，不过很多梦想只是提前的事实：儒勒凡尔纳的《海底两万里》中讲述潜水艇的故事,几十年后,人类有了潜水艇。梦想在先,而步于后。心能到达的地方,就不远。

1. 电磁波电力

今天的收音机,电视,手机按着特定频率"检频"而接收出电波,只不过接受的是声音讯号和图像讯号,而不是能量。"特斯拉线圈"(Tesla Coil)运用了磁场所出现的"磁力共振现象"原理来发电。特斯拉是和爱迪生同时代的人,在那个时候,他就创建了无线传输电能的理论,以空间中的空气作为能量的导体。但是此一想法却遭到当时的工业大亨的排挤,因为此想法一旦实现,发电厂就要倒闭。

"无线传电"技术就是将高压电流转变为特定频率的超高频电波传送至远处。此电波是一股高频低电流洋溢在空气之中的电子流动。该种电波态可以作为一种"导引",使别处空间中的所有电子产生共振而形成有规则的能量(电流)。而"特斯拉线圈"所发射出的高频电波,只要借着特定的接受电容器作为'检频和接收',便能在遥远的地方也能将该处空间中所存着的能量(电子)收集为电力。因此缘故,就算同时使用大量的电容器作为接收器,也不会降低"特斯拉线圈"所发射出电力。因为它只是一种"导引"性电波使接收电容器能抽取其空间本身的能量,亦即是那因为"高频高压电波"在共振效应下而变成有规则电流。而收集为一项"免费能源"。换句话说,"特斯拉线圈"只要发出600瓦(Watt)电力,所有电容器皆可以接收到其空间里的600瓦免费电力。1889年特斯拉发明的"特斯拉线圈"就是借着地球本身用之不竭的"磁场",从而运用"磁力共振"的方法将空气中的电子震动出来,由于采用了共振的原理,电子便有效地诱导为一股规则性的电流。经过收集和转压,电子便可成为高压电流。

2. 反地球引力技术

反地球引力技术是一种未来的飞行技术,未来的地球科技会与UFO系统挂钩。近几年来,UFO存在的证据越来越多了,没有必要否认这种客观存在。UFO飞起来为什么是没有声音的?UFO为什么会隐形?懂物理的人都知道,牛顿第三定律是推进的基本原理,由此衍生出火箭,并向宇宙推出了人造卫星,但我们知道火箭飞行的动静是很大的,而飞碟的运行则是悄然无声的,它肯定不是利用牛顿第三定律来克服地球引力的,并且有非常卓越的隐身技术,可以屏蔽人类的可见光范围内及其各种雷达波段无线电波。未来的科学革命可能会使用调整引力场的方法来形成机械运动,及相关理论可能和场论、控制引力与排斥力的科学方法相关,飞行不是用火力气体推进的反作用力。把引力场变成排斥力,飞行物就会离开,所以没有噪声。这种科学、这种技术才是星际旅行的可能技术,可能是爱氏的广义相对论的延续、实现和应用。

6.4 本章小结

关于工程学领域这一部分的小结,常规的工程学领域的分法是基于科学领域的分类,比如说数理化生，这种分类方法的缺陷在于，无法对科学产生之前的工程学进行归类（比如农业工程，建筑工程，水利工程，长城等）。所以在这里对于工程学领域的分类方法采用了工程学的过去、现在和未来：过去的工程学指的是在科学产生之前的人类的工程学，这里边的关键词是生存情调与国家安全，而现在的工程学指的是基于科学原理的工程学应用，比如电子工程、计算机工程；而未来的工程学的特点是基于多个科学领域的交叉，及其基于人类新的应用点（比如iPhone、比如人工智能），也就是指的只有想不到的，没有做不到的。见图6-13。

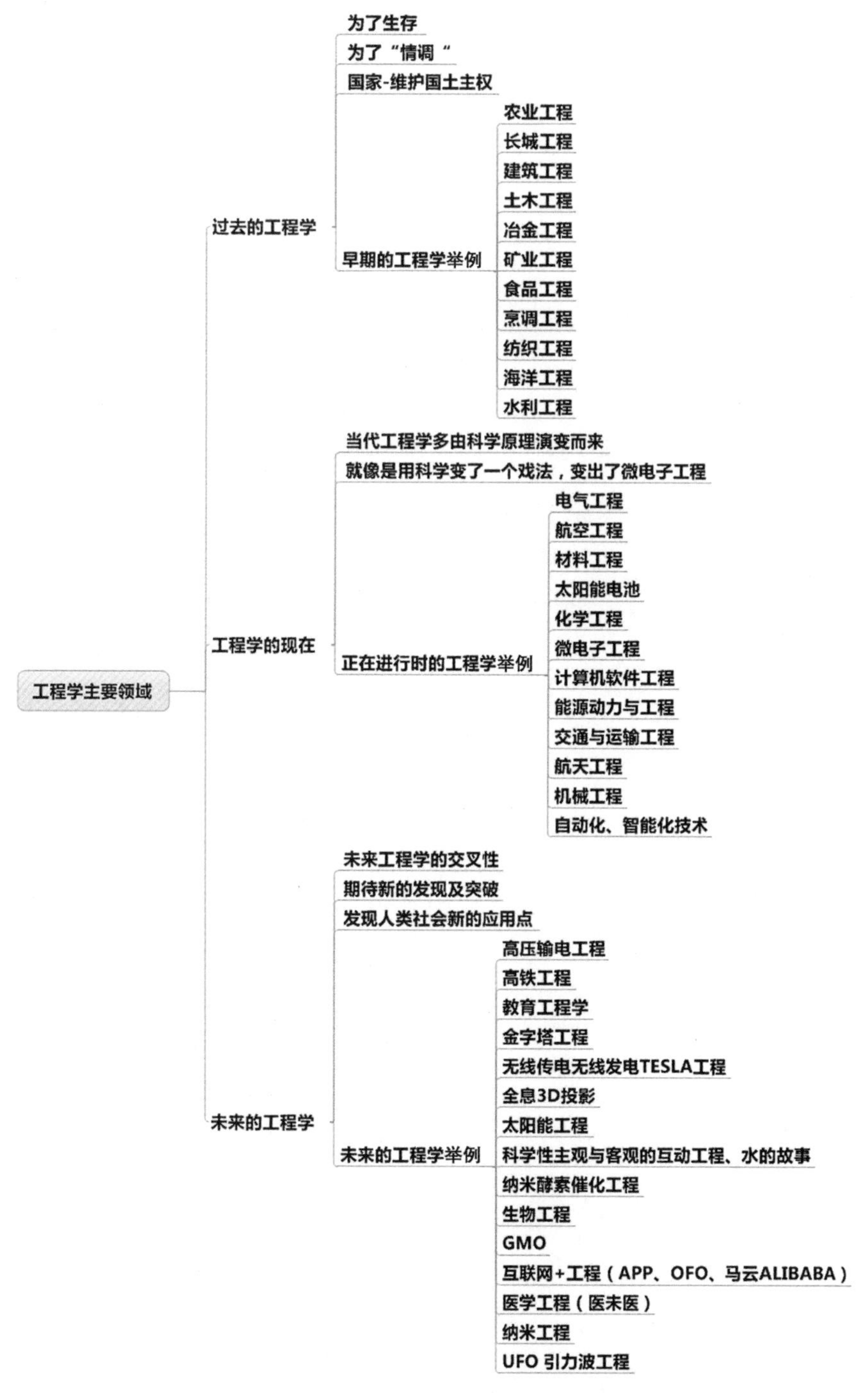

图6-13 工程学的过去、现在和未来的领域举例

练习与思考题

6-1　试利用树状的结构总结一下本章的内容。

6-2　工程学领域练习。阅读《20世纪最伟大的工程技术成就》(美国国家工程院编)。

(1) 首先写出这本书的脉络,第二就是指出这本书欠缺的地方,思考一下在我们现在的21世纪,这本书有什么欠缺?

(2) 以你的观点,谈谈21世纪最大的工程学成就是什么?

(3) 你要怎么编写这本书?写出你的编写目录,并比较一下我们关于工程学的过去,现在和未来的写法。

6-3　大作业:工程学领域练习。把班上的学生按照过去现在未来做分工,然后分别对专门的工程学学科进行调研,并且用5W1H的方式写出本行业的综述,详细练习的内容和步骤请见附录。

6-4　根据你自己的想象,写出一项未来的工程学。

6-5　在过去的一项工程学当中,找出里边的一项新的应用。也就是阐述一下,过去的工程学,不是过去式的工程学,它的未来会展现新的活力。

6-6　以你的专业学科的工程学科为题,可以到相关的院系看围墙上的海报,了解相关的信息,阅读相关的书籍,讲一件这个行业,非常有趣的一件故事。

6-7　你的专业学科,会和其他哪些学科相关,并会有哪些关系?21世纪交叉学科是一个趋势,他山之石可以攻玉,了解其他学科的关系,可以形成当前学科的新的思路和新的想法。

第7章

树枝3：杂说

这个“杂说”有点像历史学中的轶史、小说。如三国演义、水浒传，它讲述了历史和人文的“内在”，重在情与节（情节）、重在典型人物与典型特质（内功），而不是知叙述历史事实。这一章的名字取为工程学杂说，意思是它们不是工程学专属的直接方法或内功，但对工程人的IQ和EQ培育有着不可或缺的作用，也是非常实际和实在的内容。比如说工程学里中庸的理念、如何平衡价格和质量，如何把握产品上市的时间点和产品完美度的平衡，使用中庸的理念求得利益的最大化。又比如运用5W1H培育思考习惯。其他一些杂项如职场规则、28定律与头脑风暴，工程学和科学、人文学艺术的区别和联系等，统称为“工程学杂说”。

图7-1显示了本章节的内容概要。

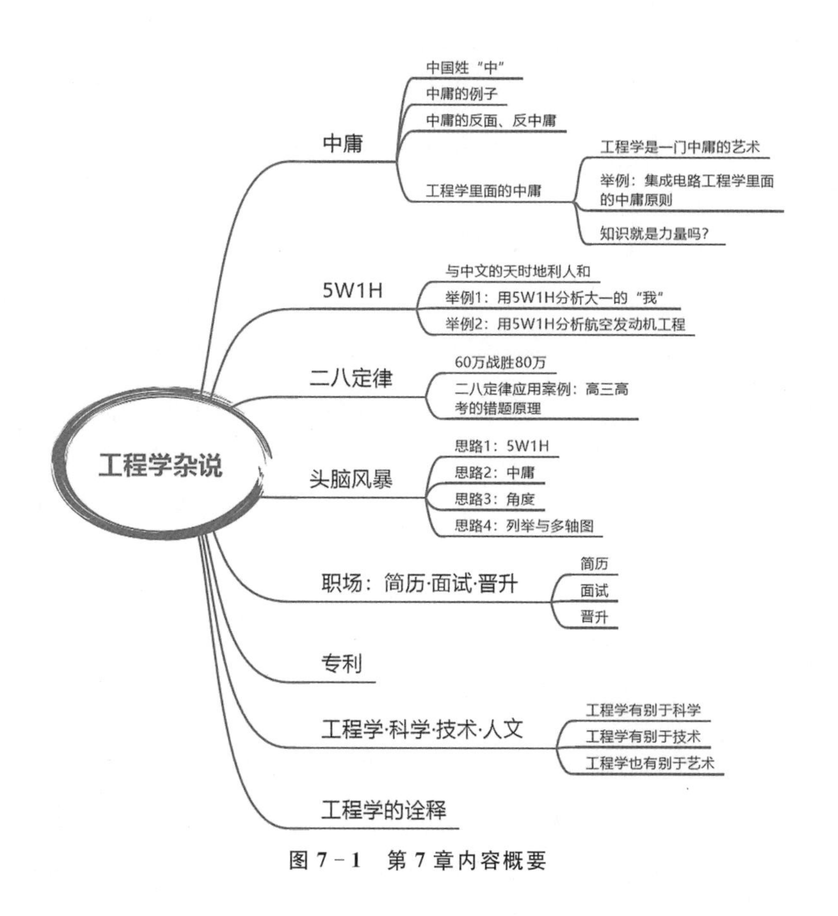

图7-1 第7章内容概要

7.1 中庸

中庸里的“中”代表中间、不偏不倚、不走极端，而“庸”指的是长久、平常、常见，庸还有一个含义是和。中庸不是平庸，中庸是高和低、好和坏两个极端的平衡，中庸的艺术在于找回平衡点。比如一个人可能是一个大起大落的人，是一个优点和缺点都很突出的人，是一个“很有故事”的人，但是这些高低起伏，可能让他成为一个知道找回“中庸”的一个人，成为一个“美好”的人。但是一个平庸的人，没有优点也没有缺点，没有高潮也没有低谷，那是一个没有故事的人，这不是中庸的本意。

中庸的前提是有“2”的存在，世界是二元的，基本的哲学观是中国的“阴阳之论”，它的同义词有：阴与阳、辩证法、一分为二、矛盾论……

7.1.1 中国姓“中”

中国姓“中”，中国人的思想是“中”。中国姓过汉，姓过唐、明、清，这些都是蛮好听的姓。现在的中国姓“中”，这真是一个很好的姓，希望以后也不用换了。这个“中”不是地理位置的“中”，而是中国人的思想体系：中庸、中道。

中国姓“中”，像在高速上有三条线，选中间那一条行走；又像是“吃亏是福”，因为“亏”与“盈”是阴阳的两面，有了亏，就保障了盈。传统的中国人往往不讲“最好”，因为“最好”的要用“最不好”的来平衡，他们追求中庸与平衡，人的一生在于走中线。中国人“中”的思想，是国人未来的价值观，这种思想，应该是从小就要植入的，因为它会影响我们的一生。虽然人到了中年，经历人生种种才真正体会中庸的智慧。

美国姓“最”，美国人的思想，是一个“最”字，凡事儿都要最好的、最成功的、最极端的那个。“最”的思想，左右了近代（近几十年）中国人的思想，人人都追逐最好的、最优秀的。不过，有了人生大部分经历的人会体悟到，整个的人生在各个方面平均下来，某一个方面的“最”，会被另一个方面的“反最”而平均，所以还是回到了“中”。并且，名利场中的“最”，多养了一份贪婪，少填了一份平和。所以，商业社会的“最”文化和价值观，不是人生最优的价值观，没有给人生添加幸福指数，反而让人生的价值和意义下滑。这种价值观不是国人要学习和抄袭的，“最”文化也是美国人要反思和改变的，不对的价值观只会让国家走下坡。

7.1.2 中庸的例子

本章的开头提到的情节就是一对中庸，情与节是小说和故事的内在起因和外在表象，所以称为情节，中国词很多都是有两个字，这两个字构成了一对中庸，比如阴阳、矛盾、命运、感恩、教育……下面讲几对“中庸”：① 人；② 完美与不完美；③ 阳春白雪与下里巴人；④ 命与运；⑤ 教与育；⑥ 感与谢；⑦ 中国银行，标志中的“中庸”；⑧ 大与小、永远和瞬间；⑨ 校训与校风。

1. 人

"人"字里"中庸"。人字有一撇与一捺，中国字的"人"字，对于人的内涵解释的最清楚。人字，上1下2，人是由"天"，由"一"而来的，落地为二、为阴与阳，相互支撑、相互依存。"人"字写得很干净，只有两划，撇与捺，纵观世界种族对"人"的语言文字，中国的"人"字写的最到位。"人"字左面的一撇、为做自己，右一捺为如何对待别人。做自己要自强不息，对待别人要厚德载物(做人要厚道)。自强不息：要像天空、像浩然；厚德载物：像大地、像母亲。对于自己要开心，对于别人要关心。

2. 完美与不完美

留一点不完美，也就是完美，因为完美与不完美是一对阴与阳。其实在这个世界上，不完美才是真理，才是完美，有了不完美才有了动力，把它变为完美，就是易经里"泰"的卦象：天地要交通。完美和缺陷是一对阴阳，应该平衡，所以说有缺憾的生命才是完美的生命。

3. 阳春白雪还是下里巴人

上善若水，这是老子的话。水的善在于谦卑，在于海纳百川。高处有风景，可是也有不胜寒。那么，高还是低？人不一定要向高处走，人生的定律是阴阳平衡，人生不在"最"，人生在"中"。任何事，不在高和低，而在于中庸。

4. 命和运

当很多人问到你相信命运吗？有两种回答：信或不相信。实际上两种都对。"命运"由两个字组成，一个是命，命是安排好的；另一个是运，而运气可以改变的。举个例子说，你欠人家十元钱，你就应该还他十元钱，这就是你的命。而运的例子是：我今天给了你十块钱，你以后就得还我十块钱，这个就是你造的运，你未来的运气，所谓好人得好报。可以改变未来的运，不需要改变以前的命；可以利用你的生命，利用你现有的资源创造更好的运。如果你分不清楚哪一个是命，哪一个是运？那就但行好事，莫问前程，而不是破罐子破摔，以怨报德，报复社会。如果大家能了解命与运的含义，世界也会更加和平。

5. 教与育

教与育是一对中庸。教育是2个字，也是2个意思。"教"(jiào)指老师教(jiāo)的过程，教是老师的事儿，主要是课堂上面的教课和日常的身教方面，也就是师与范的含义。"育"指学生的培养过程，这是一个体验的过程，"想要知道梨子的滋味，就要亲口尝一尝"，指的就是体验，体验必须由学生亲自完成，老师替代不得。体验学习也是最难的一块，比如"坚持"这项功课，学生一定要自己体验，要经过足够多次的、重复的体验，才能体会持之以恒带来的神奇功效。所谓的10 000小时定律[1]，讲的就是坚持的定律，"育"的果实。又比如对于"失败"这个词的体验，至少需要被骗过一次才会有。这个"骗"看上去是负面的，不过它的结果是正面的，它是一

① 10 000小时定律：就是凡事，都得重复到一定的量，才能得到超级的结果，比如郎朗、比如比尔·盖茨。10 000小时是个什么概念呢，粗略的来说就是3 612 842天，也如果每天8小时大约需要坚持3年，每天4小时要6年，每天2小时要12年。马尔科姆·格拉德韦尔. 异类[M]. 北京：中信出版社，2014.

种人生功课的学习,90后的家长不希望孩子吃亏,不忍心看到他失败,家庭条件又比以前好很多,对于失败的学习偏少,实际上对孩子是一种教育的缺失,因为在教育这个进程当中,缺乏“育”这个字。

6. 感和谢

有了“感”才会有“谢”,而不是随口应声的“谢谢”,表达的只是一种礼节,中国的很多动词都有两个字,构成了一对中庸关系互相依存。感谢这个词,一个是感,一个是谢,英文把它合成了一个:appreciation。这是它语言的美,表达了两层含义:一层是理解和体悟、一层是谢和感激。说白了就是:我感谢你,并且我知道为什么感谢你。只不过在近代对于“感谢”一词的意义已经不如从前了,感谢和谢谢等同于同一词了。实际上感谢不等于谢谢,感谢等于感觉到+谢谢这两层意思,不感觉到好怎么谢呢?感谢应该包含感恩,包含它的“内在”,有理解有感应,才知道恩情,这是一个因果关系,这两个字也构成一对中庸的关系,感和谢包含了中庸的含义。

7. 中国银行标志中的“中庸”

中国银行的标志里孕育了外圆内方的中庸含义(见图7-2)。中国古钱是外圆内方,所以也称为孔方兄,上下各加一竖,就代表中字,代表“中国的钱”,也就是中国银行。为什么中国的钱币不同于西方的银币(实心的),中央造一个方形的孔呢?我们的内心如同铜钱中心的方块,要立得住、要刚强(自强不息),而外面又要圆润,不要“切”到别人,要厚德载物。外圆而内方,即内心要刚强,对别人要圆。所以和气也生财,就是中国银行。可以想象,如果是外方内圆,就变成了色厉内荏,内容就完全相反了。这里讲的也是如何做人,要内方而外圆,就像中国银行的符号,外圆而内方,合成一个中国的中字,中国银行。

图7-2 中国银行商标

8. 大与小、永远与瞬间

To see a world in a grain of sand, and a heaven in a wild flower,

Hold infinity in the palm of your hand, and eternity in an hour.

这是英国诗人布莱克的《天真的预言》(*Auguries of Innocence*)的开头四行。可以译为:

一沙一世界,一花一天堂。

一叶一如来,一念一极乐。

第一段讲的是空间的大与小,第二段讲的是时间的长与短,0和∞是接在一起的。

9. 校风与校训

校风与校训也构成一对中庸:“风”主外,“训”主内。风主外:有执行性、为表现;训为内,是学校的思想、为内在。比如:

清华的校训与校风:

校训　自强不息,厚德载物

校风　行胜于言

交大的校训与校风：

校训　饮水思源，爱国荣校

校风　感恩与责任

7.1.3　中庸的反面、反中庸

中庸的反面是走极端。孔子的学生子贡曾经问孔子："子张和子夏哪一个贤一些？"孔子回答说："子张过分；子夏不够。"子贡问："那么是子张贤一些吗？"孔子说："过分与不够是一样的。"[①]也就是说，过分与不够貌似不同，其实质却都是一样的，都不符合中庸的要求。中庸是恰到好处，如宋玉笔下的大美人东家之子："增之一分则太长，减之一分则太短；著粉则太白，施朱则太赤。"[②]

中庸也不是和稀泥，表扬要具体生动，比如"你的眼睛很好看"；批评要有建设性，比如"头发要修剪得整齐一些"。中庸不是灰色，而是黑白分明且平均；中庸也不是浑水摸鱼，它像清澈的鱼缸，鱼和水的比例是平恒的。

中庸也不是平庸，"庸"指的是"常久"与"和"，不是"平庸"。有故事的人生是通过大起大落而达到处变而不惊。安贫乐道的安然，是陶渊明的"豪华落尽见真淳"。要做一个"有故事"的明白人，而不是做一个碌碌无为的庸人。

总之，中庸表达了中国人的一种智慧，也是中国人对世界的一种哲学贡献。因为中国人很早就认识到，这个世界是一个二元的世界，以此有了阴阳理论，也就是后来的辩证法理论。而平衡阴与阳，就成了人一生的艺术。

7.1.4　工程学里面的中庸

1. 工程学是一门中庸的艺术

工程学是一杆"秤"，讲究"平衡"。比如一个电子产品，它的完美度必须和上市时间相平衡，它的价格要与质量相平衡。这里举一个半导体芯片的工程学事例。

> 一个半导体芯片要通过一系列的功能和质量测试与筛选，首先是基本指标，即在标准 V_{DD} 环境下要通过所有功能测试，然后是降低 V_{DD} 再重复以上测量。比如 V_{DD} 标准是 3.3 V，所有功能可以过关，而 V_{DD} 为 3 V 功能测试没能过关，对于这种测试结果，早期的集成电路(IC)厂家会将此类芯片当成次品处理而淘汰掉，但现在的 IC 市场中这类芯片可能会依然予以保留而卖给对质量要求相对不高的用户，当然，价格比正常的要低。

平衡"质量和价格"，这就是工程学里中庸原理的一项应用，以追求工程学最大的商业与声誉效

① 论语·先进[EB/OL]. 个人图书馆. www.360doc.com.

② 宋玉. 登徒子好色赋[EB/OL]. 个人图书馆. www.360doc.com.

益。图 7-3 展示了工程学天平中常用的一些筹码，比如可靠性与费用之间(可靠性要求指标越高费用越高)、比如质量与良率之间(质量把关越严、良率越低)，要平衡这些筹码，是工程学的艺术。

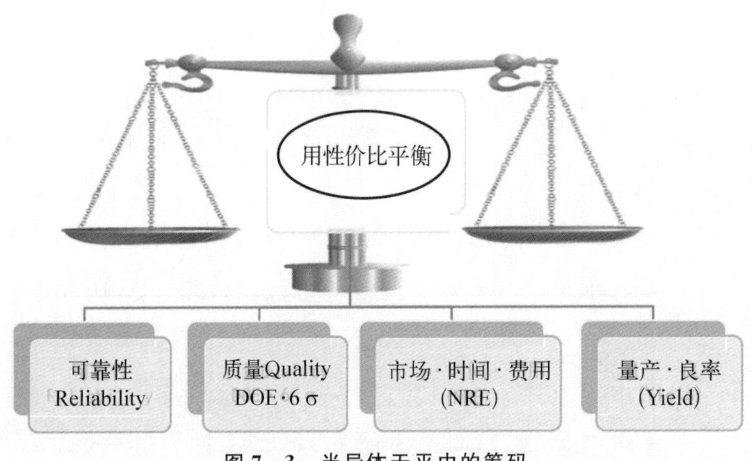

图 7-3 半导体天平中的筹码

2. 举例：集成电路工程学里面的中庸原则

(1) 信任度与价格。这是指某些集成电路加工的可信度比较高、保密性强，虽然可能加工费用偏贵，但是很多设计公司也是找这些公司来做芯片。比如 TSMC 在市场份额占 30%多，比第二名的 SMIC 8%的市场份额要多出好多。

(2) ASIC 和 FPGA。ASIC 是专用集成电路的简称，而 FPGA 是可编程集成电路。对于专用的集成电路，实现专门的功能，进行专门的设计就形成了 ASIC，周期比较长、进入到市场时间比较慢，优点是对性能和价格都进行了优化；FPGA 则对于已经制造好的集成电路进行后期编程，进入到市场时间非常快，从一个新的理念到实现一个新的产品的周期非常短，可以在很短的时间内占领市场，当然它的缺点在于性能和价格都没有优化，价格偏低、运行效率偏低、速度偏慢。

(3) Yield 当中的 bin1 与 bin10。这里指的是价格和质量的平衡。Yield 是产品的良率，也就是成品率，全部指标合格的产品称为 bin1，而不太合格的称为 bin10。不太合格的产品可以低价出售适合的客户，从而拉高整体的销售额，但可能会影响产品的声誉。而只出指标完全合格的产品，产出额要偏低。所以集成电路芯片的供应商要把握好这个平衡。

(4) 用 90 nm，45 nm 加工工艺还是用 26 nm or 7 nm? 用 8 英寸的集成电路加工线还是 12 英寸? 使用高端的集成电路加工工艺，也就是 26 nm or 7 nm 和 12 英寸，可以加工系统比较复杂、功能比较强的集成电路芯片，但是加工成本偏高。对于中小型的集成电路芯片系统，选择加工价格适中的 90 nm，45 nm 8 英寸集成电路工艺是比较适合的，这就是加工工艺的价格与集成电路先进性的平衡。

(5) 集成电路芯片的物理寿命与心理寿命的平衡。集成电路芯片的寿命常常标定为 5 年或 10 年，实现这个指标是以提高集成电路制造成本作为代价的。但是我们也知道因为手机的更新换代，我们更换手机频率的往往小于 5 年，远远不到 10 年，这就是手机的心理效应。所以，按照传统理论一味地追求集成电路芯片的高可靠性长寿命不一定是手机产品最优化的选择，要考虑集成电路实际寿命与市场需要的平衡。

其他的在集成电路工程学领域的中庸关系有：集成电路和微纳科技发展的深度和宽度，刻蚀的速度与均匀度的中庸等，因为专业性比较强，在此就不一一叙述了。

3. 知识就是力量吗？

常说知识就是力量，不过那是以前的事情，因为那个时候知识是贫乏的，获得知识的渠道也只能靠书本聊天来交换信息。没有网络，在知识“多与少”这个天平上，天平偏左：知识太少。而现在，过多的知识不一定是力量，过多的知识有时会造成不忘初心的缺失，让人迷惑。建议大家应该学会“做减法”，应该合理地把握知识的中庸度原则。诸葛亮说的“淡泊以明志”，就非常适合当前的知识状态。准确地说，应该是有用的知识才有力量。著名学者黄昆[①]对于学习知识的理解曾经讲过下边一段话，作为知识爆炸的今天，这段话尤其有用(见图 7－4)。

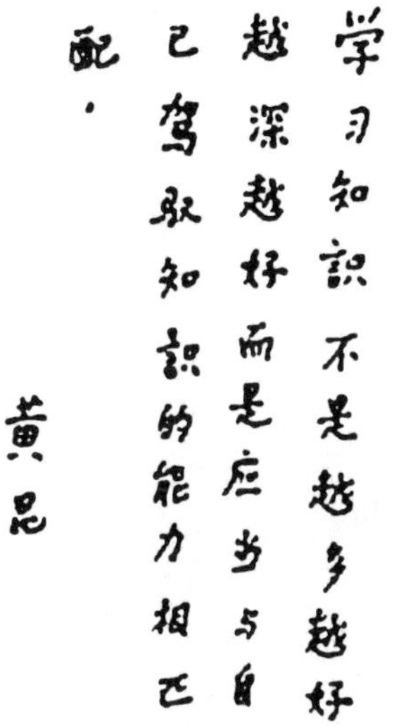

图 7－4　黄昆题字

知识是拿来用的，就是指你驾驭知识的能力这一点。学习知识是为了服务，而不是为积累而积累，这里面甚至包含了遗忘：要有选择地遗忘一些不必要的知识来清理“内存”(见本书第 3 章，IQ 部分)。此外就是，有机的知识才是力量，所谓有机的知识指的是所学的知识必须要有结构，也就是所谓的知识树(详细内容请参见第 3 章 3.1 内容)。

7.2　5W1H

5W1H 是六个单词每个字母的头一个：① 原因(why)；② 对象(what)；③ 地点(where)；④ 时间(when)；⑤ 人员(who)；⑥ 方法(how)。

5W1H 分析法是指世界上的任何一种“存在”，产品也好，方法也好，问题也好，都可以从六个角度提问和思考，5W1H 可以整理我们思考问题的思路，使思考的内容更全面，更科学化、系统化。比如林肯曾经说过：

> 你可以一时欺骗所有人，也可以永远欺骗某些人，但不可能永远欺骗所有的人。

讲的就是 5W1H 里的 when 和 where。“欺骗”是不全面的，因为它不是事实，经不起 5W1H 的推敲，欺骗过的“事实”必须和当时的场景和情景上下对接，又要对接人的心理和动机，满足“天时地利与人和”的无缝创作，实在是很难的。

① 黄昆，世界著名物理学家、中国固体和半导体物理学奠基人之一、杰出教育家，浙江嘉兴人。陈辰嘉，虞丽生. 名师风范：忆黄昆[M]. 北京大学出版社，2008.

7.2.1 5W1H 与天时地利人和

这两者有异曲同工之处，是中西合璧，是外文和中文及两种文化的对接。when 指天时，是时间维；where 指地利、空间维；who 指人和。这些都是外在条件。另外三个 why，what，how 都是 who(我)的内功，是我们里边应该已经做好的功课。常听人说："机会是给那些有准备的人的"就是这一层含义。哈佛送给学生这样的座右铭是

当机会来临的时候，你已经准备好了。

其中的内功＋外界的条件，这个就是 5W1H 的真正含义和中文对接。中国的古人是非常聪明的，西方人也是一样的，只不过中国人的侧重点在天地人，西方人的特点在于逻辑与严谨。

7.2.2 5W1H

举例 1：用 5W1H 分析大一的"我"

作为课堂的一个练习，我们可以在第一堂的时候，请学生用 5W1H 做一个自我的分析和介绍。《工程人导学》这门课面对的都是大一的学生，认识自我、规划自我四年的交大学习与生活可以助力学生完成从高中到大学的过渡，由"被安排"到"安排自我"[①]。如图 7－5 所示，为来自一位交大学生写的 5W1H。进一步的内容和练习可以参考本书的附录部分的练习。

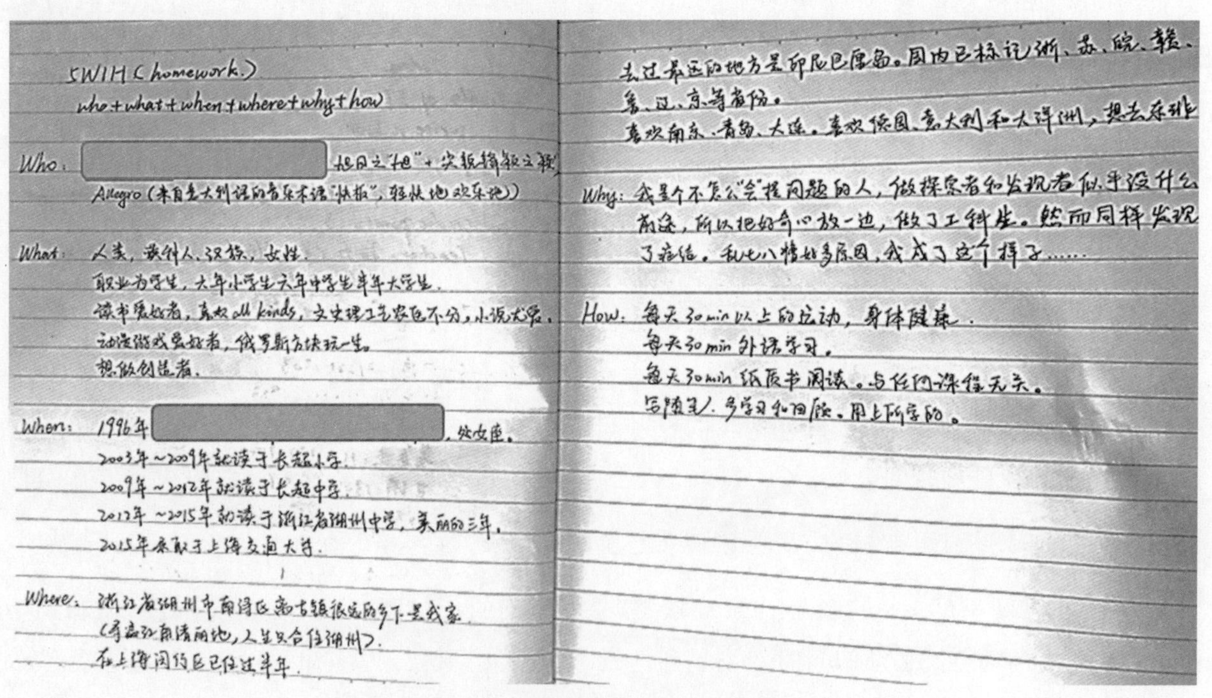

图 7－5 用 5W1H 分析大一的"我"

① 从"习惯被安排"到学会主动担当，从被动学习到自主探究，从跟随别人到独立思考。上海交通大学张杰校长在 2014 级新生开学典礼上的讲话。

举例 2：用 5W1H 分析航空发动机工程

图 7－6 是 2017 年“工程”班实践课张越同学以 5W1H 归类方法画出的航空发动机工程思维导图(是用 xmind 等思维导图软件画的①)。可以看到，用 5W1H 的方式可以对某一个领域的工程学有一个比较全面与明晰的了解，有利于帮助研究者进入一个新的领域，把握所研究具体课题在整体中的位置。而要有这样一个全面的印象，对于大一本科的学生是有一定难度的。可以充分利用图书馆的图书，综合几本书的内容才能画出一个全面的工程学领域的 5W1H 导图。

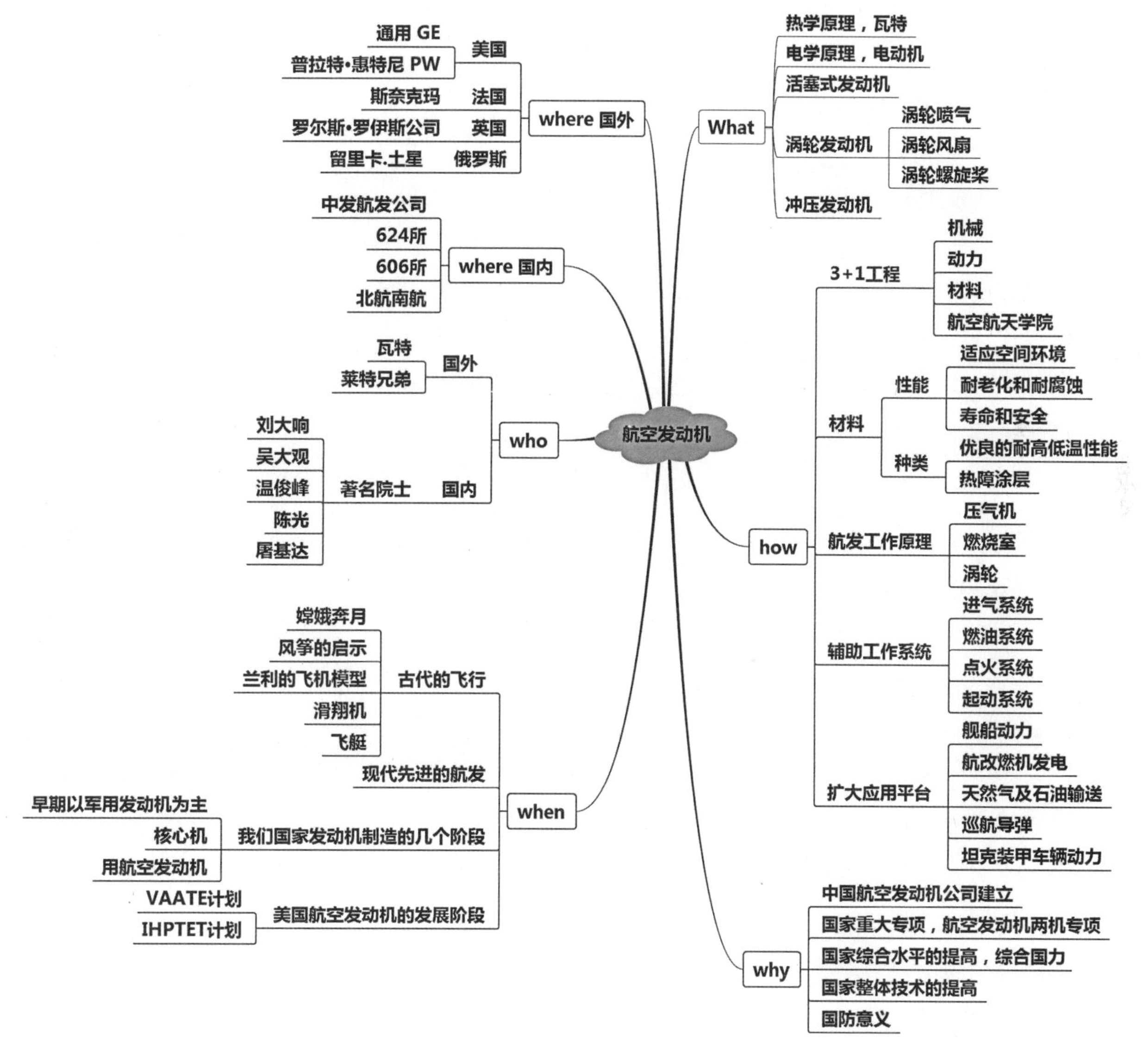

图 7－6　航空发动机工程的 5W1H 多轴图

① 在百度中搜寻“思维导图软件”。

然后可以沿用 5W1H 的思路，把这个工程学的领域拓展，写成一部综述性的文章，具体请见附录的范例 1、5、8，进入领域，以及写一个专业科目的工程学概述。

7.3 二八定律

二八定律实际上源于二八现象，是 19 世纪意大利经济学者帕列托(Pareto)发现的一个规律，即社会上 20%的人占有 80%的社会财富。在此之后，人们还发现生活中存在许多不平衡的现象，比例也接近 28 法则。因此，二八定律成了这种不对等关系的简称，尽管结果不一定恰好为 80%和 20%。这个现象的发现，是对世界(团体)现状的一种分析，里面似乎还有一分哲学的味道，“常想一二、不思八九”“娑婆世界乐少而苦多”。二八定律是一种量化的实证法，用以计量投入和产出之间可能存在的关系。

7.3.1 60 万战胜 80 万

二八定律的意义在于突出重点，而不是平均的使用能力。在淮海战役当中，毛泽东善于利用集中局部的优势，以 60 万的总兵力战胜了国民党的 80 万军队，整体上看，60 万对 80 万，这是一锅夹生饭。但是从局部上看，可以在战术上集中兵力打歼灭战，一个点、一个点地攻下来，最后取得了淮海战役的全面胜利。这也是孙膑赛马原理的成功运用[①]。

二八定律的思想如果应用到企业管理之中，有很多具体的现实意义，也视为工程学的一种方法。比如：

- 假如 20%喝啤酒的人喝掉 80%的啤酒，那么这部分人应该是啤酒制造商注意的对象。尽可能争取这 20%的人来买，最好能进一步增加他们的啤酒消费。啤酒制造商出于实际理由，可能会忽视其余 80%喝啤酒的人，因为他们的消费量只占 20%。
- 同样的，当一家公司发现自己 80%的利润来自 20%的顾客时，就该努力让那 20%的顾客乐意扩展与它的合作。
- 再者，如果公司发现 80%的利润来自 20%的产品，那么这家公司应该全力来销售那些高利润的产品。

对于个人而言，80/20 定律如果运用到日常生活中，能帮助人们改变行为并把注意力集中到最重要的 20%的事情上，而不是平均使用力量，从而得到全面的胜利。下边就高三应对高考的错题原理为例来阐释二八定律的应用。应用步骤是：先发现、再自觉、然后应对。

---

① 齐威王和齐国将军田忌赛马，并下很大的赌注。但是国王的马总体上比将军的马要好，所以硬碰硬一定会输局的，孙膑看见他们的马分为上中下三等，于是孙膑对田忌说：“你只管和他们赌重金，我有办法可以使你取胜。”田忌听信孙膑的意见，和齐威王及贵族们下了千金的赌注进行比赛。等到临场比赛的时候，孙膑对田忌说：“现在用你的下等马和他们的上等马比，用你的上等马和他们的中等马比，用你的中等马和他们的下等马比。”三次比赛结束后，田忌以一败两胜，终于拿到了齐威王的千金赌注。因此孙膑也出了名，于是田忌把孙膑推荐给齐威王。齐威王向孙膑请教兵法，并拜他为军师。

7.3.2　二八定律应用案例：高三高考的错题原理

很多高三同学刷了不知道多少题，刷题会提高你的速度，但并不能提高你的高度。常常发生的现象就是，为什么刷了那么多题，分数到了一个程度就上不去了？我们对高校的高考录取分数作了分析，比如华东师范大学和上海交通大学，一个是排名前十以外的，一个是排名前十以内的，这两所大学的平均分数差在 10 分到 15 分之间，如图 7－7 所示。

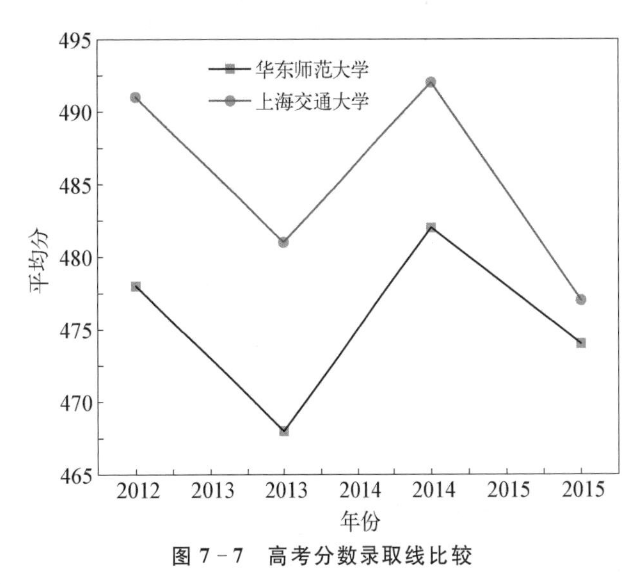

图 7－7　高考分数录取线比较

换句话说，只要能够提升这 10 分到 15 分，你就可以跃入前十名的大学，就有可能从二本越为一本。帮助提高高考分数的一个有效的方法就是主攻“错题”，把在这个错题上丢的分加进来。解决这个问题的关键在于不要平均使用力量，而是把 80％的力量用在 20％的短板上。错题原理的缘起在于以下几点。

一是针对某一个具体的学生，某些题、某类题总是不会做、总是错在同一个地方。这就是每个人的软肋！

二是好消息就是：这个软肋占总量的 20％。在我们高三的时候我们会有很多考试，我们会发现我们出错的地方大多数都是集中在 20％的某一类题上。

三是如果我们用 80％的时间处理 20％的错题，会帮助我们步入名校。

这种错题，尽管重复了十几道二十道的题目，遇到这类题目却还是不会。如果是这种情况的话，就请回来把这一道题目认认真真地做好，同类题目重复的次数还要增加，十几道二十道还远远不够。

那么什么是这些软肋丢分题呢？这一类题往往对应了教科书上的某一个或几个知识点。它的具体做法是，针对某一类型的题，针对某一个系列的知识点组合，以不同的方式重复出题，直到做出的结果不出错为止，否则誓不罢休。然后，才进入到下一个错题难点。Khan Academy 原理指出[①]，对于 20％的知识点的掌握，可以利用“变着法的”出同样的题的方式，不断地重复练习，一直到熟练不出错为止。此外，在这个过程当中我们也发现，每个人的“软肋”不一样，比如说有些同学会卡在方程式的移项上，但是另外一个学生可能卡在单位换算上。对于某一类的错题，某些同学从来不出错，并且他们的解题思路很独特，作为教课的老师，可以发现这个特点，可以用他们的秘法和学习心得来辅导有软肋的学生，用“他山之石”来攻玉，以学生辅导学生。

① A personalized learning resource for all ageshttps://www.khanacademy.org/

使用刷题的方法平均使用力量，是一种一刀切的方法，无法最高效率的解决某个具体学生的问题，应该采用二八定律的原则具体问题具体分析，针对某一个具体的特例使用80%的时间来攻克这20%的软肋。所以，帮助提高高考分数上一个台阶的一个有效的方法就是利用好二八原则主攻“错题”，这些错题所丢的分数可能就是在10分到15分之间。

错题原理可能已经听过很多人说过，但是真正能做到的可能并不是很多，其中的一个原因就是利用错题来纠正错误的方式缺乏可操作性。错题原理的实施步骤是：先发现，然后应对。先发现就是把以前的卷子通通翻出来，把易错的题目进行整理和归类；而错题的应对方略有两点。

第一，找到教科书上对应的知识点，做题质量的好坏最终取决于对知识点的理解和掌握，而错题呢就恰恰说明了这个知识点的掌握还不是很牢固，甚至是错误，及时总结之后才能稳固发展。要把这道题努力的拆开，把出题人给你的每一句话、他要传达的信息都整理出来。有了这个信息，再对应到你课本上的知识点，假装你自己是出题人，把题目再还原回来考你自己，然后再揣测出题人的意图，然后回归到知识点，把这个过程反反复复地做n遍，直至不错为止。

第二，是重复。每道错题在听过老师的讲解之后，在复习了知识点之后，应该重新再做一遍，直到完全融会贯通。举一反三，可以对同一类型的题目做微调，然后重复解这样的错题，一直到解决问题不出错为止。总之不能留下短板，不能留下软肋。错题总结的习惯应该一直贯穿在整个中学学习的生涯，不会的题都应该认真总结在本子上。

下边一个例子就是应对某位同学在函数递增的方面总是出错的问题而提出的二八定律的方案。

一是做错题本，先集中一下错题的考卷，然后分析(比如函数、递增与递减经常出现错误)。

二是找到教科书上对应的知识点，找出对应的章节(比如关于递增和递减的概念)，认真研读，甚至可以用手抄的方式抄写章节内容。

三是用不同的方式把同一类型的题用来重复刺激。根据这个递增函数和三角函数知识点的出题策略，重复、反复出题、反复练习，换着花样的出题，一直到解决问题为止。

四是注意别的同学的解法，多和老师沟通，比如问老师谁在这道题上总不出错、做得最好。

图7-8所示的思维导图是高三培养计划教育工程学中加粗字的部分着重了教育计划和错题原理的应对方略。

值得说明的是，错题原理与刷题不是矛盾的，刷题应对的是“快”，而错题原理应对的是“慢”，这一对“快和慢”形成一对中庸。对于高考而言，这两项功夫都是必需的，做题和写答案的速度快，可以省出更多的时间来应对不会做的难题，也会给做过的题腾出检查的时间，把低

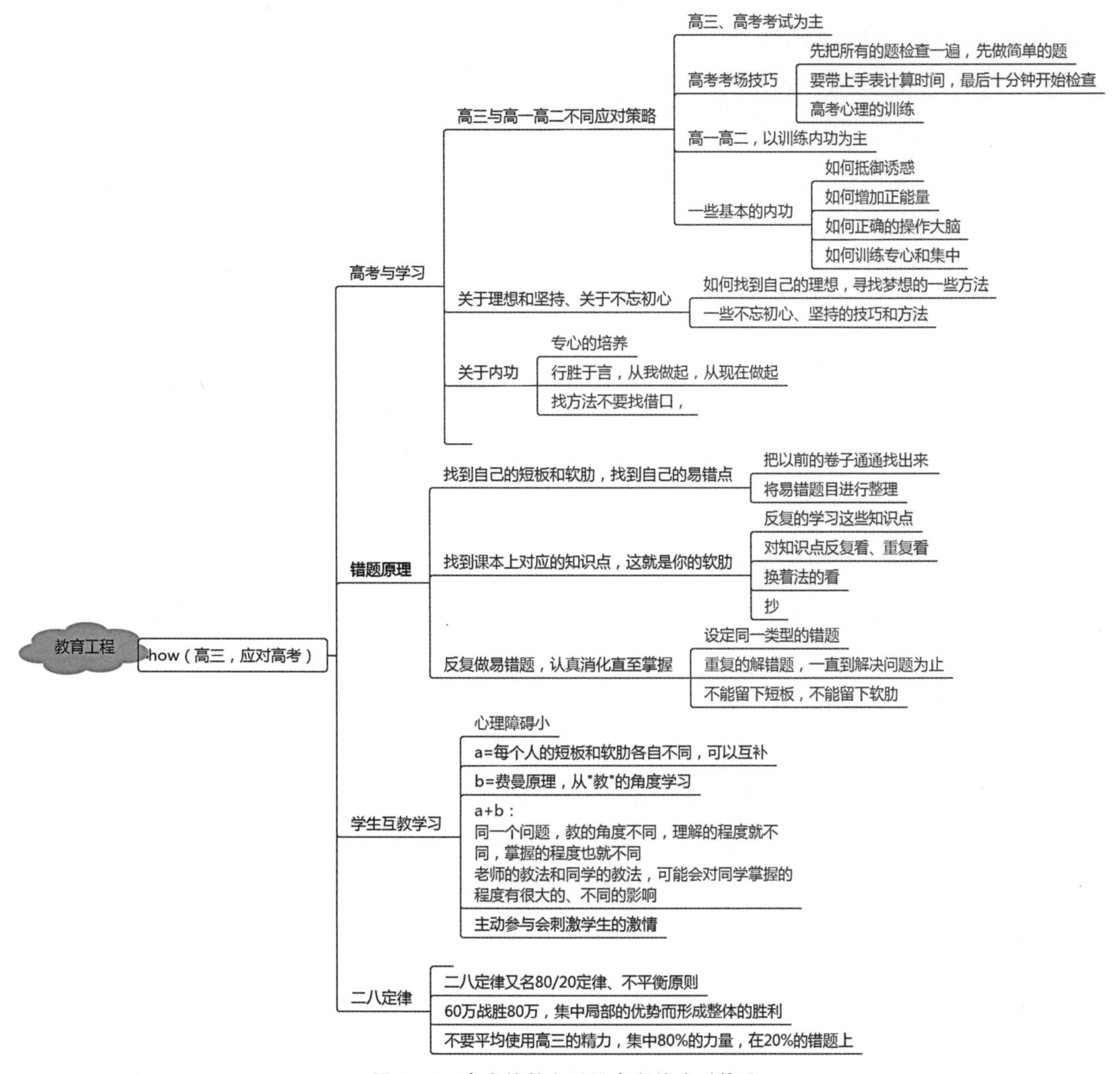

图 7-8　高中的教育以及高考的应对策略

级错误检查出来。所以中庸最好，刷题和错题都是需要的。

7.4　头脑风暴

头脑风暴（Brainstorming①）是由美国奥斯提出的，是一种激发集体智慧，产生和提出创新设想的思维方法。指一群人（或小组）围绕一个特定的兴趣或领域，进行创新或改善，产生新点子，提出新办法。Brainstorming 的思路包括 5W1H、中庸（有阴就有阳、有优点就有缺点等）、角度、列举（把家庭中一般最常见的物品列成一个单子）、对应（利用 3D 多轴图）。

① Brainstorming：https://en.wikipedia.org/wiki/Brainstorming.

思路1：5W1H

5W1H＝what＋why＋who＋when＋where＋how。

举一个车间生产的例子。

1. 对象(What)——什么事情

公司生产什么产品？车间生产什么零配件？为什么要生产这个产品？能不能生产别的？例如：如果这个产品不挣钱，换个利润高点的好不好？

2. 场所(where)——什么地点

生产是在哪里干的？为什么偏偏要在这个地方干？换个地方行不行？到底应该在什么地方干？

3. 时间和程序(when)——什么时候

这个工序或者零部件是在什么时候干的？为什么要在这个时候干？能不能在其他时候干？把后工序提到前面行不行？

4. 人员(who)——责任人

这个事情是谁在干？为什么要让他干？如果他既不负责任，脾气又很大，是不是可以换个人？

5. 为什么(why)——原因

为什么采用这个技术参数？为什么变成红色？为什么要做成这个形状？为什么采用机器代替人力？为什么非做不可？

6. 方式(how)——如何

手段也就是工艺方法，例如，我们是怎样干的？为什么用这种方法来干？有没有别的方法可以干？

我们注意到这个例子里面有很多问号，使用5W1H的方法便于提出具体的、有操作性的问题，集思广益可能得到的问题很多，有的时候某些问题不一定是主要的问题，也可能是次要的枝节问题，所以Brainstorming之后要对问题进行主要和次要、可能性和必要性的整理。

思路2：中庸

中庸的思路就是：有正就有负、有加就有减、有阴就有阳、有优点就有缺点。作为头脑风暴，中庸思想的运用就是反其道而行之，就是“挑毛病、找茬”，在头脑风暴之中允许“无理取闹”，Brainstorming的意图在于激发灵感。比如在集成电路的产品当中，器件开发部门增强了晶体管的运行速度(这就是中庸里边“阳”的一面)，但是增加速度的代价是导通电流使其增大，运行电流增大，这个增大的电流会影响器件运行的可靠性。增加速度的代价是可靠性的降低，这就是它的制约因素(这就是中庸里边“阳”的一面)，可靠性部门对于产品开发的部门会产生这样的质疑，那就是虽然你提高了产品的性能，但是你降低了产品的可靠性。所以公司的管理层面就要针对这一对中庸进行一定的平衡。

思路 3：角度

看问题的角度不同(换位思考)也会激发头脑风暴。例如产品的生产部门往往只从产品的生产角度来考虑问题,所以在头脑风暴当中,需要换一个角度思考,比如从用户体验的角度来对产品的性能进行考证。有一些产品功能可能是生产者的一个骄傲,但是如果对用户却没有什么实在的利益,或是使用起来很不顺手,从产品成功的角度上说一个这就是一个欠缺。从这个角度上说,产品开发的某些过程做了某些无用功,或是做了一些不必要的努力。换位思考带来的 Brainstorming 某种程度上可以提高团队整体工作的效能。

思路 4：列举与多轴图

列举的方式可以把家庭中一般最常见的物品列成一个单子,越多越好。例如：① 桌子；② 椅子；③ 电视机；④ 电扇；⑤ 冰箱；⑥ 压力锅；⑦ 影碟机；⑧ 日历表……然后将其进行分类。列举就是一种堆砌,积累,之后必须做分类,然后产生思想碰撞。可以用下面的“多轴图”来归类联想。

多轴图是方便各个学科交叉的一种思维联想图(见图 7－9),它是把列举的内容进行归类,

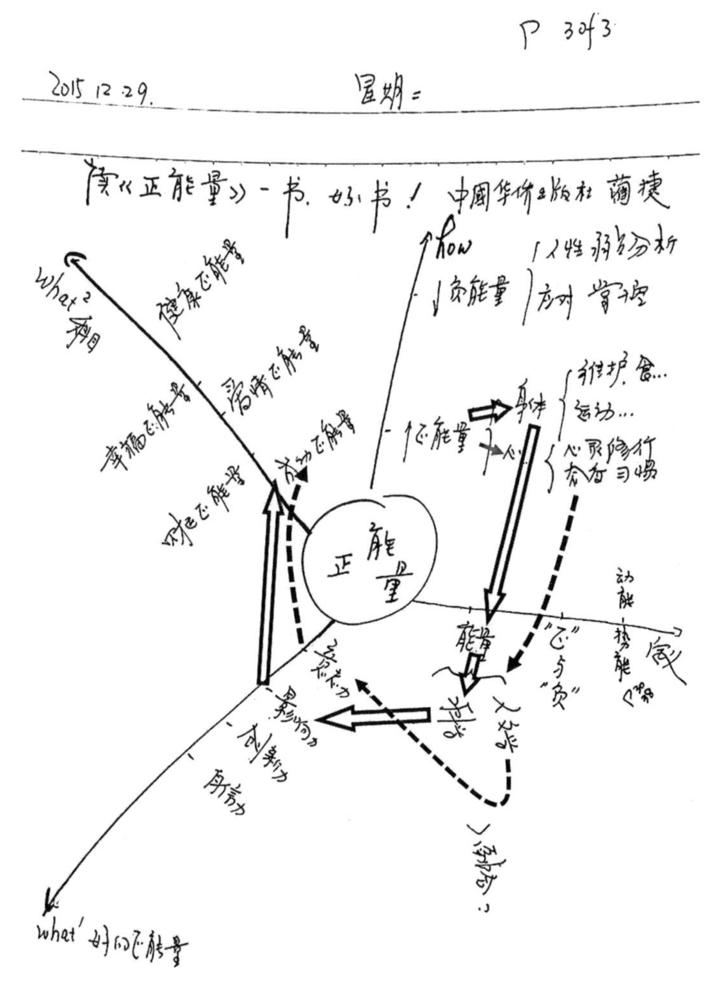

图 7－9　多轴图归类——课题的分类

然后画成坐标轴，比如关于“正能量”这个题目，根据所读的书的目录(列举)专题整理成一个多轴图。通过这个多轴图对问题进行系统化的分析和联想。比如，可以组合多轴图上的几个点进行联想，构思出一篇作文：

利用提高身体健康→来增加人的思想上的正能量→从而增加了公众的影响力→最后寻找到了一份美好的爱情

这份构思听起来是很滑稽的，所以才叫 Brainstorming，但是对于未来整理成可以呈现的作文提供了可以遵循的、有执行性的思路。

Brainstorming 的结果是思考的第一步，先积累材料，列举他们。这个结果比较散乱，需要对他们加工，这就是思考的过程，是 IQ 的一部分。思考是一个归纳、归类、联想的过程，比较费脑子，是可以化成层状结构(hiearchy)的。

7.5 职场

7.5.1 写出一份好的简历

我们有时候会经常发现有些同学发了很多简历，但是没有接到面试的回音和通知，有些同学呢就收到了很多公司面试的通知。投简历或者是网上提交，或者是送给人力资源处的招聘会，在这类的递交简历方式之下，公司的直接雇用人和学生并没有面对面地沟通，所以基本上是简历决定面试机会的多寡。所以简历的写法，对于下一轮取得面试的机会是很重要的。

作为学生的练习，在《工程人导学》课上我们让同学在交大前期优秀研究生的好简历模板上，改写成自己的简历，并且讲解其中的一些“奥秘”。大一的本科生还没有什么科研经历，就沿用《工程人导学》教材实践经历作为做课题的经历，把这个经历假想成你的工作经历来写简历。好的简历其中心点在于要有足够精确和具体经历和内容，是成功简历里边尤其重要的部分，而不能用非常含糊和抽象的语言来描述你以前做过的事情。

具体的论文、科研的经历很重要，在简历中要有突出的位置，为了训练具体的功夫，学生可以找一个具体的工程学题目进行练习，着重体会具体、可操作性的工程学论题。

下面列举出两个简历，一个简历是比较理想的简历，一个是不太理想的简历。然后比较一下它们之间的区别以及怎样能够写出一个好的简历。图 7 - 10 是一个不太理想的简历，不太理想的重点在于没有具体的内容，只有骨架没有血肉，看不出这个学生做了什么。还有就是重要内容的摆放位置问题。因为这是一个研究生的简历，所以应该把科研的结果、经历所得放在前面。这个科研的经历应该足够具体，让考官能够了解和考证学生做事情的方式和做事情的能力。为了让考官针对所做过的东西进行技术上的提问，简历里要有可执行性和可操作性的话题(见图 7 - 11)。

虽然只是本科大一学生的一个练习，但是也可以看到有些内容都是以后可以沿用的。比如说以前毕业的学校，以前所得到的奖项，个人的喜好爱好及价值观等。这些对于将来学生撰

电　话：	(+86) 111
电子邮箱：	1@sjtu.edu.cn
联系地址：	上海市闵行区东川路800号上海交通大学

基本信息

学　校：	上海交通大学	专　业：	电子与通信工程
学　历：	在读硕士研究	兴趣爱好：	乒乓球、跑步、读
生 出生年月：	1993.09	书 毕业时间：	2017.03

综合素质

个人技能	1 了解Java、C语言基本语法知识 2 了解IC设计流程，了解Verilog硬件描述语言 3 会HTML/CSS制作简单网页，了解JavaScript基本语法 4 了解Eclipse、Dreamweaver等开发工具，以及Photoshop的基本操 5 作 熟练掌握Word、Excel、PowerPoint等office办公软件 具备良 6 好的的英语听、说、读、写能力
证书	1 计算机二级证书(C) 2 大学英语四级、大学英语六级

教育阶段经历

2014.09至今：	上海交通大学学业优秀二等奖，上海交通大学薄膜与微细技术教育部重点实验室：先后进行了气体传感器的设计研究、基于碳包覆硅的锂电池的研究、以及低热导率材料的研究
2010.09-2014.06：	安徽大学校学习优秀奖（3个）

实习和实践经历

2014/2015学年	SCI期刊《Nano-Micro Letters》编辑，巴黎高科学院教务助理
2013/2014学年	安徽大学图书馆图书管理员
2012/2013学年	合肥雪祺电气有限公司实习（2个月），安徽大学万朗爱心社部长
2011/2012学年	安徽大学物理学院实验室实验助理
2010/2011学年	暑期社会实践优秀个人，合肥万朗磁塑集团实习（4个月）

自我评价

学习能力：如果把诸多其他方面的能力，诸如社交能力、组织能力……和学习能力放在一 起，我肯定会选择学习能力。因为有了学习能力，就相当于有了社交能力、组织能力；如 果现在不会，那就学着去做。 自信：自信是一切优秀品质的源泉：乐观、诚信、责任、积极、热情……唯有自信才能驾驭这一切。

图7-10　不太理想的简历范例

写真正的简历是有帮助的，甚至可以全盘照抄。教育经历的部分主要是写清楚时间和地点，所在的院系。得奖与奖学金之类的可以专门做一个栏目来讲述。个人的喜好爱好、价值观等相关内容可以摆在后边，内容也应该相对的具体，让考官可以根据相关内容，进行相关问题的“聊天”，这个聊天其实也是面试的一部分。

7.5.2　面试准备

1. 面试过程

面试通常有这么几个过程，一是用1～3分钟介绍一下自己；二是考官根据你的讲解来提出一些问题（主要是考验一下你的应对能力）。最后，考官也许会让你讲一下未来的一些想法。

英语：上海交通大学水平考　　**电话**：111
计算机：　　**邮箱**：l@sjtu.edu.cn
研究方向：纳米催化、酵素桶

教育背景

- 2016.09 - 至今　**上海交通大学**　微纳技术研究院　大学本科
- 2013.09-2016.06　**宁波效实中学**　理科创新班　高中

科研经历

- **采用特殊元素和分子结构的能快速催化酵素的酵素桶　2017.03-2017.06**
  酵素桶可以在几天时间内发酵制成酵素的容器。其与与普通容器不同的是其中加入了特殊元素和特殊的分子结构。我探究了酵素桶的催化机理，这就需要了解酵素桶的表面催化结构（纳米催化结构），具体又可分为其中的可能元素成分，可能的特殊分子，分子或原子可能的排列结构。其次是输入的物质，我们通过向酵素桶中加入水这种较为简单的物质来对酵素桶进行研究。例如探究水的部分性质随催化时间变化发生的变化可以探究酵素桶的催化效果。探究酵素桶不同空间位置的水的性质来探究酵素桶的催化机理。我们猜想这个包含了表面催化的原理，包含了某些元素在里边反应的原理，具体机理现在不是很清楚的，仍需要研究。在这一点上可以用水来做初步的研究。利用纳米催化剂的表征技术，可以运用氢键探测法、X-射线衍射法、原子水平理论计算，也可以利用水结晶的结晶状态的观察来研究酵素产生速率、反应扩散速率、反应效果。

科研成果

- YL.Zhang, et al. Preparation and some properties of a novel maltotetraose-forming enzyme of Pseudomonas saccharophila.[J]. Journal of Applied Glycoscience, 1991, 38(1):27-36.
- 专利：一种酵素桶:, CN204779560U[P]. 2015.
- YL.Zhang. 利用酵素與奈米微粒之生物分子交互作用調控催化活性[J]. 交通大學奈米科技研究所學位論文, 2011.
- YL.Zhang, 火龙果酵素生物活性的初步研究[J]. 食品科技, 2009, 34(3):192-196.

实习经历

- 2016.07-至今　交大维纳科技研究院，研究酵素桶的分子结构，纳米催化的催化机理。

专业技能

- Auto CAD、 Origin 等工程软件。
- 擅长专利及中英文科技文章的撰写，熟练使用 office 软件。
- 熟练掌握 C++等编程语言。
- 过 EPT，擅长英语阅读、写作，口语流利。

荣获奖励

- 2016 致远荣誉奖学金
- 2013-2015 多次获得校级三好学生

学生工作及社会实践

- 2016.11：上海马拉松志愿者
- 2017.04：上海交通大学校庆志愿者
- 2017.03：电子信息与电气工程学院学生会干事

兴趣爱好与自我评价

- 爱好广泛，热爱旅行，热爱体育运动（羽毛球、排球等）
- 热爱公益活动，经常参加志愿者活动，性格乐观，抗压能力强，工作认真负责，具有良好的团队合作精神。

图 7－11　比较完美的简历范例

三分钟(一分钟)自我介绍方法。通常这样分配内容：

首：感谢的客气话，短(见下面例子)；

第一，(1/3)主要介绍自己的姓名、年龄、学历、专业特长、实践经历等；

第二，(<1/3)应聘职位，对本行业，本公司的要求和了解；

第三，(1/3)主要介绍个人业绩，注意相关性，应届毕业生可着重介绍相关的在校活动和社会实践的成果(见下面例子)；

尾：表决心，谈交合点，尽量实在，可以为公司带来什么(见下面例子)。

大部分的同学往往只注重第一条，把自己的情况讲了很多，忽略了第二条和第三条。面试的基本原理是：

你有什么＝他要什么

这个“＝”号是最重要的。你有什么和他要什么，必须要两个合起来，没有、不足、和过度都不好。换句好话说，你太高了、太好了，也不行。自己的专业和能力固然很重要，但是必须要和单位和岗位的情况合拍。所以第二和第三要放在3分钟的自我介绍里。必须要做好功课。在面试时，面试官大多都会问及：“你对这个单位和岗位了解多少，你知不知道自己要干什么？”所以，要了解谁来雇用你，要知己知彼。要调研一下公司的情况，这个公司需要的岗位职责等。比如说我要找一个航空工程学的工作，我要去中航商飞，首先在百度上搜到该职位的网站，可以搜到他们找工作的地方，在中国商飞公司招聘平台按要求完成注册后，招聘具体岗位信息可在个人中心——岗位搜索查询。就可以找到相关的信息，应聘岗位、应聘条件、岗位职责，等等。然后根据岗位情况构思一下：自己去能干什么？

在用PPT介绍自己的时候，要控制好语速及时间。通常情况下，每分钟180到200字之间的语速是比较合适的。一分钟谈一项内容。讲PPT比较常见的问题是超时，所以要控制时间，不能啰嗦。避免这个问题的有效的办法就是预先演习(rehearsal)：你先需要演习一下，至少演习两遍，有观众更好，一般在演习之后，自己就会反省到有什么问题，然后规避这些问题。自我介绍也不能太短：半分钟左右就结束了自我介绍，这是相当不妥的，白白浪费了一次向面试官推荐自己的宝贵机会。

介绍自己可以参考5W1H的方法，要有条理、有层次，还有一条就是要具体，具体具体再具体，多使用例证。在本科生的层次，大部分人都欠缺这个，如果你能有具体的实证，能够讲得条条是道，就更有说服力、有真实感，接地气，就占了优势。另外就是真实可信，诚信为要(撒谎最难，因为要编造的伪证太多，一旦漏出，其他的优点几乎一律勾销)。介绍自己的时候还要注意相关性，即只说与职位相关的优点。自我介绍时要“投其所好”，摆成绩必须与现在应聘公司的业务性质有关。在面试中不仅要告诉考官你是多么优秀的人，更要告诉考官，你如何地适合这个工作岗位。那些与面试无关的内容，即使是你引以为荣的优点和长处也要忍痛舍弃。

2. 面试心理

面试的时候要自信，图7-12很有意思，它把面试官比喻为带着五个鲨鱼面具的人，但是你要记得，他们只是带了鲨鱼的面具，但他们不是鲨鱼，他们是人。所以你不需要怕他们。面试看上去是严厉的，因为它就是一场考试，这场考试有时候很刁难，有时候甚至会触及你所谓的“尊严”，它的重点在于通过你对这些问题的反应看你的应对能力及其应对态度。面试官对你个人没有恶意，他们要看的是你的EQ和IQ，IQ是智商，你的专业水平；EQ是情商，是你的价值观和人生态度，即所谓“内功”。这两项都不是抽象的，可以通过一些具体的事情和例子体现出来。

图7-12　戴了鲨鱼面具的面试官

在回答问题方面，要注意以下几点。

第一要“答所问”，要听清楚他要什么，然后给他想要的，而不是讲自己都有什么。记住，面试官的目的是选出对他们有用的，而不是要一个没有用的“天才”。

第二要了解到面试官不一定在乎问题的答案，而是在于你的态度和方法。并不是每个问题都有固定答案，要能够自圆其说和及其虚心圆融。

第三是回答条理简明、不要啰嗦。

第四是要具体而不是泛泛，学会用事实来证明自己。

面试完后一定不要忘了“谢恩”。发一个短信，表达谢意和你想加入团队的意愿。做一个懂得感恩的人，不管结果如何。这是一个人的基本做人态度和内功，这个内功发自内在，是一种自然和习惯，唯利是图重利寡情的结果都不会好。

每一次面试都是一场学习，一个人一生面试的机会并不多，要记得总结。当场的问题和应对及体会，过后还记得，如果不总结不做整理就忘了，所以要记得把它们写下来。

3. 面试礼仪

未必要穿名牌，但是看上去要给人感觉很利索、协调，整洁、干净，不要给别人的感觉很邋遢。保持好的体味，不要吃得太饱，最好素食，不要多喝水。要表现得大方、真诚、有活力。衣服皱皱巴巴，领带歪歪斜斜，或打扮太时尚，擦粉太多，香气太冲，满嘴大蒜，你在一开始就给“枪毙”了。

7.5.3 职场ABC

公司和企业，特别是高科技的企业，都是由很多高素质的工程人组成的。公司是为了一个共同的目标，将人们的努力集中起来的工具。一个成功的公司，使命、价值观、共同的目标是公司的三大要素。使命可以被认为是公司的梦想，一个愿景、一个远期的目标、一个方向，一切战略和决定吻合使命感；共同的目标是近期的、可执行的目标。然后是价值观，要干净、透明、公平，做人要诚信＋敬业＋激情，做事讲团队＋拥抱变化。

1. 如何对待“苛刻”的领导

不要认为领导总是在剥削自己。工作是为了自己，不是为了领导。不要误解这句话的含义，这里的自己，不是职位提升与金钱，而是自己的内力与内功。这个内力，可以用在任何的工作上。工作只是一种学习，学习了解自己。很多时候，老板只是在做他的工作，即使是剥削，那也是他的事，我们在工作中得到了什么，才是我们的事。

2. 你有没有把你的心放在工作上

如果你的心没有喜欢的在做，就不要期待有好的回报。当代的教育往往偏重技能，偏重谋生。但这只是工作的一项目的，不是说这不重要，而是说这不是全部。要了解什么是真正的敬业、领导喜欢哪一类的员工，有一部美国大片叫做《穿普拉达的女王》(*The Devil Wear Prada*)，我们可以看一下，可以从中体悟到一些东西。其中一项就是：她怎么从心不在焉(work for rent[①])

① 美国纽约上班族工资少，仅够租公寓，所以戏称为“为租金而工作”，这里指工作状态像“行尸走肉”。

到热爱与敬业。

3. 职场九宫格

公司在评估一个人的时候常常会使用一个叫做九宫格(9-box)的表格，如图 7 - 13 所示。它是一个 3×3=9 的格子，左下方是 1，右上方是 9。横坐标是绩效(performance)，你的绩效，你做的好坏，你发了多少论文啊，做出了什么也绩啊；纵坐标是潜力(potential)，还有一些内在的潜质，比如说信任、比如说有耐力、比如说有较强的社交能力等。在这个九宫格当中，最好的是 9，这种人不仅工作做得好，而且情商也非常好，一定要照顾好，因为他们很容易被别人挖角、跳槽。相反，另一种人是工作成绩不好，又不求上进，这种人在公司是不能久留的。了解这个九宫格，可以帮助自己了解在老板心目中的位置，及其如何摆对自己的位置。

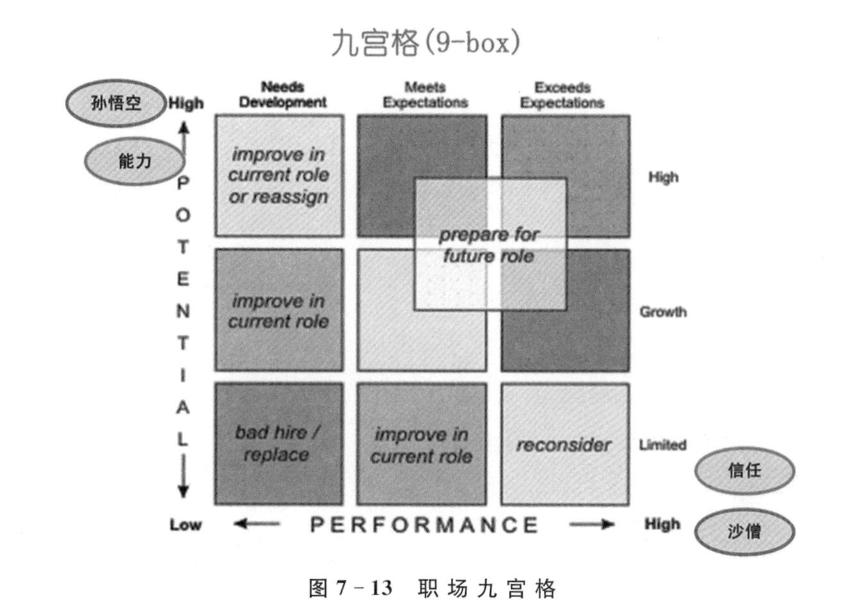

图 7 - 13　职场九宫格

4. 职场提升 2P

2P 指的是 performance 和 potential。我们知道 performance 可以衡量，但是 potential 怎么衡量呢？potential 有三个方面，质量和内涵，完成的态度，与你合作爽不爽、合作过程是否愉悦。为人方面，诚实和信任、处变不惊的高情商能力，即遇到变化、看不太清楚的时候不是那么紧张，没有那么焦虑。很淡定，等等。

5. 团队

如何确立自己的团队中的地位，必须处理与团队之间的关系，包括上下级关系，与同事之间的关系，职场中非常重要的一项技巧。详细内容请参见第 4 章工程学团队这一章节。

7.6　专利

7.6.1　概述

专利(patent)从字面上讲，是指专有的利益和权利。Patent 一词来源于拉丁语 Litterae

patentes，意为公开的信件或公共文献，是中世纪的君主用来颁布某种特权的证明，后来指英国国王亲自签署的独占权利证书。专利是世界上最大的技术信息源，据实证统计分析，专利包含了世界科技技术信息的90%～95%。专利的有效时限为10年到20年不等。如图7-14所示，分别为中国和美国的专利的样子。

(19)中华人民共和国国家知识产权局

(12)发明专利申请

(10)申请公布号 CN 105779924 A
(43)申请公布日 2016.07.20

(21)申请号 201610173997.X

(22)申请日 2016.03.24

(71)申请人 上海交通大学
地址 200240 上海市闵行区东川路800号
申请人 北京金轮坤天特种机械有限公司

(72)发明人 段力 高均超 汪瑞军 袁涛

(74)专利代理机构 上海汉声知识产权代理有限公司 31236
代理人 徐红银 郭国中

(51)Int.Cl.
C23C 4/11(2016.01)
C23C 4/129(2016.01)
C23C 4/073(2016.01)
C23C 4/134(2016.01)

权利要求书1页 说明书4页 附图1页

(54)发明名称
喷涂热障涂层包裹Pt金属丝表面制造高温绝缘线的方法

(57)摘要
本发明提供一种喷涂热障涂层包裹Pt金属

1

US006977512B2

(12) United States Patent
Duan et al.

(10) Patent No.: US 6,977,512 B2
(45) Date of Patent: Dec. 20, 2005

(54) METHOD AND APPARATUS FOR CHARACTERIZING SHARED CONTACTS IN HIGH-DENSITY SRAM CELL DESIGN

(75) Inventors: Franklin Duan, San Jose, CA (US); Subramanian Ramesh, Cupertino, CA (US); Ruggero Castagnetti, Menlo Park, CA (US)

(73) Assignee: LSI Logic Corporation, Milpitas, CA (US)

(*) Notice: Subject to any disclaimer, the term of this patent is extended or adjusted under 35 U.S.C. 154(b) by 72 days.

(21) Appl. No.: 10/727,719

(22) Filed: Dec. 4, 2003

5,450,016 A * 9/1995 Masumori 324/713
5,838,161 A * 11/1998 Akram et al. 324/765
6,410,353 B1 * 6/2002 Tsai 438/14
6,784,685 B2 * 8/2004 Chao et al. 324/765
6,815,345 B2 * 11/2004 Zhao et al. 438/657
6,836,133 B2 * 12/2004 Kinoshita 324/765

* cited by examiner

Primary Examiner—Anjan Deb
Assistant Examiner—Marina Kramskaya
(74) Attorney, Agent, or Firm—Yee & Associates, P.C.

(57) ABSTRACT

Test structures are provided for accurately quantifying shared contact resistance. The test structures are built based

图7-14 中国专利与美国专利申请图例

专利的本意是对自我权益的一种保障，是对自己的一种保护，至于专利权与拥有专利是否限制别人的使用，富兰克林作为一个多产的专利发明人，他是这样认为的：

……但是，伦敦的一个铁器商人从我的小册子里窃取了许多东西，把它改装成他自己的东西，做了一些小的更动，这些变动只是减低了火炉的效力，就在伦敦取得专利，据说，他倒因此而发了一笔小小的横财哩。别人从我的发明中僭窃我的专利权不限于这一个例子，虽然有时候他们也不一定同样地获得成功，但是我从不跟他们争讼，因为我自己无意利用专卖权来获利，同时我也不喜欢争吵。这种火炉广泛推行，不管是在宾州或在附近的殖民地里，给居民节约了大量的柴火……因为我们享有很大的优势，从他人的发明，我们应该感到高兴的就是有一个机会为他人服务，我们在这一点，应该做得自由，且慷慨的……但是我不想取得专利权，因为在这个问题上我心里一向有着这样一个原则：既然别人的发明给了我们巨大的便利，我们也应该乐于让别人利用我们的发明，并且我们应当无偿地慷慨地把我们的发明贡献给他人。

专利作为一种企业行为，如果存在侵权的纠纷，在企业之间往往通过交换专利的方式协调解决，专利纠纷不是个人纠纷，在职场上，不同公司的领导人之间可能会有很好的友情关系，专利冲突会通过协商来解决。

7.6.2　专利申请文件撰写要点

撰写一件合格的专利申请文件需要发明人将与发明创造有关的技术内容向代理人准确完整地讲述清楚，为了帮助发明人更好地向代理人表达自己的发明创造，发明人需按下列要求提交一份申请专利“技术交底书”，其内容具体如下。

1. 发明创造的名称

清楚，准确，简明地反映本发明的技术问题。例如“无触点电喇叭”“生产环氧乙烷的催化剂及制备方法”“红枣冰淇淋的生产工艺”“沙滩伞的伸缩装置”等。发明创造的名称与商品名称可不相同，不可使用广告性商品名称。

2. 所属技术领域

简要说明所属技术领域，如：属于清扫地板的机构装置；涉及带水箱的冲洗设备；属于有机化合物的电解工艺技术领域；属于一种具有热发生装置的空气加热器。

3. 现有技术

对本发明创造最接近的同类现有技术状况，有针对性地简要说明主要结构及原理，最好提供介绍该现有技术的资料，客观地指出现有技术存在的问题和缺点。

4. 发明的目的

指出本发明创造所要解决的现有技术中存在的技术问题，即本发明的任务是什么。

5. 发明的内容

尽可能清楚地描述在本发明中所采用的技术方案或技术手段、措施、特征、构思，并相应地说明其在本发明中所起的作用，要求描述清楚程度以本领域的普通技术人员能实施为准。

6. 发明的效果

本发明所能达到的效果，即构成发明的技术特征所带来的积极效果，通常可以由产率、质量、精度和效果的提高；能耗、原材料、工序的节省；加工、操作、控制、使用的简便；环境污染的治理,以及有用性能的出现等方面反映出来。发明效果可以从技术特征如结构、组分、工艺步骤等通过理论分析得出,也可以用实验数据证实。

7. 实施例

列举上述发明内容的具体实施方案,可列举多个实施例,如是产品,应描述产品的机械构成、电路构成或化学成分,说明组成产品各部分之间的相互关系;如是方法,应写明其步骤,包括可以用不同的参数或参数范围表示的工艺条件。

8. 附图及附图简要说明

附图应能清楚地体现本发明的内容,可采用多种绘图方式,并将图示内容作简要说明,主要部件统一编号。图上的线条应当均匀清晰,足够深,经多次复印后线条仍应保持连贯。

写好之后和相关的专利代理律师进入申请流程,在你所属的单位都会有专属的相关部门,要多和他们沟通。

7.7 工程学·科学·技术·人文

在书的封面上我们看到,工程学这棵树上有三只鸟:科学(science)、技术(technology)和艺术人文(art)。鸟是树的播种者,树也成为鸟的落栖之地。下面讲一下工程学树上的这三只"鸟"和"工程学"本身的关系。

7.7.1 工程学有别于科学

钱学森的老师冯·卡门说过:科学家是在发现一个已经存在的世界,而工程人是创造一个从来没有的世界。科学家的工作主要是受自然规律的约束;而工程人的工作不仅受到自然规律的约束,还要受到社会规律的约束。所以工程人要有 IQ+EQ,即自然规律+社会规律。在工程教育中不能仅仅强调创造能力,更重要的是适应能力和合作能力。如果后两种能力不行,他的创造能力等于零,甚至是负号!

由此我们应当认识到:① 工程学不是追求真理或事实;② 工程学追求的是实践和应用;③ 工程学的特点是中庸。

工程学必须讲"应用",要有利人类、为人类服务。所以对工程人来说,工程学的目的是为了使人类的生活更便捷、更美好。作为一名工程人,要盯住实际生活中的问题,盯住社会需求;工程学的目的要服务于人类福祉,服务于中国国情。例如,高铁和高压输电就是两项服务于中国国情的工程。高压输电符合中国民情,利用中国的国土资源,成为世界第一,中国特色;高铁使得长假变短,短假变长,拉近了中华人民之间的距离。

此外,工程学和科学的区别就是工程学的"原创性"。对科学家要强调"原创",但是对工程人就不一定。工程可以是"革新"(如微软的 Windows 操作系统),可以是原有技术的"集成"

“组合”(如iPhone)，也可以是其他领域技术的“移植”(如仿真软件Cadence、COMSOL)。工程学关键在于交叉与组合。比如航空发动机的智能化是航空发动机和微纳工程、计算机自动化工程的交叉组合，农业的机械化是传统领域加上高科技的组合，中国的高铁则是电机工程与土木工程的辉煌组合。

7.7.2 工程学有别于技术

工程学也有别于技术，区别在于一项专门的技术可以只是IQ，而工程学是IQ加EQ。另外一项区别就是，技术可能比较单一化，工程学可能是把几项技术合成了一个产业去针对一个具体的应用。比如现在的共享单车就是多项技术有机组合的工程学范例。它包含“互联网＋大数据＋GPS＋手机支付＋夕阳工业＋技术升级”等多项技术，这些技术缺一不可。如果没有手机app支付与自动开锁这两项关键技术，就解决不了共享单车随处停车的问题(这项技术给骑行者带来了极大的方便，也是共享单车走红的重要原因)；如果没有GPS定位技术，就解决不了基于大数据的共享单车的优化与分配机器被盗的问题。这些技术节点的突破，形成了现代流行的共享单车ofo与Mobike。

共享单车是一项人文、科技、白日梦多学科交叉的杰作。它的有机组合是以应用为导向和其社会价值，并且非常符合中国国情和特点，如果没有好的时代、好的政策支撑，共享单车也不可能流行于中国大地，乱停、街道秩序和其他行业的竞争等次要因素如果被“小题大作”，都会影响这项工程学的推广。

7.7.3 工程学也有别于艺术

工程学重在实用和应用，而艺术在于人文、在于陶冶心灵。物质与精神是世界的两大课题，而工程学所应对的是物质和精神结合，如果说科学是纯客观，艺术是纯主观的话，工程学则在于主观与客观的结合。工程学要追求产品的价值，以价格来定位；而科学与艺术属于知识的层面，我们现在所说的版权与知识产权意在对它们的保护和尊重，这只是商品经济发展的产物，产权保护不是不和别人分享，不造福于全世界，只是界定了一个权益。

总之，工程学有别于科学技术和人文艺术。在表达的语言上，工程学追求简约和直白，直截了当；工程学的语言不追求完美，用大白话、大实话，而不是用婉转的、婉约的、美观的或是用深奥的语言来表达。

7.7.4 工程学的5W1H

工程学，英文是Engineering，是一个舶来语。Engineering源于拉丁文的ingeniere，意思是设计(design or devise)。design作为工程学定义的中心词，可以形象地形容为设计一辆中世纪Cinderella的漂亮马车或者设计一个哥特式的古建筑。及至今日，Engineering这个词的内涵和外延都有了不同的含义。工程学的含义引申为：借助于科学原理，尤其是物理学在20世纪的杰出贡献，佐之以团队协作去形成一件产品的一系列工作[①]。而权威的维基百科[②]对工程学的定义则是：利用科学原理，以及技术经验，针对实际应用和需求所从事的设计或分析的一系列工作。美国工程协会(American Engineering Council of Professional Development，ECPO[③])给了一个更翔实的定义，大意也是：利用科学原理进行的具有创造性的一系列工作，包括设计和研发一种结构、仪器或生产过程，以及预估它们可能产生的一系列效果，包括经济和社会效益。张文武[④]从社会环境及人类资源的角度把工程学定义为：在科学与技术的导引下，转化和利用自然资源而为人类服务的一系列社会活动。这种定义着重工程学的可持续性(sustanibility)，旨在引导工程学向高效益和绿色环保的方向发展。以上的几种定义共性是，工程学源于科学，归位于经济和社会效益。

我们用5W1H[⑤](what，why，who，when，where，how)来总结一下各类工程学的定义方法，由此形成一个较为全面的工程学定义。如图7-15所示，用多轴图的方式概括了工程学的5W1H。

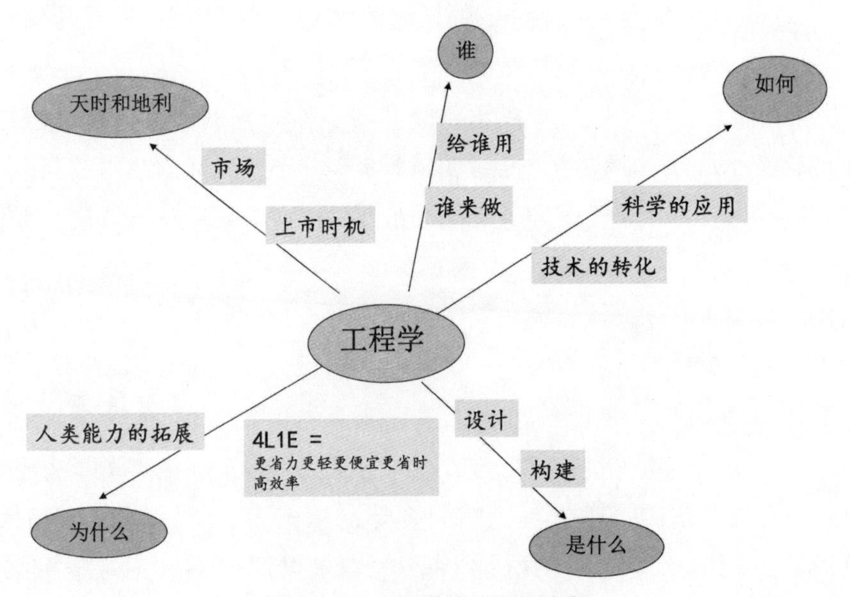

图7-15 工程学的5W1H诠释

工程学的why，就是Neil Armstrong[⑥](世界第一登月人)提及的工程学的4L1E(Less weight，Less power，Less cost，Less time，for Efficientcy)。即更省力、更节能、更便宜、更省时地达到或更好地完成工作。高效便捷把事情做得更好，是工程学存在的必要性。

---

① Jonathan Wickert and Kemper Lewis. An Introduction to Mechanical Engineering[M]. Cengage Learning，2013.

② Wiki on "engineering"：https://en.wikipedia.org/wiki/Engineering.

③ ECPOhttps://en.wikipedia.org/wiki/American_Engineers%27_Council_for_Professional_Development.

④ Wenwu Zhang. Intelligent Energy Field Manufacturing：Interdisciplinary Process Innovations[M]. CRC Press，2010.

⑤ Five Ws-Wikipedia，the free encyclopedia：https://en.wikipedia.org/wiki/Five_Ws.

⑥ 常平，白玉良. 20世纪最伟大的工程技术成就[M]. 广州：暨南大学出版社，2002.

工程学的 how 是"to apply science and/or art", or "to transfer technology" into practicalapplication，也就是说工程学的手段是应用科学原理、把技术系统化、把艺术工程化。

工程学的 what 指工程学的目标，就是本书中提出的工程学的 2P(第 3 章)，它们是 Product 和 Problem 的头一个字母。前者指开发一个新的产品，如 iPhone，后者是解决一个问题，如解决当前的雾霾的问题。

工程学的 who 是工程人和团队。工程学是一个团队有机合作的结晶，这不同于科学家和艺术家，可以一个人在家里边"闭门造车"。一项工程更像是一个球队，需要团队中每个人个人技能的有机组合、分工和责任阶梯。当然，这个 who 也包含 whom，即用户体验，尤其未来的工程学更加"应用导向"，更多地向服务业和第三产业发展，设计产品或是解决问题必须考虑用户体验的细致性，就像马云的 Alibaba 和乔布斯设计的 iPhone 一样，用户买的是体验和服务，而不仅仅是产品本身。Alibaba 团队中，女性的占比越来越多，因为从性别特质上，女性体验的细致度较为优越。

工程学的 where 和 when 就是"market driven"，这里包含两个词，"Market"就是需求与市场，是"where"，要根据未来社会的需求找准定位，比如前面提到的共享单车，这是应对了最后一公里绿色出行的实际存在的社会需要。而"driven"代表时间的重要性，是"when"，即所谓的商机，比如发明了一个新的产品，如果等到了的完美之后，再投放市场，就可能完全丧失掉这个产品发挥作用的机缘。所以，要掌控好时效性与功效性的平衡和"中庸"。

7.8　本章小结

这一章讲述了一些普适性方法和原则在工程学里的应用。比如说 5W1H、比如说中庸原则在工程学的应用，二八定律、头脑风暴等。这些原理对于其他的行业也是合适的。此外就是与工程学直接相关的一些能力，比如怎样写简历、怎样做面试、职场上的一些规则和规范。还有就是工程学与科学、人文学和技术的关系与区别，比如在工程学当中中庸原理就很关键，必须权衡利弊与得失，而对于科学和人文学，它们追求的是真理、是美学和美感，工程学与科学、人文学的目的是不同的。把这些东西统归于工程人的杂项。

这些普适性的原则和方法(比如 5W1H 和中庸原则)也必须要通过具体的实践例证，光纸上谈兵也是不行的，所以在这一章节当中，也配合了一些具体的练习来真正体验和把握这些常用的方法和原理，比如说如何利用二八定律来应对高考。

练习与思考题

7－1　试利用树状的结构总结一下本章的内容。

7－2　利用你所做的课题，写一下你自己的简历，参照范例来写，要有具体的内容，比如项目的整体目标和你本人在工程实践中的贡献。

7-3 练习用5W1H思路进入一个全新的工程学领域，在学期的开始就要着手，利用图书馆和校园网络资源，佐之以参观走访相关院系的楼群与实验室及其相关老师，对期工程学领域进行调研(内容在2 000字到5 000字之间)，具体的操作方式与范例请见附录。

7-4 一张纸折成六个小格子，在每个格子里面写上你的5W1H，那么怎么定义你自己的5W1H呢？这个W是什么呢？H又是什么呢？参考附录中实践方法案例。

7-5 关于中庸的习题。在你的生活和学习当中，找出五对中庸的关系，并且对此进行诠释，为什么它们是阴阳的两面，如何对它们作出平衡？

7-6 以当前的雾霾为例，举出在雾霾的治理过程中的一对中庸的例子(比如烧煤对雾霾有负面的影响，但是需要用煤炭来发电作为工业能源，产生经济效益，这一对矛盾就是一对中庸)。

7-7 高三的学习过程以高考为中心，刷题和错题是一对快和慢的中庸关系，错题快不得，刷题慢不得。大一本科刚刚"脱离"高考，可以根据你高中的经验，写一下你对利用中庸的原理看法。

7-8 研究一下《图解思考法》[①]。如何做一个有故事的人，练习做一个工程人的方法也是工程学的一个项目。怎么阅读一篇科技论文，并且讲出自己的故事。用图解法讲出自己的故事，以及如何让别人看起来"千篇一律"的故事中只对你讲的故事感兴趣？如何见缝插针？这些都是讲故事的方法。

① 翟文明，楚淑慧. 图解思考法[M]. 哈尔滨：黑龙江科学技术出版社，2009.

附　录

《工程导学》实践方法

《工程导学》这门课可以有很多践行方式，下面的案例是我们2014—2018年《工程导学》教学的一些实践课题，仅供参考。

- 引导大一学生学会利用图书馆资源。学会在图书馆浏览书籍，找到适合自己正确的书、找对自己领域的图书。
- 学会利用百度等搜寻引擎进行领域调研，学会寻找和细化关键词。学会利用百度文献功能找对文章并培养索引技能。
- 学会利用网络、图书馆、走访大学院所系馆对科研前沿课题调研，找出各自的工程学领域重点、热点与亮点。
- 练习利用5W1H的思路和树状思维学会快速进入一个全新领域的入门方法，练习用5W1H画出大一的自己和规划一下大学四年的学习生活，并用PPT呈现给大家。
- 学会用科学论文及PPT的方式形成、整理、呈现工程学结果，包括科学曲线、科技论文的制作方法和规范，学会用科学曲线勾画科学实践的结果。
- 培育发现问题和提出可执行性可操作性的问题的能力，学会构思实践的思路。

1. 使用图书馆和搜寻引擎资源，学会进入一个新领域的方法

交大的校训是：饮水思源，爱国荣校，而交大人最大的"荣校"和对母校的"感恩"就是"把交大用到极致"：充分利用好在交大就读的4年时光，珍惜和善用交大的各类资源建立自己的"内功"。内功之一就是学会利用图书馆和网络资源，学会进入任何一个领域的普适性原则和方法，这些资源在外面都比一定是免费的，作为交大人要懂得感恩和珍惜。下面讲解一下利用图书馆和校园网络和进入一个新领域的方法。

1）怎样利用图书馆-主要过程

在《工程导学》的第二堂课，就带领全班学生（小班，30人左右）去图书馆实地上课，课堂就在图书馆的书架前。践行的步骤是：先确定工程学的领域→确定第一个关键词→在图书馆网上找出第一本书→找到相关书籍集中的区域→翻阅比较书籍→选书借书→选出第一本精读的书→实践进入一个工程学领域的方法。

以微纳科技领域为例，在交大图书馆网站上①搜寻关键词“微纳技术”，确定图书的名称和区域，然后步行到相应的书架位置，然后是博览群书和选书。这个环节的重点在于快和不求甚解，避免陷在一本书中。它的目的是在书架上的众多书群中找到一本好书来精读，方法是先看书名、目录和结尾，然后大略翻阅一下，在比较与判断之后找出合适的书籍，这个过程也可能要反馈几次。这项练习要提交的作业形式为，做一个简单的 PPT，要求学生做到找书、浏览、借书、略读，要拍下相关的照片，如下边附录图 1 所示：

附录图 1　图书馆借书进行调研的范例：农业工程

注：选择做农业工程调研的戴妍同学在图书馆借书的时候拍的两张照片，作为课堂实践的作业

要把握好一个领域往往需要读几本书，需要整合几本而形成一本较为全面的教科书，把这个整合的过程当作学生的《工程人导学》实践论题。例如 2018 年的《工程导学》实践课题就是全班写一本《微纳工程学》的教科书，它是整合多本行业书籍后的，以微纳制造与微纳材料为基本框架写成的一本新书。

2）学会利用网络资源

意在培育学生“利用细化关键词来选科研课题”的能力，“细化关键词”的方法请参阅本书第 4 章-工程学的 2、3、4，如何寻找 2P，下面是一个例子。

郭昕同学被分配的内容是传感器工程。首先通过阅读课题文献和书籍，细化和确定了“温度、传感器、MEMS”三个关键词。进入百度学术②搜寻关键词：温度传感器 MEMS，得到

- “谐振式 MEMS 温度传感器设计”，马洪宇，黄庆安，秦明-《光学精密工程》- 2010 -被引量：15
- “一种新型 MEMS 温度传感器的设计”，陆婷婷，秦明，黄庆安-《功能材料与器件学报》- 2008 -被引量：8
- “表面微机械 MEMS 温度传感器研究”，刘庆海，黄见秋-《传感技术学报》- 2015 -被引量：4
- “一种新型 MEMS 温度传感器”，时子青，陈向东，龚静，等-《传感器与微系统》2011 被

---

① 交大图书馆找书：http://ourex.lib.sjtu.edu.cn/

② 百度学术：http://xueshu.baidu.com/

引量：5

- “首款单芯片无源 IR MEMS 温度传感器实现非接触温度测量功能”，丛秋波《Edn China 电子设计技术》2011 被引量：4
- “一种基于 MEMS 技术的冗余 Pt 温度传感器研究”，姜国光，段成丽，张洪泉，等，《传感器与微系统》2012 被引量：2

从文章的标题上看，大部分文章的标题只有“what”，基于对前边提到的可操作性原则和对标题的要求，我们选用这篇文章“首款单芯片无源 IR MEMS 温度传感器实现非接触温度测量功能”作为重点阅读，并把它下载下来(交大资源之一：已经购买了下载版权)。为什么选择这篇文章作为精读对象呢？我们先分析一下这个标题的题目的特点。首先，这项工作的目的(what)是要开发一个传感器，也就是 2P 中的 Product，这是一个很具体的目标，操作性很强。其次，在这个标题中体现了 5W1H，“首款”代表时间 when，“单芯片无源 IR MEMS”是 how，“温度传感器”是 what，“实现非接触温度测量功能温度传感”是 why。以上就是锁定重点阅读文献过程和方式。需要指出的是，这项实践只是一个工程学实践的练习过程，它的目的就是要找出一篇符合工程学研究规范的一篇范文，而不是着重这篇文章的学术价值和工程意义，要达到这个水准，可能是一个研究生一学期要调研才可以达到的，对于《工程导学》一个学期的课程实践可能是一个奢望值。

2. 小练习，用 5W1H 画出大一的自己，并用 PPT 呈现给大家

用 5W1H 的方式对自己做一个认知，给自己大学四年做一个规划。首先是用手书的方式写一个如附录图 2 的 5W1H，然后是学会使用 PPT，学会找模板、写 PPT 和展示 PPT(参见本书第 4 章第三节)，向大家当堂介绍一下自己给大家认识。在这个过程中，学会有意识的“认识自我”，在展示过程中，也有机会看看别人是怎样做的，“他山之石可以攻玉”，进而改良自己的 PPT。写作的 PPT 过程可遵循下图的思路：who(中文名字和英文名字，出生的年月，出生的地方，联系的方式，注意不要把隐私的细节写出来)，what(你是谁？现在的状态，是哪个系的……)，when and where(成长经历，毕业于哪所学校，有什么有趣的生活经历，可以讲一个故事)，why(为什么遇见交大？为什么选择这个专业？你的梦？……)，how(到交大来干什么，要达到什么，如何让自己更好，长期目标和短期的计划)。

3. 小练习，学写标题与摘要

一个好的标题(这个好的标准是它的工程学规范例如可操作性)里边应该包含了 what why how 三个成分，对于科学研究的过程而言，标题中体现了要做什么(what)、为了什么(why)、怎么做(how)的这三大项主要内容，所以一个正确的标题对于科研的思路和导引也是至关重要

5W1H	解读	具体和细节
What	关于我的信息，	我的名字（英文绰号），我的特点，我的成就
When & Where	我的学习经历，	我出生于何处，我家乡的美，我的中学
Why	我的理想，我的梦	我为什么要到交大来？为什么要报这个专业？
How	大学4年我要做什么？我的短板在哪里？我的特长是什么？	我的短期目标，具体我要怎样操作？
Who（whom）	和我有关系的人，我喜欢和哪一类的人在一起	我生命中最重要的人，对我影响最大的人，最让我感恩的人（为什么？最好要具体、讲一个故事）我的好朋友，父母亲对我的影响，家庭对我的影响

附录图 2　用 5W1H 介绍自己的内容参考

的。大部分的标题只有 what，有些标题里面包含 how，通常的缘由是标题的字数限制，在有限的字数之中把这三大主要部分讲清楚，需要有文字精练的功夫才可以办到。但是至少应该把这三部分都写在摘要中，对于读者而言，有了这三部分才可以把握文章的要点。

用简练的语言把这 why，what，how 三部分都写在摘要中，让读者（编辑）在第一时间内把握文章的内容。摘要这部分很关键，它决定要不要读和录用。摘要一般的大纲和次序是（详见第 5 章 5.1 的内容），why→what1(brief)→how→what(detail)。

某些科学论文的摘要，并没有按照这个格式来写。这个练习就是改写原来的摘要，按照上面的次序改写原来的摘要，即在摘要里按照“为什么要做这个、做了什么、方法、主要结果”的次序来写。其目的不仅在于摘要本身，亦可以借此训练和培养学生做科研的方法、逻辑与思路。

练习的内容是，首先是找出一篇具体的论文，把文章打印出来，然后进行如下操作（包含手写和电子版）。

(1) 标明出处，使用百度学术的规范

(2) 改写标题的练习

原来的

改写的(有 What Why How)

(3) 改写摘要的练习

原来的

改写的(按照 why，what，how，what (detail))

下面是一个学生做的例子(见附录图 3)。

康鑫宝 小论文 纳米晶体

纳米晶体微观畸变与弹性模量的模拟研究

常明，常皓．纳米晶体微观畸变与弹性模量的模拟研究[J]．物理学报，1999，48(7):1215-1222.

出处

物理学报 第 48 卷 第七期 1999 年 7 月

标题

原来的：纳米晶体微观畸变与弹性模量的模拟研究

改写的（有 What，why，how）：为进一步对纳米晶体材料的结构、性能进行研究而采用模拟方法研究纳米晶体微观畸变与弹性模量

摘要

原来的：采用分子动力学方法模拟纳米晶体铜原子的结构，又对纳米晶体铜原子进行了 X 射线衍射模拟。计算了晶粒尺寸和点阵畸变，还计算了能量分布和弹性模量等。结果表明不但晶界产生很大的应力场，而且晶粒内部的畸变也起着与晶界相似的重要作用。由于原子半径的增加，导致弹性模量的减少。

改写的（按照 Why，What，How，What(results)）：为了进一步对纳米晶体材料的结构、性能进行研究，本文采用分子动力学计算机模拟，分别模拟了晶粒度为数纳米的纳米晶体铜原子的一些结构特征，又对纳米晶体铜原子进行了 X 射线衍射模拟。计算了晶粒尺寸和点阵畸变，还计算了能量分布和弹性模量等。结果表明不但晶界产生很大的应力场，而且晶粒内部的畸变也起着与晶界相似的重要作用。由于原子半径的增加，导致弹性模量的减少。

附录图 3 同学作业的例子：学写标题与摘要

4. 小练习，曲线的画法及其对应的 IPO

画科技曲线的操作思路与写文章一样，第一步就是“抄”，照葫芦画瓢。在“抄”的时候体会一条合格的科学曲线的规范。首先通过百度学术找一篇科技论文，或者由任课老师给定一篇科技论文和其中的一条科技曲线，然后利用软件 Origin 绘出一条一模一样的曲线，包括字体的大小，曲线的形状，在重新画图的过程当中体会熟悉画一条合格的科学曲线的过程。这就是教育当中“育”的过程。曲线复制技巧练习步骤如下：

1) 练习画曲线，“照葫芦画瓢”

首先是找到一条科学曲线，然后利用软件(软件名称是 Engaguge，可以在百度上搜寻相关信息)将曲线转化为 XY 数据，然后将 Engaguge 产生的数据导入到 Origin 画科学曲线，要用 Origin 把它完整地复制出来。这里边的重点是，要复制的一模一样，也就是把自己绘制的曲线，贴到原来出版的曲线上边，要完全重合，包括字体的大小，曲线与 x 轴 y 轴的宽度，曲线的

结构等。

2）科技曲线与 IPO 的关系

意在体会科技曲线当中的 X、Y 轴代表的参量含义与曲线内容与 IPO 的对应关系。一个成功的科技曲线图表达了这篇文章的中心议题及其实现这个目标的基本思路。下边是一个实践的例子供参考。

（1）找一篇标准的科技论文。在交大的网络环境下，在百度上搜寻这篇文章，并下载下来："Electrical Insulation of Ceramic Thin Film on Metallic Aero-Engine Blade for High Temperature Sensor Applications"。

（2）读一下摘要并找出这篇文章的重点。从这篇文章的摘要看出（附录图 4）其重点在于"开发具有高温绝缘性能的绝缘陶瓷材料，在 1 300 度的温度绝缘性能仍然良好"。这就是文章的重点。

ulation of ceramic thin film on metallic aero-engine blade for
ture sensor applications

ranklin Li Duan[a,*], Chang Yu[b], Wentao Meng[b], Lizuo Liu[b], Guifu Ding[a],
[a], Ying Wang[c]

mation and Electrical Engineering, Shanghai Jiaotong University Shanghai, China
e Participation Research Program, Shanghai Jiaotong University, Shanghai, China
plied Chemistry, Chinese Academy of Sciences, Jilin, China

FO

ysics simulation

ABSTRACT

Fabricating sensor devices directly on metallic component requires the use of an electrical insulating ceramic layer between the sensor and the metal. However, most ceramics lose their electrical insulation with the increasing temperature. In this paper, electrical insulation properties of ceramic thin film were extensively analyzed in high temperature environment up to 1300 °C and a new ceramic coating with good high temperature insulation was developed. Results indicate that the ordinary YSZ ceramic film cannot maintain enough resistivity under high temperature above 600 °C. A new methodology is therefore proposed to compensate the possible errors of the sensors brought by the reduced resistivity in the ceramic. Meanwhile an improved ceramic coating recipe was developed to improve the electrical insulation which can meet the high temperature insulation requirement up to 1300 °C. Extensive numeric simulations considering electrical and thermal multi-physics interaction were conducted to analyze and estimate electrical performance under high temperature caused by the reduced resistivity of ceramic thin film onto which the thermal sensor is fabricated. Conduction current with the various thickness and defect situations in the ceramic thin film were studied through the extensive simulation, and a competitive behaviors of various current flows in this sensor/ceramic/metal composite structures is observed

附录图 4　例文截图，摘要当中的重点词句①

（3）找出文章中的关键曲线。基于以上这个基本点，找到附录图 5 这条科学曲线，这条曲线代表了文章的主点和思路，即 IPO（Input Process Output），是这篇文章的重点曲线，它的 X

① Junchao Gao, Franklin Li Duan, Chang Yu, Wentao Meng, Lizuo Liu, Guifu Ding, Congchun Zhang, Ying Wang, Electrical insulation of ceramic thin film on metallic aero-engine blade for high temperature sensor applications, Ceramics International, Volume 42, Issue 16, 2016, Pages 19269 - 19275, ISSN 0272 - 8842, https://doi.org/10.1016/j.ceramint.2016.09.093.

轴代表温度，Y 轴代表对应的热电阻，在这个里面，输入的变量 I 即 X 轴是温度，输出的变量 O 即 Y 轴是热电阻，XY 轴的关系这也就是实验的思路与操作过程，也就是改变温度监控由于温度带来的热电阻变化。在这条图上还看到有两条曲线，他们是两个参变量，代表了 IPO 当中的 P(process)，即两种实验过程，一种是普通的热障涂层，另外一种是改善过的热障涂层，可以看到改善热障涂层也改善了热敏电阻的电绝缘特性，这也是这篇文章的重点，即通过改善热障涂层喷涂达到利用热障涂层实现高温绝缘的工程学目的。

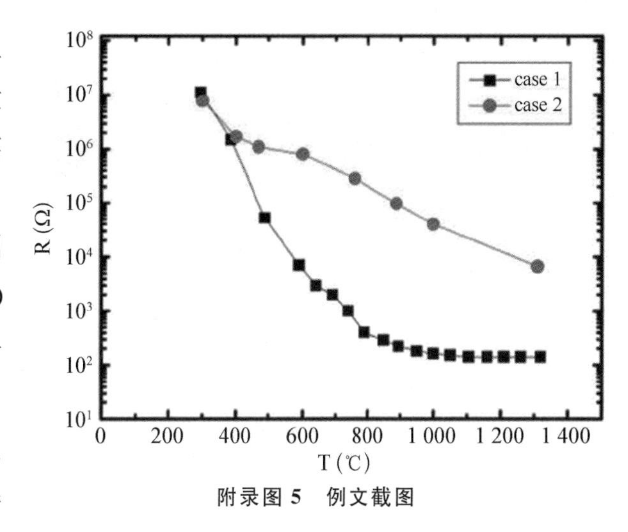

附录图 5　例文截图

可以按照以上的思路，在老师指定的领域当中做类似的练习。

5. 练习如何读一本书？

《硅星球》[①]是一本很好的微电子工程学书（见附录图 6），科普和专业性都很强，用知识树的方式画出这本书的脉络，比如画成下图的模样，然后分析它在系统性方面欠缺的地方（参阅本书相关内容，如第 5 章工程学的领域，第 6 章，5W1H），可以提出你的想法，怎么编写比

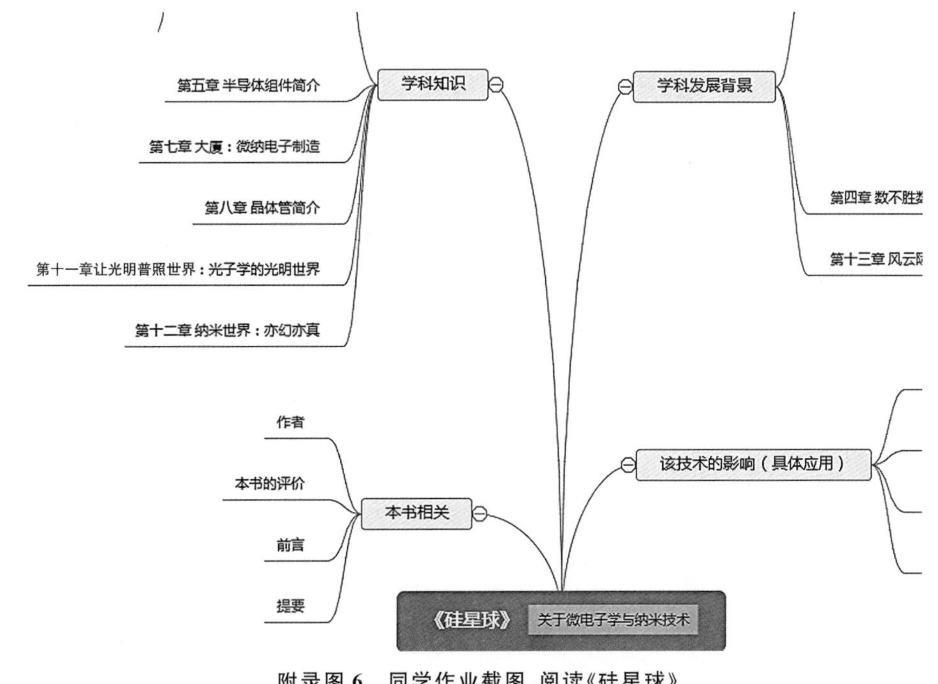

附录图 6　同学作业截图，阅读《硅星球》

① 约翰克雷斯洛. 硅星球[M]. 上海：上海科技教育出版社，2009.

较有系统？推荐读物，研究一下图解思考法①，如何有效阅读一本书②。

6. 大作业，练习用5W1H思路进入一个全新的工程学领域

这是2016、2017年《工程导学》班课程实践的一个实例，我们把工程学的领域分成三大部分，过去、现在和未来。然后我们把班级的32名学生分为三大组，分工为过去的工程学、现代工程学和未来工程学，并且界定了各组每位同学的工程学的领域（如下所示），做各自学科的调研工作，其目的是训练大一学生如何了解和进入到一个全新的专业领域。工程学领域的分工是随机的，并且不一定附和每个学生所属的院系。这项练习的目的在于掌握进入到任何一个工程学领域的通识方法，即各类工程学相通的基本方法，《工程导学》这门课的主要目的，就是需要学生掌握这些工程学研究方法的共性。每个组可以选一个组长，在学期结束的时候，负责整合组内所有的作业，最后老师做一个大集合，印成一本纸质本，在最后一堂课给大家分享（如"前言"的照片所示）。2016年《工程导学》的工程学的过去、现在和未来的分组为（黑体字标出的组员是这个组的组长）：

- 过去的工程学：土木建筑工程（鲁勇杰）、水利工程（王涛）、纺织工程（郭梦裕）、机械工程（沈旭颖）、农业工程（赵登伟）、矿业工程（冯宇）、冶金工程（邱乐山）；
- 现代工程学：微电子（刘萌欣）、交通与运输工程（吴邦源）、航空航天工程（郭力铭）、生物（医学）工程（王志俊）、能源动力与工程（姜皓）、化学工程（朱甬麒）、材料工程（周正）、电气工程及自动化（殷晨辉）、海洋工程（薛雪峰）；
- 工程学的未来·未来工程学：互联网教育（楼梦旦）、高铁工程（张哲熙）、能源的未来（陈启恒）、无线传电（李晨）、生物工程（杨舒博）、全息投影技术（王唯鉴）、UFO未来的工程学发展空间、引力波（孙堃介）。

具体的操作方法是，根据阅读的内容和查找的文献，把各自的工程学领域沿用5W1H的规则，把这个工程学的领域写成一部综述性的文章，并且在此领域中找出一个重点课题，再找出一个最热门的话题和亮点。除了利用图书馆及其交大的网络资源以外，其他的资源就是充分利用好各大院系的资源，参观各个院系的实验室。建议学生到相关的院系楼和实验室亲自进行走访，看一看走廊上的墙报，可以大胆地走访一些老师和院士。也可以到社会上相关的馆所进行考察。

通过调研和理解，要用自己的语言写一个吸引人的开头，一个有趣的、一个有总结意义的开头。

比如软件工程，可以用这个作为开头：

> 软件相当于人的大脑。人是精神和物质的动物，精神和物质形成一对"中庸"。相对

① 翟文明，楚淑慧．图解思考法[M]．黑龙江科学技术出版社，2009.

② 奥野宣之．如何有效阅读一本书（超实用笔记读书法）[M]．张晶晶，译．南昌：江西人民，2016.

于计算机的硬件来讲，计算机的软件就相当于计算机的思想。没有思想，计算机就是一个死人，这就是计算机软件的重要作用。计算机的软件工程和硬件架构形成整个计算机工程的一对中庸。

写作的时候注意突出重点，并且重点的地方要先写。写作的重点是过去的工程学突出why，现在的工程学突出what，未来的工程学也是突出why。比如"现在工程学"领域的同学要着重"科学"在人类应用中的演化过程。如高铁工程的最初的科学原理是源于电学，源于机械动力学，要把这些基本的科学道理讲清楚。未来工程学应该着重学科之间的交叉及基于人类社会新应用点。比如关于医疗工程，可以用这个作为开头：

扁鹊有三个兄弟，扁鹊曾经说过他的大哥医术是最高的，因为看到大哥在疾病还没有产生之前就可以防止它的产生；二哥的医术次之，因为他在还没有病入膏肓的时候就已根治；而扁鹊本人呢，是在一个病人病入膏肓的时候来救死扶伤。所以扁鹊认为他的医术并不是最高的。但是他是最出名的，因为它造成的反差最大。实际上这里面讲的道理是"医未医"、"治未病"的道理，讲的是基本的医德。医生存在的价值，不是治病，而是健康。未来的医疗工程，应该是"医未医"的工程，是人类的健康，而不是医疗保险和医生的福利。

写作的过程是先做"加法"，再做"减法"，也就是要先搜集足够的素材，然后要对搜集到的材料进行整理和归纳，即"减法"。字数在2 000到5 000之内。下边的是以交通工程为例，用5W1H进行归类（这不是全部的版本，仅仅是给大家做一个参考）。

领域：交通工程

名字：方紫曦

1）前言

交通工程，实际上在很久远的古代就已经存在了。最早的时候是以马车为基本的交通运输工具，后来由于科学的产生，利用机械和各种动力能源，产生了火车、汽车等陆上交通工具，后来又产生了船和飞机，实现了洲际旅行。所以交通运输工程工程也归类为"现在的工程学"，因为由于科学的出现为交通运输带来了根本的变化。当代工程学的当代性在于由科学原理演变而来，是用科学发明为人类文明带来福音的一系列社会性很强、系统性很强的人类行为。现如今，各种交通工具飞速发展，高铁、C919、新能源汽车百花齐放，同时，如何让道路不再拥堵、让道路规划更加合理、让人们的出行、货物的流通更加安全、便利、快速，这些都属于由交通运输工程的范畴。

2）交通工程的5W1H

why 为什么需要交通运输工程

交通运输（工程）是经济发展的基本需要和先决条件，现代社会的生存基础和文明标志，社会经济的基础设施和重要纽带，现代工业的先驱和国民经济的先行部门，资源配置和宏观调控的重要工具，国土开发、城市和经济布局形成的重要因素，对促进社会分工、大工业发展和规模经济的形成，巩固国家的政治统一和加强国防建设，扩大国际经贸合作和人员往来发挥重要作用。总之，交通运输具有重要的经济、社会、政治和国防意义。

交通运输是社会生产的必要条件。而且它不是消极地、静止地为社会生产服务。运输网的展开，方便的运输条件，将有助于开发新的资源、发展落后地区的经济、扩大原料供应范围和产品销售市场，从而促进社会生产的发展。

……

what 什么是交通运输工程

运输这一词应用十分广泛，通常是指“人和物的载运和输送”。运输是借助公共运输线及其设施和运输工具来实现人与物空间位移的一种经济活动和社会活动。交通这一词从广义来看，是指各种运输和邮电通信的总称，即人和物的转运和输送。但是随着科学技术的发展，形成了许多专门化的物质、信息传输系统，可以认为“交通”仅仅是指运输工具在运输线上的流动。从对交通与运输这两个概念的叙述中可以看出，交通强调的是运输工具在运输线上的流动情况，与运输工具所载的人员、物质数量无关；而运输则强调的是运输工具上载运的人员和物质的多少，移动的距离，并不强调运输工具的数量和流动的过程。显然，交通与运输反映的是同一事物的两个方面。运输以交通为前提，交通以运输为目的，两者既相互区别，又密切相关，统一在一个整体之中。为了完整表达词义，用交通运输这一广义名词总体描述运输工具以及人员、物资在运输线上的流动状况……①

how 交通运输工具与交通运输管理

交通运输工具

现代交通运输系统由公路运输、铁路运输、水路运输、航空运输和管道运输五种运输方式组成，现代交通运输工具分陆地交通运输工具、轨道交通运输工具、水上交通运输工具和空中交通运输工具，相应的，汽车、铁道机车车辆、船舶、飞机就是它们的典型代表。

汽车汽车的原理……

铁道机车铁道机车的原理高铁。……

火车内燃机，电动高铁，磁悬浮。

船舶，船舶推进原理……

飞机，飞机的飞行原理……

交通运输管理

国与国之间。州与州之间的交通管理。

中国国家交通的布局，高铁的四横三纵

交通运输工具运行原理

① http://www.baike.com/wiki/交通运输&prd=so_1_doc.

城市交通的管理。

……

when(交通运输的发展)

中国古代交通简述

古代交通运输的特点是以人、马或骆驼、船帆作为动力。交通是人类社会发展的产物,也是人类文明发展的标志。中国是一个陆疆广袤、河湖众多、海域辽阔的国家。几千年来,繁衍和生活在神州大地上的中华民族,建立起了庞大的交通网络,并创造出灿烂悠久的交通历史。那交通纵横的道路,那形式各异的桥梁,那四通八达的水运,以及那种类繁多的交通工具,无不展现了中国古代交通的繁盛。[①]

……

近、现代交通运输

第一阶段,即水路运输发展阶段。水上运输是一种既古老又现代的运输方式。在出现铁路以前,水上运输同以人力、畜力为动力的陆上运输工具相比,无论运输能力、运输成本和方便程度等,都处于优越的地位。在历史上水运的发展对工业布局和大都市的形成影响很大。海上运输还具有独特的地位,几乎不能被其他运输方式所取代。[②]

……

未来交通畅想(部分已实现)

电动汽车(纯电动汽车、混合动力汽车、燃料电池汽车);代用燃料汽车(LPG 汽车、CNG 汽车、生物柴油汽车);太阳能飞机。

智能交通(自动驾驶、定位导航、智能运输、物联网)

线路设计更加合理高效,运载工具更加高速、高效、节能、环保、安全,交通运输更加安全快速。

……

where

空间上,交通运输可以说无处不在。无论是陆地、河海、天空还是地下,都有交通运输的存在。交通运输指的是运输工具以及人员、物资在运输线上的流动,这运输线包括公路、航道、轨道、飞行航线和管道,涵盖海陆空。

……

7. 大作业,练习写一篇工程学论文

这个练习的目的在于如何问出一个足够“小”的,有“可操作性”的工程学问题,及其勾画解

① 王亦儒. 古代交通 Ancient transport. 合肥:黄山书社,2014.

② 邓学钧,刘建新. 交通运输工程导论. 北京:清华大学出版社,2009.

决方案(IPO),及其练习如何写科技论文。

- 首先是经过泛读已经出版的论文(见上面练习)挑选出一片精读论文,标明它的出处,并且打印一份出来。精读这篇文章,找出这篇文章最重点的部分,最突出的贡献(为什么编辑同意出版这篇论文),及其最重要的一条科学曲线。
- 然后是改写标题,把原来的标题按照(what,why,how)的规范改写,即在标题中体现要做什么,为了什么,怎么做的。
- 改写摘要,按照 why, what, how, what (detail)的格式改写原来的摘要,即在摘要里按照为什么要做这个,做了什么,方法、主要结果的次序来写。

然后就是练习写科技论文,尽量用自己的语言改写这篇文章,不超过 2 000 字,不超过两张图。“麻雀虽小五脏俱全”,文章应包含的相关内容如下。

前言和绪论
why 为什么要做?
who、when & where 有什么人在这之前做了什么东西?
what 总结一下我们在这篇文章的贡献

实验
方法(怎么做的)
表征(怎么测的)

结果与讨论
结果
讨论

结论

受文章篇幅限制,改写中要求浓缩出文章的重点,并要选出最主要科学曲线,利用前面的方法复制画出符合出版规范(老师提供 Origin 模板)的曲线,还需在改写论文的相关位置对这个曲线进行解释,写作中尽量使用自己提炼过的语言。

下边是一个 2018 年工程学导论教学班一位学生写的作业,供大家参考。

邱致远　小论文　Fe_3O_4 复合纳米磁性材料

出处: 曹向宇,李垒,陈灏.羧甲基纤维素/Fe_3O_4 复合纳米磁性材料的制备、表征及吸附性能的研究[J].化学学报,2010,68(15):1461-1466.

标题

原来的： 羧甲基纤维素/Fe_3O_4 复合纳米磁性材料的制备、表征及吸附性

修改的： 通过氧化沉淀法制备羧甲基纤维素/Fe_3O_4 复合纳米磁性材料并探究其吸附性能

摘要

原来的： 采用改进的氧化沉淀法在羧甲基纤维素（CMC）体系中制备了以磁性纳米 Fe_3O_4 为核心，外层包覆羧甲基纤维素的复合磁性纳米材料。用透射电镜、X 射线衍射、红外光谱、Zeta 电位和震动样品磁强计对复合纳米 Fe_3O_4 进行了表面形貌、结构和磁学的表征。在此基础上研究了复合纳米 Fe_3O_4 对 Cu^{2+} 的吸附性能，探讨了溶液 pH、反应时间和 Cu^{2+} 的初始浓度对其吸附性能的影响。实验结果表明，复合 Fe_3O_4 粒子为反尖晶石型，平均粒径在 40 nm 左右，羧甲基纤维素在 Fe_3O_4 粒子表面是化学吸附，复合 Fe_3O_4 粒子的饱和磁化强度为 36.74 emu/g，在中性溶液中 Cu^{2+} 的吸附量最高，吸附平衡时间为 1.5 h，二级动力学模型能够很好地拟合吸附动力学数据，吸附等温数据符合 Langmuir 模型。复合纳米 Fe_3O_4 对 Cu^{2+} 的吸附机理主要为表面配位反应。

修改后： why：磁性吸附剂由于相互之间的磁力吸引而发生团聚现象，吸附剂发生团聚使得吸附剂上的吸附位点减少，从而降低了吸附剂对污染物的吸附处理效果。

what：利用羧甲基纤维素聚合物的特性可以获得在水中稳定分散的磁性纳米粒子，从而能够有效地克服上述缺点。

how：实验采用改进的氧化沉淀法在羧甲基纤维素（CMC）体系中制备了以磁性纳米 Fe_3O_4 为核心，外层包覆羧甲基纤维素的复合磁性纳米材料，对复合纳米 Fe_3O_4 进行了表面形貌、结构和磁学的表征。

what(results)：实验结果表明，羧甲基纤维素提高了磁性纳米 Fe_3O_4 粒子的吸附性能，且基本不改变磁性纳米粒子的其他特性。

0. 前言：

why：磁性纳米材料制作的磁性吸附剂可以通过外加磁场用于废水污染的治理中。利用聚合物的特性可以获得在水中稳定分散的磁性纳米粒子，从而能够有效地提高磁性吸附剂的性能。

who, when and where：近年来，人们关注生物质改性材料在重金属废水处理中的应用，Srivastava 等研究发现改性木质素对 Pb^{2+}，Zn^{2+} 等重金属的吸附随着振荡时间和 pH 值的增加吸附量显著升高；Chu 研究了壳聚糖对铜离子的吸附特性，结果表明铜离子的吸附程度随着 pH 值的升高而增大。

what：羧甲基纤维素（CMC）是一种多糖衍生物，在 pH 值 2～11 范围内的水溶液中结构和性质稳定，具有良好的生物亲和性和降解性。本文提出将纳米级磁性材料 Fe_3O_4 和羧甲基纤维素

进行组装的设想，以铜离子作为研究对象，考察了磁性复合纳米材料对重金属离子的吸附机理。

1. 实验部分

1.1 实验的过程

1.1.1 复合纳米 Fe_3O_4 的制备

采用羧甲基纤维素钠为稳定剂与 Fe^{2+} 发生配位反应，然后与 NaOH 反应生成氢氧化亚铁，再经空气中的 O_2 氧化生成四氧化三铁。

1.2.2 复合纳米 Fe_3O_4 的表征

样品的 Zeta 电位由 Malvern-2000 Zeta 电位分析仪测定.

1.2.3 复合纳米 Fe_3O_4 吸附实验

在一系列 150 mL 锥形瓶中，各加入 10.0 mg/L 的 Cu^{2+} 溶液 100 mL 和 0.1 g 的 CMC-Fe_3O_4，溶液的 pH 值用 0.1 mol/L NaOH 和 0.1 mol/L HCl 分别调为 3,4,5,6,7,8,9,10,11。在 25℃下，恒温震荡 8 h 后，用磁铁分离 CMC-Fe_3O_4，分离后的剩余溶液加入 1 mL 的 HCl(浓度 2 mol/L)，由反应前后溶液中 Cu^{2+} 的浓度之差计算吸附容量。

2. 结果与讨论

2.1 红外光谱分析

与 CMC 相比，在 CMC-Fe_3O_4 的红外光谱中羧酸键的两个特征吸收峰都向长波方向发生了移动，说明 COO—基团与 Fe_3O_4 粒子之间可能存在化学键结合，导致 C ═O 的电子云密度降低，其吸收峰向低波数移动，推测 CMC 在 Fe_3O_4 表面的吸附是化学吸附。

2.2 Zeta 电位分析

羧甲基纤维素带有大量的 COO^- 基团在水中呈负电性，在 CMC-Fe_3O_4 的溶液中，带负电荷的 COO^- 基团吸附在 Fe_3O_4 颗粒表面，使颗粒表面的负电荷增加。

实验表明，CMC-Fe_3O_4 颗粒在中性和碱性水中，表面带有较高负电荷，颗粒之间产生较大的静电排斥力，因此 CMC-Fe_3O_4 颗粒之间不易发生团聚，有较高的稳定性(见附录图 7)。

重要曲线：

附录图 7 是在不同 pH 值下，复合磁性纳米材料表面的 Zeta 电位情况。实验及图线表明，CMC-Fe_3O_4 颗粒在中性和碱性水中，表面带有较高负电荷，颗粒之间产生较大的静电排斥力，此时 CMC-Fe_3O_4 颗粒之间不易发生团聚，有较高的稳定性。

3. 结论

经 XRD，TEM，FTIR，VSM 等方法分析，证实了羧甲基纤维/Fe_3O_4 复合微球中的纳米 Fe_3O_4 为纯相的反尖晶石结构；在水中分散较好，平均粒径为 40 nm 左右；羧甲基纤维素在

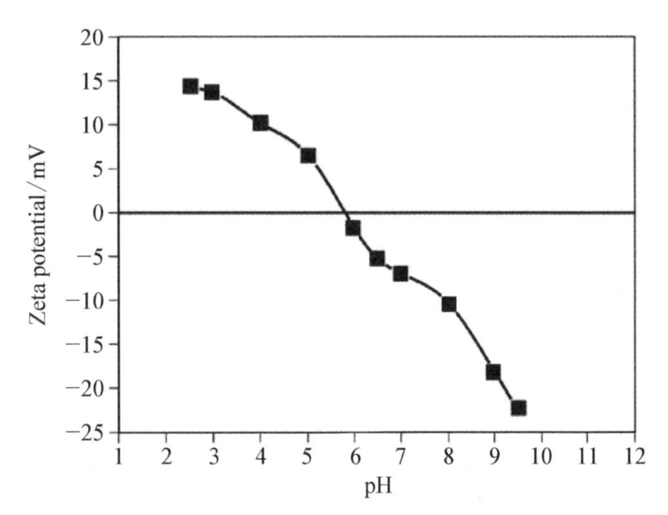

附录图 7　不同 pH 条件下复合纳米 Fe_3O_4 的 Zeta 电位与 PH 的关系图

Fe_3O_4 颗粒表面发生化学吸附，成功包覆了颗粒；吸附机理主要以 CMC 上的羧基与 Cu^{2+} 的配位为主导作用。

8. 大作业，写一本专业科目的工程学概述

因为《工程导学》是各个学科不同科目的老师的小班实践课，每个老师都有专属的专业和学科，可以以每个老师的专题（如微纳工程）为中心，利用 5W1H 的方式作为大纲，写一本本行业的工程学概述。比如微纳科技，我们在 2018 年的工程学导论课程实践当中，对学生写了一本《微纳工程学》的书，如附录图 8 所示。

这本书一共 200 多页，里面有每一个学生的贡献最后把每一个学生贡献的电子版，集装成一本书，通过微信群的方式，发放给每一个学生，作为未来的参考，这种成果的分享方式意在让同学能够有一个工程学从 0 到 1 的体验，体会工程学的成就感。这本书的目录如下所示：

微纳工程学

2018 工导 GO 微纳班

作者：用签名的

微纳工程学，从具体分工上应该分为两大部分，第一部分是微纳制造，第二部分是微纳材料。

这也是上海交通大学微纳院的基本构造。微纳院分为两个重点实验室，一个是微纳加工实验室，一个是薄膜与微纳材料实验室。

微纳加工实验室，是把几种材料组合在一起，形成一个功能器件，比如 mems 传感器，比如加速度传感器等等。这个过程牵涉到，比较繁杂的集成电路加工工艺，比如光刻，薄膜与刻蚀工艺。需要一系列的微加工设备，这个过程以物理过程为主；

微纳材料与薄膜实验室，以研发微纳材料，比如碳纳米管材料，比如石墨烯材料，比如各种薄膜材料。在微纳材料领域，即使是气体传感器等微传感器，也都是基于材料本身对于环境的敏感和互动，不牵扯到复杂的微纳器件的制造和加工，以化学过程为主。

总之，微纳工程学非常繁杂，它是多领域交叉的结果，所以不太容易形成一个单独的知识体系，微纳院长不好当，因为一个人不可能同时精通物理学、化学、生物学及其集成电路微加工技术等学科。

多学科的交叉也给微纳工程学带来了无穷的机会，比如微纳加工技术与航空发动机技术结合就形成了智能航空发动机交叉技术，可以让航空发动机的制造变得更优化、变得更智能化。

附录图 8　2018 年工程学导论教学内容展示，学生的《微纳工程学》一书的封面与封底，所有的学生(签名)是这本书的作者

朱浩然纳米粒子技术在军事领域的应用 20

李泽纳米材料在催化领域中的应用 27

……

3）who 微纳科技发展历程中的典型人物

谢禹翀费曼的 There's Plenty of Room at the Bottom9

苗雨润我国微电子技术及产业发展战略研究 15

朱跃饭岛成男与碳纳米管 27

……

4）when and where 主要发展节点

王润绮微纳电子学科/产业发展历史及规律 3

张睿桐中国微纳制造研究进展 19

杨明杰三维晶体管和后 CMOS 器件的进展 30

……

5）how 研究方法

魏皓 MEMS 集成化设计方法及关键技术

王凯源微纳技术进展、趋势与建议

伍致宇微纳连接技术研究进展

陈沛东纳米压入法的应用与发展

……

可以看到，以这种方式对“微纳工程学”领域的了解比图书馆现有的教科书要全面，因为它是多本教科书和参考书及其文献有机整合的结果。

它的实践方法是：首先是分组：把 30 几位学生分为 5 组，what，why，who，when&where 和 how，然后是在此范围内选择一个领域，在选题的过程中，组内要有讨论和分工协作，提高选题的典型性以及避免重复选题。然后再进行学术调研，找出一篇有行业意义及学术地位的综述性的文章，以此为中心参阅其他文献（同时也学会文献链的调研方法及文献引用方式与规范），然后写一篇综述及读后感，举出主要的观点，尽量用自己的文字和文笔写这篇文章的综述，找出重点。篇幅限制在 2 000 字，插图不超过 1 张，因为最后要把全班的文章整合成一本《微纳工程学》的电子书并在学期末印制出来。电子版图书利用微信群分享给每一个人，通过参阅同学的作业，对比自己的作业，也是一个非常有效的学习方法。

9. 大作业，练习工程学的 2P 和 IPO

意图在于训练学生定义工程学问题的能力、建立实践工程学项目的思路、找准工程应用的市场和方向、使用工程学的中庸原则进行平衡考量。

作业描述

1. 先定义问题：是开发一个产品，还是解决一个问题(Problem or Product?)；
2. 再写个标题：要有 what why 和 how；
3. 求解“5W1H”，即用 5W1H 来阐述你的 Problem or Product；
4. 在“how”里面做一个 IPO，找对正确的问题 O，定出衡量结果的指标，写出影响输出量 O 的输入变量 I、写出解决问题的模型 P；
5. 用工程学的中庸理念找出你选择的 Problem or Product 的包含的“pro and con”即找出优点和制约点；
6. 要用 Origin 软件画(至少)一条曲线；
7. 文章>2 000 字但<4 000 字；
8. 至少要有一片参考文献，用脚注的形式加在页的下端。

由于整个课程只有 16 周，所以这项练习要尽早开始，要先把这项练习需要的准备工作先做好，书写的过程与每位同学在其相关的工程学领域的阅读与理解密切相关，所以它不是一次写成的，可以先从写大纲开始，写出文章的大概轮廓。具体写作技法参阅第 5 章 5.1 相关内容。

10. 大作业,练习用多轴图的思路对行业做树状小结

意图在于希望学生用“知识树”的思路整理某工程学领域的相关脉络。首先通过阅读从图书馆借来的书,根据书的根目录整理出本工程的基本脉络,用5W1H整理这个专业的学科研究思路,把各自领域画成“树”,随着课程实践的不断深入,工程学导论班的学生将对各自领域的这颗工程学树,通过阅读、通过思考,形成更深入的认识。在学期末的时候,学生画出的一张5W1H工程学结构图,成为本课程工程学实践课的成果。把本科工程学的内容搭建在“知识树”的结构上,形成了一个有机体,便于逻辑推演和便于记忆。

人的知识体系像是一棵树,是有结构的而不是分散的。一个行业也是如此,一本好书、某个领域的一本工程学书籍应该自成体系,结构清晰,像一棵树一样。以本教科书为例,就是把《工程导学》的归化为一棵“工程学树”,并以此为书籍编排的目录作为书籍的大纲框架,便于学生在16周的简短时间记住要点。

实践方式,例如2017年的实践方式是,首先把全班按照小组分工,如下图所示。然后每个学生按照自己的领域进行调研写作,以5W1H画出本工程学的架构,如下图所示。

11. 大作业,全班合作写一篇科技论文

在2018年《工程导学》课程实践当中,我们以“大藤峡人字闸门智能监控MEMS传感器”为题目,准备《为上海交通大学学报》写一篇文章。附录图9是这篇文章的内容标题及学生分工。

摘要

大藤峡人字闸门是水利设施中重要的结构,而底枢轴承是整个人字闸门最底部的支撑构件,当磨损量达到一定程度后,底枢轴承就可能出现问题进而可能会影响到整个人字闸门。并且深水的恶劣条件下,对底枢轴承磨损量进行直接监测非常困难。在本工程项目当中,设计了电阻型磨损量传感器,并对磨损电阻传感器的工作性能和状态进行了全方位的研究。MEMS磨损量电阻传感器利用薄膜电阻会随其表面磨损量的增加而增大的基本原理检测其薄膜电阻随宽度的变化,借此检测底枢轴承磨损情况。通过大量的计算机仿真实验及其磨损与电阻的实验,研究了不同工作状态下的磨损量监控电阻传感器和磨损参量之间的关系。

班级一共33位同学,每一个人负责写一部分内容,分工如下(参见附录图10和附录图11)。

课题的背景

关于大藤峡李泽

关于大藤峡闸门向思磊

附录图 9　学 生 分 工

关于磨损量传感器邱致远

传感器的原理

磨损电阻的变化王浩然

磨损量电阻器的两种工作方式余径舟

传感器制造与实验过程

环氧树脂及其样品的形成过程颜畅

关于磨损的实验李天童

传感器制造的结构周玉

王润绮关于仿真的物理模型和物理过程

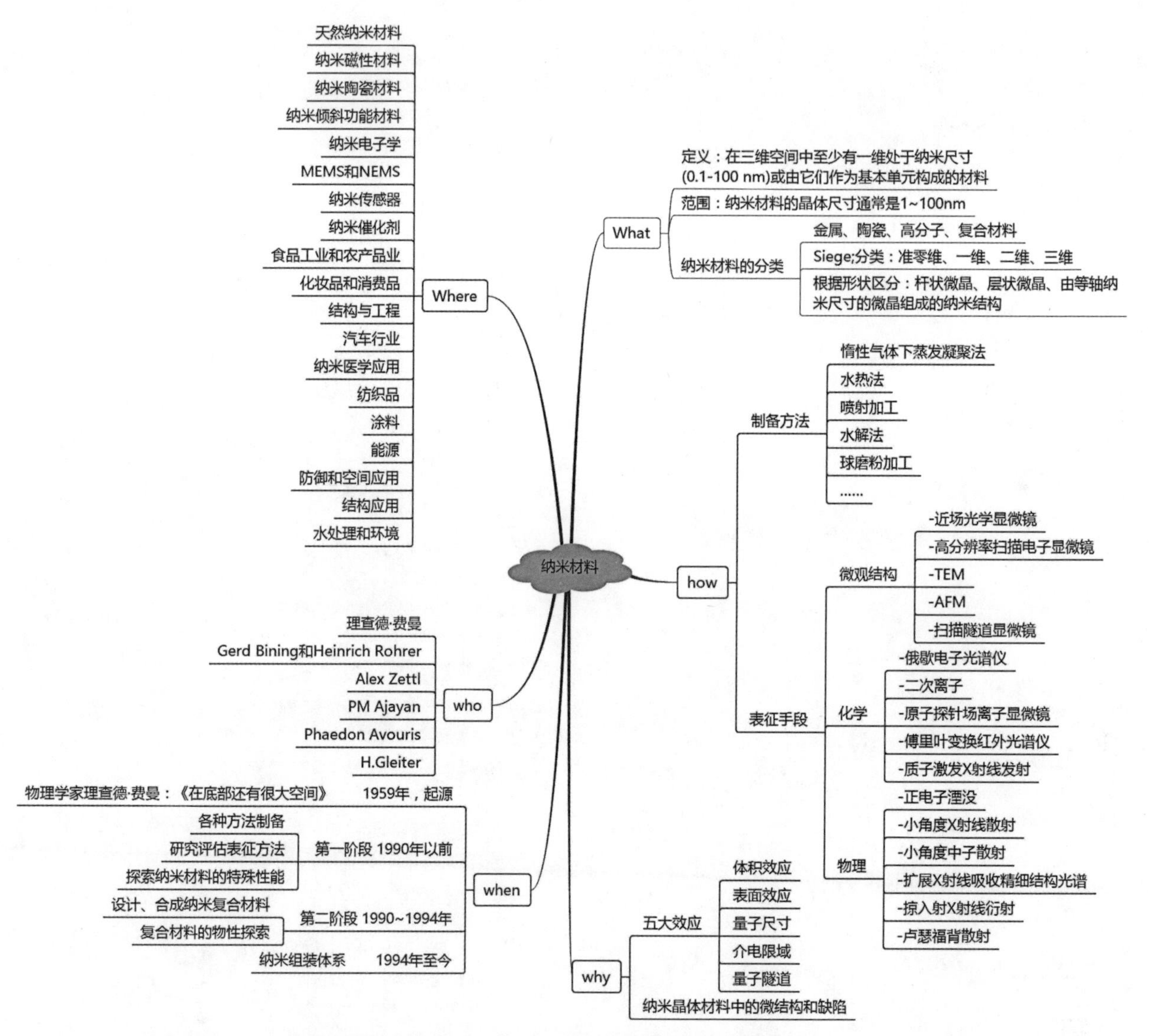

附录图 10　温明瑾同学用 MindManager 软件画出的纳米材料工程的 5W1H 工程学结构图

附录图 11　2018 年我们给交大学报交大学报写的一篇科技论文，题目是大藤峡的开门轴承的磨损量传感器，图上展示的就是一个闸门的样子

传感器的表征和测量结果

磨损量传感器的测量过程康鑫宝

测量结果赵欢帼

MEMS 传感器仿真(大部分学生)

陈沛东(组长)磨损量电阻和电阻率、磨损宽度的关系

伍致宇,

张云骥,

赖俊宇,

林嘉豪,

吴方舟

谢禹翀(组长)开路情况和短路情况对磨损量电阻之影响的比较

魏皓:短路的两个 nl 0.5 两维和 ss 500 两维

王凯源:开路 nl 0.5 两维

朱浩然:开路 ss 500 两维

谢禹翀:开路 ss 2 000 和 nl 2 3 维

朱跃(组长)不同焊点的位置和大小对于磨损量电阻的影响

苗雨润,

石炜昂,

张澳,

张博闻

隋思哲(组长)粗糙度对于磨损量电阻的影响

杨明杰:粗糙度大小及深度对电流测量的影响(三维制图)

徐鸿:粗糙度深度对电流测量影响规律的探究(二维制图)

赵显文:粗糙度大小(cc)对电流测量影响规律的探究(二维制图)

张睿桐:粗糙度深度对磨损度测量的影响

隋思哲(组长):粗糙度大小(cc)对磨损度测量的影响

12. 2016 届的期末考题

这个截图是 2016 年《工程导学》课程最后一堂终考的试题卷,是对本学期内容的一个复习,即工程学精髓的一个总结和整理,同时,也是对大作业的最后整理与提交。

Your name ________________

工程学导论期末小考

2017年6月8日
全开卷 ，分纸质版和电子版两大部分

A. 纸质版，一共 n 道题

写一篇科技论文
用你的 IPO 大作业，把你的 IPO 浓缩成一篇科技论文。用科技论文的框架，包括：标题、摘要、前言、实验、结果、结论和参考文献。要用手来书写，不能用电子版。文章不必太长，但是所有以上的科技论文的框架必须要具备：麻雀随小，五脏俱全。

画两棵工程学导论的树
一棵是“冬天”的树，一颗是“夏天”的树。冬天的树只有枝干，夏天的树有丰硕的果实☺ 冬天的树，就是画出《工程导学》的主干、工程学的主要方法等等；夏天的树，就是写出相关的有关细节，越具体越多越好，多多益善。举个例子，工程学导论树干是 IQ+EQ，EQ 部分包括(见附录图12)。

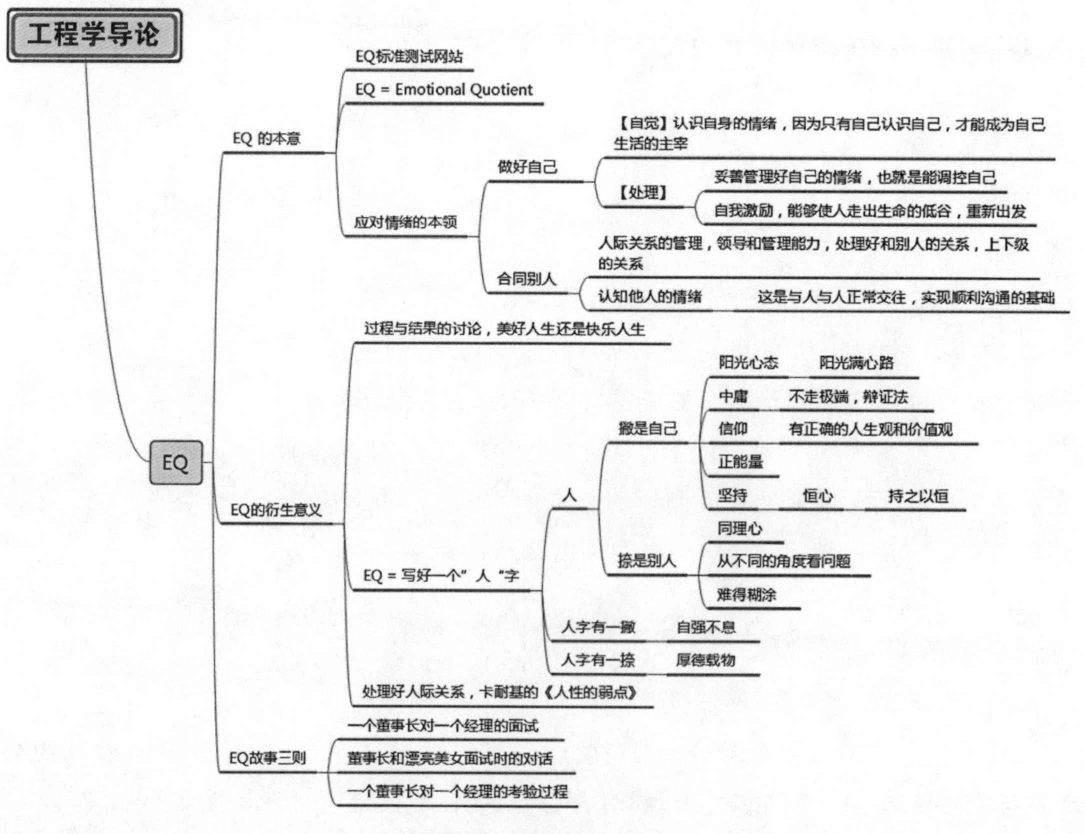

附录图 12　EQ 部分内容

Your name ____________________

想象你是某个工程学领域的负责人，比如农业部部长、或者上海交大材料学院的院长，从工程学的角度、团队的角度，理清一下的如下问题（在您所界定的工程学领域范围之内回答这些问题，比如说温明瑾同学要在他的微纳工程领域回答相关问题，可以想象他是上海交通大学微纳院的院长☺。

1) 团队的能力：
2) 你的上级是谁？需要向谁报告？
3) 你的下级是谁？下属的部门是什么？
4) 有关的部门是哪一些，你的邻居是什么？
5) 抓重点的能力：这个部门的最主要的方面是什么？比如说农业部就是粮食问题。把这个最主要的问题找出来写出来。
6) 抓亮点的能力：然后再找出一个最新的问题，最亮点的最吸引眼球的问题。也把它写出来。

B. 电子版，提交两个大作业

两个电子版的大作业是：用标准的模板写出各自工程学领域的 5w1h 和 IPO。作业的具体要求写在模版的第一章里。提交的方式是把你所有的文件拷贝到一个文件夹里，文件夹的名字起成你自己的名字。文件夹里面的内容如下，大作业文档文件的名称遵循图中所示的命名规则，比如 5w1h 大作业微电子工程 刘雨巷.docx，等（见附录图13）。

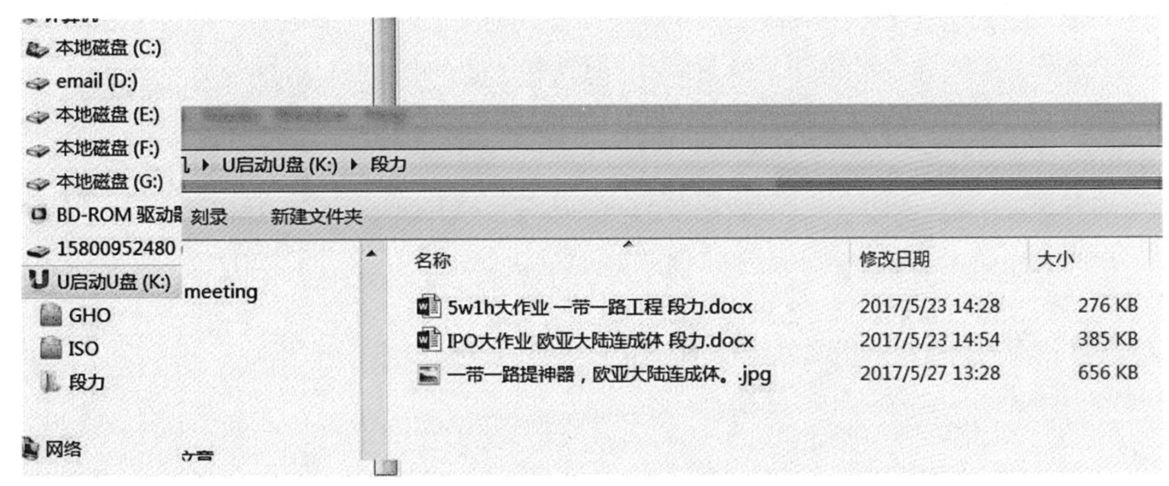

然后把文件夹拷贝到优盘里边，把 U 盘里的这个文件夹拷贝给助教胡铭楷。

附录图 13 工程学导论期末考题

13. 调研卷

对于这堂课给予大一本科生所起的作用，对于教与学的心得，请参与学生在期末做一个简单的调研，希望学生提出对本课的一些看法和建议，便于以后的教学，利于将来课程的改进。这个调研表只是一个参考，意在启迪出更多的内容，来充实“工程学导论”课程的教育实践(见附录图 14)。

2017.6 对本课的建议，在你的选择上画勾。

A. 这门课的日常作业的压力

A. 偏大，B. 偏小，C. 适中

1. 课堂上看到同学讲解他们的作业和想法和他们的做法，对你是否有一些帮助和启发作用？

   A. 是，B. 否，C. no difference

2. 希望老师讲课的方式

   A. 希望老师按照课本的讲解，如果是的话，喜欢用哪一本课本？

   B. 或者是希望老师从工程师的角度，从责任（部长）的角度讲解工程学，当然，从老师的角度而言，更希望学生能够习惯未来

3. 关于交大邮箱来交流作业的看法（这堂课第一堂课的时候，曾经建议你们用交大的邮箱并使用风易邮箱的方式来来交流我们的作业，并且阐述了交大邮箱对于将来、找工作、出国是一种间接的推荐作用。对于这个建议，你的看法是？）

   A. 有帮助，B. 不好用，C. 无所谓

4. Q：希望课堂作业布置的方式？

   A. 电子邮件方式，B. 纸质版的形式，C. 无所谓

5. 为什么选修这门课程？

   A. 老师给的分数；B. 为了以后工作的需要；C. 因为必修；D. 因为兴趣

6. 我想从这门课得到什么？

   A. 如何做一位成功的工程师

   B. 想了解工程学到底是什么

   C. 课程需要

   D. 没有目标。其他（　　　　　　　　　　　　）

7. 对老师讲课的内容有何感想？

   A. 内容丰富，是我想要的，而且在以后的工作中很重要

   B. 内容一般，对我以后帮助不大

   C. 内容枯燥，不想学

8. 对老师讲课今后有何建议？

附录图 14　期末对本课的建议

附录图 15 是答题结构统计，可以看到大部分的学生都是希望老师从未来工程人的角

度来讲解这门课程，而不是遵循某个课本来讲解知识。也可以看到大部分学生的倾向性还是希望在大学的四年里，从大学生尽早地过渡到工程人，完成从“学习知识”到“创造知识”的转变。

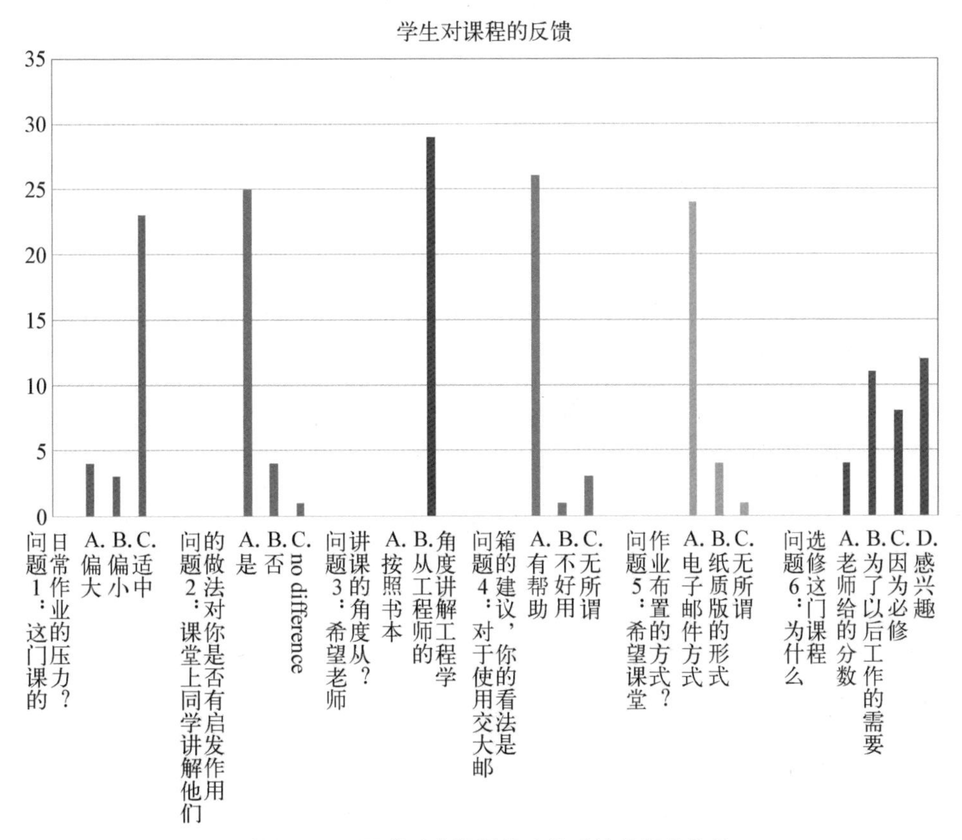

附录图 15　同学对本课课程建议反馈的部分结果

下面是以上(《工程导学》课程实践方法案例)的一个小目录。

参考文献

[1] 龚钴尔. 关于科学知识和科学精神[M]. 北京：科学出版社，2012.

[2] 龚钴尔. 别逗了，美国宇航局(A BriefHistory of NASA)[M]. 北京：科学出版社，2012.

[3] 钱学森. 导弹概论手稿[M]. 北京：中国宇航出版社，2009.

[4] [美] 约翰·D·克雷斯勒. 用科普的语言来讲科学《硅星球》[M]. 张溶水，张晨博，译. 上海：上海科技教育出版社，2012.

[5] [美] 埃斯特·希克斯，杰瑞·希克斯. 吸引力法则：心想事成的秘密[M]. 邹东，译. 北京：光明日报出版社，2015.

[6] 翟文明，楚淑慧. 图解思考法(彩色版)[M]. 哈尔滨：黑龙江科学技术出版社，2009.

[7] [日] 奥野宣之. 如何有效阅读一本书[M]. 南昌：江西人民出版社，2016.

[8] [美] 富兰克林. 富兰克林自传[M]. 姚善友，译. 北京：生活·读书·新知三联书店，1986.

[9] [美] 大卫·卡普兰. 硅谷之光[M]. 刘骏杰，译. 北京：中国商业出版社，2013.

[10] 毛泽东. 愚公移山(《毛泽东选集》第三卷)[M]. 北京：人民出版社，1991.

[11] 系列采访实录. 习近平的七年知青岁月[M]. 北京：中共中央党校出版社，2017.

[12] [英] 牛顿. 自然哲学的数学原理[M]. 赵振江，译. 北京：商务印书馆，2006.

[13] David C. Lindberg. The Beginnings of Western Science[M]. University of Chicago Press, 2007.

[14] [英] 蒂姆·哈福德. 试错力　创新如何从无到有[M]. 冷迪，译. 杭州：浙江人民出版社，2018.

[15] 马尔科姆·格拉德威尔. 异类[M]. 北京：中信出版社，2014.

[16] 陈辰嘉，虞丽生. 名师风范：忆黄昆[M]. 北京：北京大学出版社，2008.

[17] 杨定一，杨元宁. 真原医[M]. 长沙：湖南科学技术出版社，2013.

[18] 苏文通. 超级记忆与全脑潜能开发艺术[M]. 北京：中国青少年音像出版社，2007.

[19] 萨尔曼·可汗(Salrnan Khan). 翻转课堂的可汗学院：互联时代的教育革命[M]. 刘婧，译. 杭州：浙江人民出版社，2014.

[20] 马臻. 申请国家自然科学基金：前期准备和项目申请书的撰写. 中国科学基金，2017.

[21] 胡雅茹. 神奇的眼脑直映快读法[M]. 北京：新世界出版社，2014.

[22] 钱学森. 论技术科学[J]. 科学通报，1957(3).

[23] 美国国家工程院编. 20 世纪最伟大的工程技术成就[M]. 常平，白玉良，译. 广州：暨南大学出版社，2002.

[24] Jonathan Wickert, Kemper Lewis, An Introduction to Mechanical Engineering, Cengage Learning, 2013.

[25] Wenwu Zhang. Intelligent Energy Field Manufacturing: Interdisciplinary Process Innovations, CRC Press, 2010.

[26] 常迥. 工程师的素质与意识[M]. 北京：中国科学技术出版社，1989.

[27] [美] 阿奇恰斯基. 成功教育如何培养有创造力的工程师[M]. 侯悦民，译. 北京：机械工业出版社，2012.

[28] 吴启迪. 中国工程师史[M]. 上海：同济大学出版社，2017.

[29] [美] 艾伦. 技术创业：科学家和工程师的创业指南[M]. 李政，译. 北京：机械工业出版社，2009.

[30] 1986 年全国工程师素质与能力学术讨论会. 现代工程师素质与能力. 沈阳：辽宁科学技术出版社，1988.

[31] 张仕斌，李飞，王海春，信息技术工程导论：卓越工程师计划[M]. 西安：西安电子科技大学出版社，2016.

[32] 刘桂新. 从大学生到土建工程师[M]. 北京：中国建筑工业出版社，2008.

[33] [美] 迈克尔・戴维斯. 像工程师那样思考[M]. 丛杭青，译. 杭州：浙江大学出版社，2012.

[34] 徐明达. 怎样当好工程师：打造优秀工程师的核心竞争力[M]. 北京：机械工业出版社，2012.

[35] [苏] 尤利・克雷莫夫. 工程师[M]. 上海：上海文艺出版社，1960.

[36] 高荣. 工程师治学之道[M]. 北京：煤炭工业出版社，1988.

[37] 王道好. 工程师的世界[M]. 北京：中央编译出版社，2013.

[38]《从菜鸟到测试架构师》编委会. 从菜鸟到测试架构师：一个测试工程师的成长日记[M]. 北京：电子工业出版社，2013.

参 考 网 站

[1] SCI:http://en. wikipedia. org/wiki/Science_Citation_Index

[2] 工程索引: The Engineering Indexhttps://www. engineeringvillage. com/

[3] 中国知网,核心期刊导航:http://navi. cnki. net/KNavi/Journal. html

[4] 交大图书馆找书:http://ourex. lib. sjtu. edu. cn/

[5] 百度学术:http://xueshu. baidu. com/

参考视频

[1] 关于人生的几项功课，电影：终极礼物，也有译名“超级礼物”(Theultimategift)

[2] 关于成功，百度：Steve Jobs and Bill Gates Together in 2007 at D5

[3] 关于激情，百度：2018 年 6 月 2 日北京大学汇丰商学院毕业典礼教师代表史蛟教授致辞

[4] 关于毅力，百度：《开讲啦》20140614 姚明：体育可以改变世界

[5] 关于毅力(grit，perseverance)，百度：Grit：The power of passion and perseverance

[6] 关于创新与创业的区别，百度：乔布斯：遗失的访谈(1995)网易公开课

[7] 胡玮炜的 Mobike 创业，“Buick 一席(人文＋科技＋白日梦)摩拜创始人胡玮炜谈摩拜的心路历程”

[8] 关于企业和公司，百度：马云：使命感价值观共同目标

[9] 关于团队的视频，百度：马云：刘关张，唐僧团队

[10] 关于梦想的建立与培养，百度：2004 年习近平接受专访：我是延安人

[11] 如何展示一项新的产品？关于技巧，百度：乔布斯 2007 年 iPhone 发布会全程中文字幕

[12] 关于坚持，1 万小时定律，百度：郎朗，开讲啦

[13] 关于从高中到大学梦想的迷失，百度：《开讲啦》郑强

[14] 教育与梦想的关系，百度：《开学第一课》：奥巴马谈我们为什么要上学

索　引

跋

《工程导学》,重在一个“导”字。这门课程注重的是导引工科体系大学本科一年级学生,学会如何建立工程人的基本素质以及“内功”,领会实践工程学、展示工程学结果的基本方法、步骤和规范,而不是针对具体某一个工程学领域的内容。这门课只有短短的48个学时,针对的又是刚刚高中毕业的大学本科一年级学生,他们还没有学到基本的科学原理,所以在这个过程当中,难以追求学术上的严谨、结果上的完美,因为这两项结果都是时间加努力的结果。本书中的内容,在学生的练习当中可能存在非常多的低级错误,还请读者原谅。

《工程导学》可以作为“工程学导论”课程的参考教材,设在大学一年级意在导引学生完成“从高中到大学”的过渡,导引“从被动学习到主动学习”的过渡,导引“从学习知识到创造知识”的过渡,导引从“学生到工作”的过渡。“导”只是一个开端,旨在引导大学本科一年级的学生,充分利用大学四年的时间完成以上的过渡。

高中物理曾经有一个物理公式:

$$s = s_0 + v_0 t + \frac{1}{2}at^2$$

《工程导学》的评分就符合这个物理公式,包含了里边所有的参数:t 代表用功的时间,s_0 是天赐禀赋,v 代表能力,a 体现你的“内功”。《工程导学》这门课的评分特点是,总分 s 不仅包含你付出的汗水 t,不仅包含了你大学之前的积累 s_0,你的能力 v,还有你的内功 a,这个加速度就是制造能力的能力。老师相信,如果这个 a 足够大的话,将来的 s 就会很大,v 和 a 则是《工程导学》课的重点。

《工程导学》的关键词是“参与”,包括出席率、迟到率、上课的表现、自己平时的作业、激情度等,这些表现大家平时都是心知肚明,平时的分数占70%,每个人都可以给自己打分的。

每个人所做的作业都是大家微信共享的,每个人都可以看到别人是怎么做的,比较自己和别人,做的对不对、认真不认真、差距在哪儿,你自己就可以给自己打出分数了。总之,你的分数不是绝对分,而是相对分,也就是说绝对的“好”不重要,相对的“好”更重要。工程学的目标就是更好、更好、再更好,永远都是“更好”,这也是工程学的魅力,也是大家毕业以后找工作、在职场的分配规律。

《工程导学》课虽然结束了,不过老师的责任并没有结束,老师是一块海绵,学生挤多少力,就出多少水,有问题需要帮助还是可以继续找老师的。

《工程导学》的终考不是高考,所以大家不要紧张。期末的成绩也就是30%的成绩,平时的成绩占70%。不过观察看来,平时做得好的,期末也就是做得好的。

《工程导学》的考试又胜似高考,工导学生的整体水平包括作文功底,价值观水准和数理化整合水平的集合。

另外,如有在《工程导学》的学习过程需要与作者有更多沟通交流的,可关注本书的微信公众号:"工程导学"。

祝你成功,Good Luck! 梦在前方,路在脚下,我在路上 ……